t.
TRAUNER

Bildung, die begeistert!

Ihr interaktives E-Book in der TRAUNER-DigiBox

Das Plus zum gedruckten Buch

+ Angereichertes E-Book
+ Multimediale Inhalte
+ Vielfältige Zusatzmaterialien auf einen Blick
+ Einfache Navigation
+ Für verschiedene Endgeräte (PC, Mac, Tablet, Smartphone)

Spannendes Lernen an jedem Ort

Film ab! Lernvideos motivieren

Interaktives E-Book

Ergänzungen in der TRAUNER-DigiBox

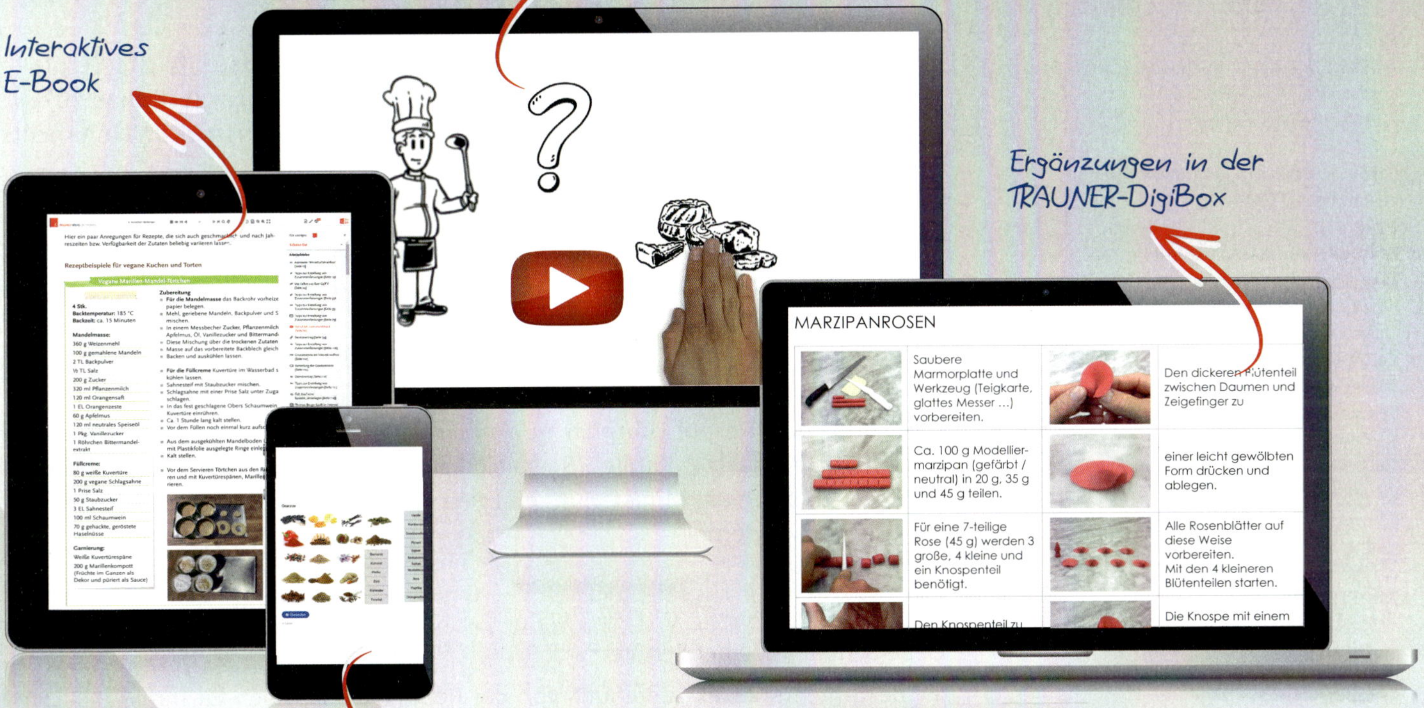

Übungen zum Festigen des Gelernten

Dieses Buch wurde auf Papier aus nachhaltiger Forstwirtschaft gedruckt.

Impressum

Egger u. a., Die Jungpatissiers

+ TRAUNER-DigiBox
1. Auflage 2024
Schulbuch-Nr. 215.749
TRAUNER Verlag, Linz

Das Autorenteam

CHRISTINE EGGER, BED
Tourismusschulen MODUL, Wien

DIPL.-PÄD. CHRISTIAN KALTENBACHER
Tiroler Fachberufsschule St. Nikolaus in Innsbruck

BOL DIPL.-PÄD. WOLFGANG NIMMERVOLL
Berufsschule 10 für Nahrungsmittel- und Grünberufe in Linz

BOL DIPL.-PÄD. HELGA PÜRCHER
Fachberufsschule 1 Klagenfurt

DIPL.-PÄD. HERBERT JENECEK, MA, BED
Berufsschule für Lebensmittel, Touristik und Zahntechnik (LTZ) in Wien

DI ALFRED MAR
Direktor der Höheren technischen Lehranstalt für Lebensmitteltechnologie, Getreide- und Biotechnologie Wels i. R., Lehrbeauftragter an der Universität für Bodenkultur Wien, Präsident der ICC-Austria (Internationale Gesellschaft für Getreidewissenschaft und -technologie)

Empfohlen (Anhang zu den Schulbuchlisten):

- für den I.–IV. Jahrgang an Höheren Lehranstalten für wirtschaftliche Berufe im Unterrichtsgegenstand Küchen- und Restaurantmanagement (Lehrplan 2016)
- für den III.–IV. Jahrgang an Höheren Lehranstalten für Tourismus im Unterrichtsgegenstand Küchenorganisation und Kochen (Lehrplan 2016)

Bundesministerium für Bildung, Wissenschaft und Forschung GZ: 2023-0.044.982 vom 20. März 2023

Die Inhalte entsprechen dem vorgeschriebenen Kompetenzraster laut Bildungsstandards und sind laut Lehrplan zu vermitteln. Eine Auswahl bzw. Gewichtung ist nur innerhalb einzelner Kapitel (Beispiele bzw. Vertiefungsangebote) gewährleistet, nicht jedoch dürfen lt. Ministerium einzelne Kapitel oder Kompetenzbereiche ausgelassen werden.

Liebe Schülerin, lieber Schüler!

Sie bekommen dieses Schulbuch von der Republik Österreich für Ihre Ausbildung. Bücher helfen nicht nur beim Lernen, sondern sind auch Freunde fürs Leben.

Lektorat/Produktmanagement:
Mag. Karin Gollowitsch
Korrektorat: Johann Schlapschi
Gestaltung und Grafik:
Bettina Victor
Titelgestaltung: Bettina Victor
Schulbuchvergütung/Bildrechte:
© Bildrecht GmbH/Wien
Gesamtherstellung:
Vorarlberger Verlagsanstalt GmbH
Schwefel 81, 6850 Dornbirn

PRINTED IN AUSTRIA

ISBN 978-3-99113-767-2
Schulbuch-Nr. 215.749

www.trauner.at
/traunergastro

Ziele und Aufgaben dieses Buches

Liebe Schülerin, lieber Schüler,
ich freue mich sehr, dass Sie Interesse an der Patisserie haben und nun mehr darüber lernen möchten. In diesem Schulbuch, das auf Basis des Schulbuchs Kaltenbacher u. a., „Konditorei in Theorie und Praxis. Lebensmittelkunde – Konditoreitechnologie – Fachkunde“ erstellt wurde, lernen Sie das Einmaleins der Patisserie – von der Teig- und Massenherstellung über Schokoladentipps bis hin zu Verzierungstechniken.

Ich bin Konditormeisterin und habe bereits mit 14 Jahren begonnen, meine Leidenschaft für die süße Seite des Lebens zu entdecken. Seither durfte ich in unzähligen Spitzenbetrieben arbeiten und konnte dadurch mein Handwerk in der Patisserie perfektionieren.

Was die Patisserie in meinen Augen so einzigartig macht? Sie ist nicht nur eine Ergänzung zum Konditorberuf, sondern auch der Inbegriff von Kreativität. In der Patisserie geht es vor allem um das Zusammenspiel diverser Komponenten wie Cremen, Teigen, Massen und Überzügen. Und genau in diesem Zusammenspiel liegt oftmals die Herausforderung. Das Ziel: sowohl für das Auge als auch für den Magen ein köstliches Erlebnis zu schaffen.

Hier kommen Sie jederzeit rasch und unkompliziert zum Österreichischen Lebensmittelbuch (Codex Alimentarius Austriacus): www.lebensmittelbuch.at

Wesentliche Elemente und verwendete Symbole

Die Ziele am Anfang jedes Kapitels zeigen Ihnen, über welches Wissen Sie nach Bearbeitung des jeweiligen Kapitels verfügen. Sie sind farblich **nach der Kompetenzstufe** gekennzeichnet.

Meine Ziele

Nach Bearbeitung dieses Kapitels kann ich

- die gelernten Fachinhalte wiedergeben;
- die gelernten Fachinhalte verstehen;
- erworbenes Wissen anwenden.

Aufgabenstellungen, Ziele erreicht?

Zur Erarbeitung der Kenntnisse und Fertigkeiten sowie zur Kontrolle des Lernerfolgs stehen Ihnen Aufgaben und Abschlusstests („Ziele erreicht?“) zur Verfügung. Die Aufgabenstellungen und „Ziele erreicht?“-Aufgaben sind ebenfalls nach dem Kompetenzmodell mit den Farben Blau, Rot und Schwarz gekennzeichnet. Es wird unterschieden zwischen Aufgaben, bei denen Sie

- die gelernten Fachinhalte wiedergeben;
- die gelernten Fachinhalte verstehen;
- das erworbene Wissen anwenden.

Kompetenzen erworben?
Kreuzen Sie aufgrund der durchgeführten „Ziele erreicht?“-Aufgaben an, ob Sie die Kompetenzen
☺ **zur Gänze**
😐 **überwiegend** oder
☹ **(noch) nicht ausreichend**
erworben haben. Wiederholen Sie den jeweiligen Lehrstoff im Buch, falls Sie einzelne Ziele noch nicht erreicht haben.

Da die Förderung sozialer und personaler Kompetenzen als Querschnittsaufgabe gesehen werden sollte, die sich auf den gesamten Schulalltag und die gesamte Schule bezieht, sind in unseren Büchern verschiedenste Unterrichtsmethoden integriert, die die **sozialen und personalen Kompetenzen** fördern (z. B. Diskussionsaufgaben, Gruppenarbeiten).

Folgende weitere Piktogramme unterstützen das Lehren und Lernen im Buch:

für Tipps und Zusatzinformationen

für gesetzliche Grundlagen

„Achtung!“ oder „Beachte!“

für Aufgabenstellungen

für Verknüpfungen zu anderen Gegenständen, Kapiteln oder Internetlinks

für Versuche

für Videos, die in der TRAUNER-DigiBox oder mittels QR-Code bzw. Link abgerufen werden können

Österreichischen Lebensmitteln auf der Spur
Lebensmittelwissen einfach erklärt: Das bietet der Verein **Land schafft Leben!** Der unabhängige und unpolitische Verein zeigt neutral, transparent und ohne zu werten, wie Lebensmittel in Österreich hergestellt werden. Er kooperiert mit Bildungseinrichtungen, Universitäten und Schulen und erstellt Videos und Lernmaterialien. Auf der Webseite und über die österreichischen Medienzentren werden alle multimedial aufbereiteten Informationen frei zur Verfügung gestellt und können in der Bildung verwendet werden. So verankert sich Wissen zu Anbau, Ernte und Verarbeitung unserer Lebensmittel ebenso wie zu übergreifenden Themen wie Ernährung, Artenvielfalt oder Klimawandel schon früh in den Köpfen unserer Kinder. Das schafft die Basis für konsumkompetente Menschen, die bewusst Lebensmittel im Einklang mit Lebensraum und Gesundheit auswählen.

für Downloads aus der TRAUNER-DigiBox.

STARTEN SIE IHR DIGITALES ZUSATZPAKET ZUM BUCH!

In der TRAUNER-DigiBox (**www.trauner-digibox.com**) finden Sie Ihr persönliches E-Book und die Zusatzmaterialien zum Buch:

- **www.trauner-digibox.com** aufrufen
- Einmal kostenlos registrieren
- Ihr digitales Zusatzpaket mit **Lizenz-Key** auf der Rückseite des Buches freischalten

Ich wünsche Ihnen viel Freude, Vergnügen, ein intensives Arbeiten und vor allem: gutes Gelingen!
Christine Egger

Inhaltsverzeichnis

Einstieg in das Arbeitsfeld 7

1 Unfallverhütung 8
1.1 Grundregeln zur Unfallverhütung 8
2 Hygiene 10
2.1 Lebensmittelhygiene 11
2.2 Betriebshygiene 11
2.3 Personalhygiene 11
3 Ökonomische und ökologische Grundlagen 13
4 Inventar 15
4.1 Werkzeuge 15
4.2 Kessel und Formen 20
4.3 Geräte und Maschinen 22
5 Fachrechnen 25
5.1 Maße und Gewichte 25
5.2 Umrechnungen verschiedener Maßeinheiten 28
5.3 Flächenmaßberechnungen 29
5.4 Schlussrechnungen (Prozentrechnungen) 30

Basics in der Patisserie 32

1 Teige 33
1.1 Hefeteige 33
1.2 Plunderteige 50
1.3 Blätterteige 55
1.4 Mürbteige 61
2 Massen 68
2.1 Leichte Massen 69
2.2 Schwere Massen (Sandmassen) 74
2.3 Spezielle Massen (Spezialmassen) 81
3 Torten, Schnitten, Rouladen, Stückdesserts, Petits Fours und vegane Torten und Kuchen 95
3.1 Füllcremen 95
3.2 Glasuren und Überzugsmassen 101
3.3 Torten 104
3.4 Schnitten 106
3.5 Rouladen 107
3.6 Stückdesserts 108
3.7 Petits Fours 109
3.8 Vegane Torten und Kuchen 110
4 Schokoladenverarbeitung – Pralinen 114
4.1 Kakao- und Schokoladenerzeugnisse 114
4.2 Nougatmassen 121
4.3 Schokoladenverarbeitung 123
4.4 Herstellung von Pralinen (Konfekt) 126
5 Marzipan 137

Anrichtetechniken und warme, kalte/gefrorene Desserts 142

1 Grundlagen zur Herstellung und Gestaltung von Desserts 143
1.1 Beachtenswertes bei der Herstellung von Desserts 143
1.2 Gestalten von Desserts – grundlegende Hinweise 143
2 Warme Desserts 147
3 Kalte Desserts 157
4 Saucen zum Anrichten 164

Gestalten und Dekor 167

1 Fachzeichnen 168
1.1 Zeichengeräte und Zeichenmaterialien 168
1.2 Farbenlehre 169
1.3 Randverzierungen 171
1.4 Schriften und Zahlen 173
1.5 Ornamente 175
1.6 Motive und Stilisierungen 176
1.7 Tortenentwürfe 177
2 Dekor 178
2.1 Herstellung einer Spritztüte 178
2.2 Dekorelemente aus Biskuit 179
2.3 Dekorelemente aus Schokolade 180
2.4 Dekorelemente aus Zucker 183
3 Modellieren 189
3.1 Modelliermassen 189
3.2 Grundformen und Modelliertechniken 191
3.3 Marzipanfrüchte 192
3.4 Tiere und Figuren 193
3.5 Blumen 196

Roh- bzw. Hilfsstoffe und Halbfabrikate 198

1 Zucker, Zuckerarten und Zuckerwaren 199
1.1 Zucker 199
1.2 Zuckerarten 201
1.3 Zuckerwaren – Beispiele 203

2 Mehl und Stärke 203
2.1 Weizenmehl 203
2.2 Stärke 204
2.3 Roggenmehl 205
3 Convenienceprodukte 206
4 Eier und Eiprodukte 210
4.1 Eier 210
4.2 Eiprodukte 212
5 Milch und Milchprodukte 214
5.1 Milch 214
5.2 Obers (Süßrahm) 215
5.3 Butter 216
5.4 Topfen 216
6 Spezialfette und -margarinen 217
7 Würzmittel 219
8 Lockerungs- und Backtriebmittel 225
8.1 Biologische Lockerungsmittel 225
8.2 Physikalische Lockerungsmittel 227
8.3 Chemische Lockerungsmittel, Backtriebmittel 228
9 Gelier- und Verdickungsmittel 231
10 Farbstoffe 234

Fachausdrücke 237
Stichwortverzeichnis 243
Rezeptverzeichnis 249
Literaturverzeichnis 251
Bildnachweis 252

Einstieg in das Arbeitsfeld

Bevor es mit der eigentlichen Tätigkeit so richtig losgehen kann, braucht es noch ein paar wichtige Grundlagen, die Sie schon aus der Küche kennen. Schaffen Sie sich mit diesem Kapitel einen guten Überblick über Arbeitssicherheit, Hygiene, Ergonomie und ökonomisches sowie ökologisches Vorgehen in der Backstube sowie über die Werkzeuge und Geräte. Dies alles ist Ihre solide Basis für qualitatives Arbeiten.

Meine Ziele

KOMPETENZ-ERWERB

Nach Bearbeitung dieses Kapitels kann ich

- Sicherheitsbestimmungen und Maßnahmen zur Unfallverhütung erläutern und sie im Umgang mit Geräten, Maschinen und Werkzeugen anwenden;
- die wichtigsten Grundlagen der Lebensmittelhygiene in Backstuben und Küchen schildern und die Bedeutung der persönlichen Hygiene erkennen;
- ökonomische und ökologische Aspekte der Tätigkeit erkennen und berücksichtigen;
- das Inventar sowie die Werkzeuge und Geräte speziell für die Patisserie kennen, benennen und richtig einsetzen;
- Maße und Gewichte richtig einschätzen und fachgerecht verwenden;
- Maßeinheiten richtig umrechnen.

1 Unfallverhütung

Hatten Sie oder eine/einer Ihrer Kolleginnen/Kollegen schon einmal einen Arbeitsunfall oder eine Verletzung, die sich durch etwas mehr Konzentration hätte vermeiden lassen? Tauschen Sie Ihre Erfahrungen in der Gruppe aus.

Erarbeiten Sie in der Gruppe Beispiele für Unfälle zu nebenstehenden Ursachen:

Böden, Arbeitswege: Stolpern über Gegenstände, ausrutschen auf verschütteter Flüssigkeit ...

1.1 Grundregeln zur Unfallverhütung

Die häufigsten Unfallursachen

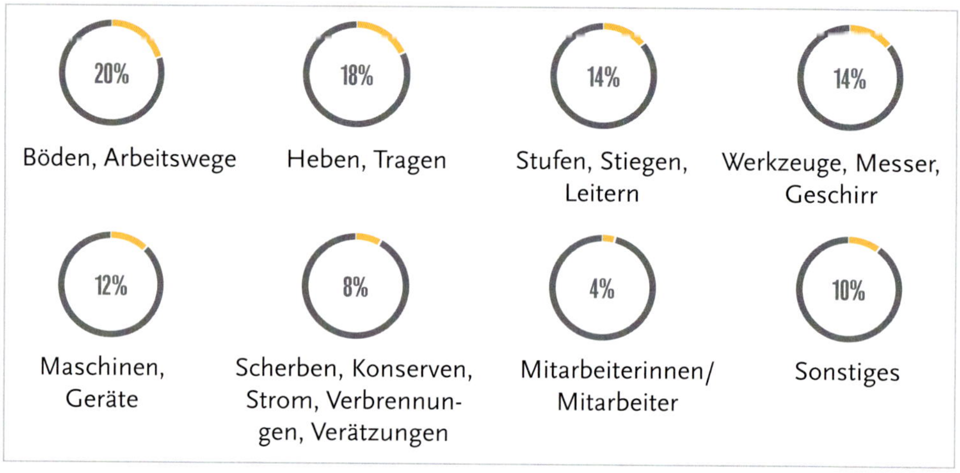

Tipps zur Unfallvermeidung

Allgemeine Tipps

Unfällen kann man vorbeugen durch

- geistige und körperliche Fitness der Mitarbeiterinnen/Mitarbeiter,
- Einhaltung der gesetzlich vorgeschriebenen Arbeitsstunden, ausreichend Schlaf, gesunden Lebensstil,
- überlegtes und konzentriertes Arbeiten, speziell beim Umgang mit Maschinen, Geräten und Werkzeugen,
- Verwendung von Schutzmechanismen,
- Tragen von gesetzlich vorgeschriebener Arbeitskleidung,
- eine gute Gesamtorganisation,
- genügend Mitarbeiterinnen und Mitarbeiter und periodische Schulungen über Unfallverhütung,
- ergonomische Arbeitsplatzgestaltung: Mit einem gut eingerichteten Arbeitsplatz ist sicheres, entspanntes Arbeiten und Bewahren der Konzentration viel leichter.

Überlegen Sie gemeinsam, was die geistige und körperliche Fitness herabsetzen kann und was mit „gesunder Lebensstil" gemeint ist.

Die ergonomische Arbeitsplatzgestaltung kennen Sie aus der Küche.

Werkzeuge und sonstige Arbeitsbehelfe

- Messer, scharfe Maschinenteile oder sonstige spitze Gegenstände niemals in das Spülbecken geben.
- Messer geordnet bzw. in Schutzhaltern (Magnetaufhängung) aufbewahren.
- Nie nach fallenden Messern greifen.
- Dosen, Flaschen und sonstige Behälter ausschließlich mit den dafür geeigneten Werkzeugen öffnen.

Böden

- Bereits bei der Planung der Betriebsräume auf rutschfeste, ebene, leicht zu reinigende Böden achten, um ein Stolpern oder Ausgleiten zu verhindern.
- Durch Nässe, Fett oder sonstige Speisen verunreinigte Böden sofort reinigen und trockenwischen.
- Auf Durchgangswegen nie Behälter und Geräte abstellen.

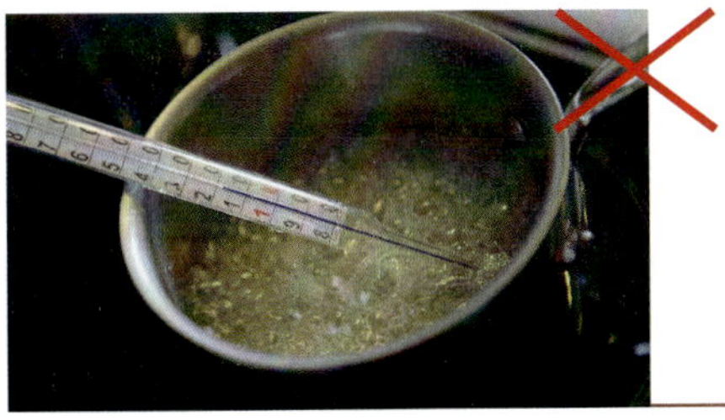

Arbeitsplatz

- Den Arbeitsplatz immer ordentlich und sauber halten.
- Bleche, Formen, Pfannenstiele und u. Ä. nie über eine Tisch-/Herdkante hinausstehen lassen. Immer davon ausgehen, dass sie heiß sein könnten.

Arbeitskleidung

Oberbekleidung

Langärmelige Arbeitskleidung verhindert Verbrennungen durch spritzendes Koch- und Gargut. Verdeckte Knopfleisten vermindern die Unfallgefahr.

Kopfbedeckung

Eine entsprechende Kopfbedeckung ist aus Hygienegründen verpflichtend und schützt vor Verletzungen, die durch das Offentragen von langem Haar entstehen können.

Schürzen

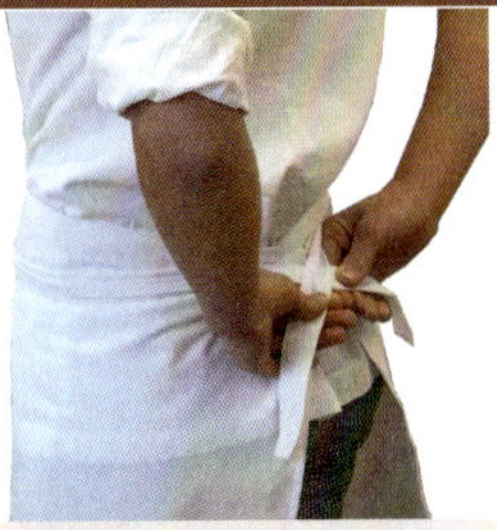

Schürzen immer hinten binden oder Bänder in die Schürze hineinstecken, damit sie nicht in eine Maschine gelangen können.

Schuhwerk

Festes, geschlossenes Schuhwerk schützt vor Verletzungen durch herabfallende Gegenstände und verhindert Verbrennungen durch verschüttete Flüssigkeiten.

Isolierhandschuhe

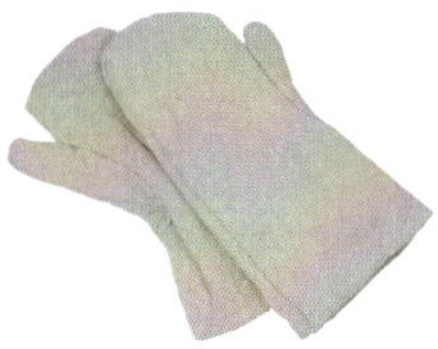

Isolierhandschuhe beim Bewegen von heißen Gegenständen verhindern Verbrennungen.

Welche Arbeitskleidung tragen Sie? Beschreiben Sie sie Ihren Kolleginnen/Kollegen.

Aufgabenstellungen – „Unfallverhütung“

1. Zählen Sie die häufigsten Unfallursachen in Backstuben und Küchen auf.
2. Geben Sie Tipps zur Unfallvermeidung in Backstuben und Küchen.
3. Erläutern Sie, worauf Sie bei der Verwendung von Werkzeugen und sonstigen Arbeitsbehelfen achten.
4. Besprechen Sie gemeinsam in der Gruppe, wie Sie aufeinander achtgeben können, wie Sie Ihren Arbeitsplatz sicher gestalten und wie Sie sich verhalten bzw. wie Sie sich ausstatten und vorbereiten, damit Sie gut geschützt sind.

2 Hygiene

Greifen Sie auf Ihr Wissen zu diesem Themenbereich aus der Küche und dem Service zurück!

Ziel aller Hygienemaßnahmen ist das Herstellen sicherer Produkte und die Erhaltung der Gesundheit. Dies gilt für folgende Bereiche:

Bereiche

Betriebshygiene

Hygiene der Räume, Einrichtungen und Geräte

Beispiele
- Hardware-Check
- Reinigungsplan
- Schädlings-monitoringplan

Produkthygiene

Hygiene der Lebensmittel und Lebensmittelabfälle

Beispiele
- Rohstoffe, Zwischen- und Endprodukte
- Wasser
- Abfälle

Personalhygiene

Hygiene der Mitarbeiter/innen

Beispiele
- Persönliches Verhalten
- Arbeitskleidung
- Hygieneschulung

Überblick über die Basishygiene

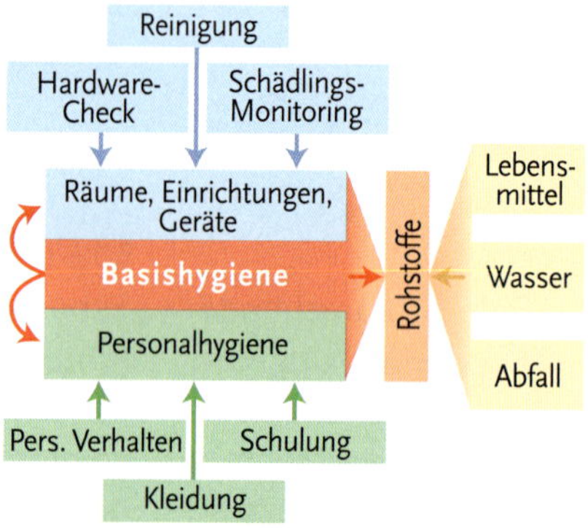

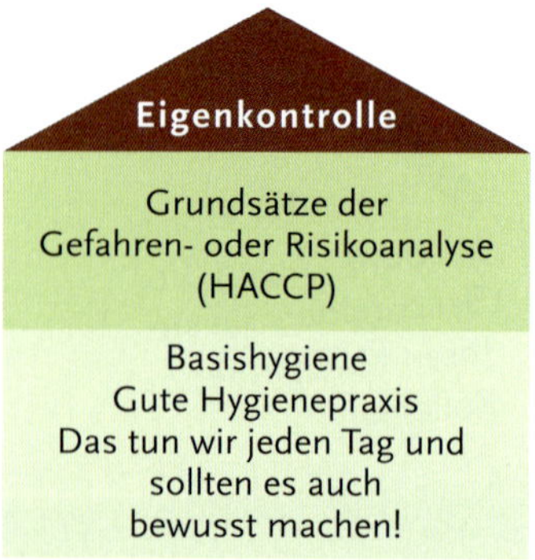

Hygiene in Lebensmittelbetrieben
Das Bild des „Hygienehauses" wurde von der Bundesinnung der Lebensmittelgewerbe entworfen.

GHP, HACCP – diese Begriffe kennen Sie alle aus der Küche, erinnern Sie sich?

Begriffsbestimmungen

Hygiene	Sind alle Maßnahmen und Vorkehrungen zur Kontrolle von Gefahren, damit ein Lebensmittel für den menschlichen Verzehr tauglich ist.
Kontamination	Ist das Vorhandensein oder Hereinbringen einer Gefahr in ein Lebensmittel.
Gefahr	■ **Physikalische Gefahr:** jeder Fremdkörper, wie Glasscherben, Nussschalen in Nussfüllungen, Steine in Rosinen, in den Teig gefallener Verputz von Wänden oder Decken usw. ■ **Chemische Gefahr:** Rückstände von Reinigungs-, Desinfektions- oder Schädlingsbekämpfungsmitteln, im Produkt beim Backen entstandene Toxine, z. B. Acrylamid usw. ■ **Biologische Gefahr:** schädliche Insekten, Nagetiere, Mikroorganismen (z. B. Schimmelpilze, unerwünschte Wildhefen, Bakterien).

2.1 Lebensmittelhygiene

Allgemeine Grundsätze der Lebensmittelhygiene

- Ziel der Lebensmittelhygiene ist die Lebensmittelsicherheit, d. h. ein hohes Maß an Schutz für Leben und Gesundheit der Verbraucherin/des Verbrauchers.
- Die Hygienemaßnahmen erstrecken sich von der Primärproduktion (Landwirtschaft) bis zum Inverkehrbringen der Lebensmittel einschließlich des Imports und Exports von Waren. Sie gelten nicht für den privaten, häuslichen Bereich.
- Kühl- und Tiefkühlketten dürfen niemals unterbrochen werden.
- Die Hauptverantwortung für die Lebensmittelhygiene liegt bei der Betriebsleitung, bei der Durchführung sind jedoch alle Mitarbeiter/innen einzubeziehen.

Wichtig in der Patisserie ist vor allem ...

1 **die Frische der Produkte** – die sensorische Prüfung auf Aussehen, Geruch und Geschmack

2 das **Vermeiden von Fremdkörpern** in den Produkten – vor allem Nusskernsplitter in Nussfüllungen oder Kerne und Splitter in Fruchtaufstrichen (Kirsch- oder Zwetschkenkerne o. Ä.).

2.2 Betriebshygiene

Hier geht es um saubere Räume und Geräte. Ebenso fällt in diesen Bereich, wie Räume, Einrichtungen und Geräte instand gehalten sind.

Die Räumlichkeiten müssen von der Betriebsleitung (der Schule) ordnungsgemäß ausgestattet sein und nach Vorschrift gewartet werden. Die Schule ist als „Betriebsleiter“ dafür verantwortlich. Ebenso müssen die Geräte den Anforderungen entsprechen und deren Sicherheit muss gewährleistet sein.

Für Sie gilt: Sie müssen sachgemäß und konzentriert mit den Geräten und Maschinen umgehen und sie nach Gebrauch ordnungsgemäß reinigen.

2.3 Personalhygiene

Von Beschäftigten in Lebensmittelbetrieben wird ein hohes Maß an persönlicher Hygiene gefordert. Am wichtigsten ist die Hand- und Unterarmhygiene.

Reinigung der Hände und Unterarme

Hände und Unterarme sind bei den Handwaschbecken mit der vorgesehenen Flüssigseife zu waschen und mit Einwegpapierhandtüchern abzutrocknen. Wenn vorhanden, ist nach dem Trocknen der Hände und Unterarme ein Desinfektionsmittel aus dem Spender zu entnehmen und zu verreiben, das dann nach kurzer Zeit verdunstet.

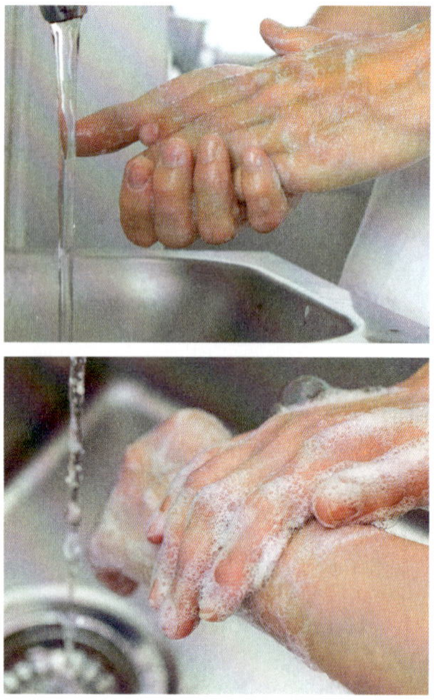

Reinigung der Hände und Unterarme

Hände und Unterarme sind zu waschen

- bei jedem Betreten des Produktionsbereichs,
- nach jedem Toilettenbesuch,
- nach jeder Essens- und Rauchpause (sofern im Betrieb gestattet) sowie
- nach jedem Anfassen verschmutzter Gegenstände (z. B. Abfallbeseitigung, Verpackungsmaterial bei der Rohstoffübernahme usw.).

Körperpflege

Persönliche Hygiene bedeutet auch:
- täglich gründliche Körperreinigung (Waschen und Duschen),
- gepflegtes Kopfhaar,
- kurzes, gepflegtes Barthaar – ideal ist die tägliche, gründliche Rasur,
- kurze, saubere, gepflegte, nagellackfreie Fingernägel (Fremdkörpergefahr durch absplitternden Lack oder künstliche Nagelverlängerungen).

!

- Auf einem Haar befinden sich bis zu 100 000 Keime.
- In 1 g Speichel (Kontakt beim Essen und Rauchen) befinden sich bis zu einer Milliarde Keime.
- In 1 g Fäkalien befinden sich bis zu einer Billion Keime.

Zwei-Löffel-Methode, wie funktioniert die? Finden Sie es heraus.

Weitere hygienische Verhaltensregeln

- Nicht auf Lebensmittel niesen oder husten.
- Nicht ausspucken.
- Finger nicht ablecken. Bei Verkostungen die Zwei-Löffel-Methode anwenden.
- Essen und Trinken nur in den vorgesehenen Pausenräumen, nicht am Arbeitsplatz.
- Keine Glasgefäße und andere Glasgeräte verwenden!
- Im Produktionsbetrieb nicht rauchen. Rauchen bedeutet Geruchsbelästigung, Schadstoffübertragung und Keimübertragung durch Mundspeichelkontakt.
- Abnehmbaren Schmuck, wie z. B. Ketten, Ringe, Uhren, abnehmen, keine sichtbaren Piercings tragen (abnehmen oder mit Pflastern überkleben).
- Den Arbeitsplatz sauber und in Ordnung halten. Nicht benötigte Waren und Gegenstände sofort wegräumen.
- Toiletten sauber halten. Verschmutzungen, Beschädigungen oder ein Mangel an Papier, Seife oder Papierhandtüchern sind der Lehrkraft bzw. der Wirtschaftsleitung zu melden.

Aufgabenstellung – „Personalhygiene“

- Erläutern Sie die wichtigsten Hygienemaßnahmen in der Patisserie und beziehen Sie sich dabei auf die drei Bereiche der Hygiene.

3 Ökonomische und ökologische Grundlagen

Ein übervolles Lager, verdorbene Produkte? Ein viel zu hoher Wareneinsatz? Lebensmittel von überall aus der Welt? Muss das sein? Und was kostet das alles? Nicht nur, was das Produkt betrifft, sondern auch, was die Umwelt und unseren Lebensraum angeht, gilt es, hier verantwortungsvoll zu handeln. Diskutieren Sie diese Aspekte in Bezug auf die Bedeutung für die Patisserie in der Gruppe.

Fast alles, das wir für unser Leben benötigen oder glauben, benötigen zu müssen, verbraucht viele Rohstoffe. Darum sollten Sie beim Einkauf für Ihre Küche überlegen, welche Ressourcen hinter den Lebensmitteln stehen.

Bevorzugen Sie daher pflanzliche Lebensmittel, da sie einen bedeutsam kleineren ökologischen Fußabdruck haben. Außerdem sollten Sie bevorzugt mit saisonalen und regionalen Lebensmitteln kochen.

Sparsam und effizient mit den Ressourcen umzugehen, ist für eine nachhaltige Entwicklung von Umwelt, Wirtschaft und Gesellschaft wichtig – für uns und für die nächste Generation.

Nachhaltigkeit

Nachhaltige Entwicklung ist eine Entwicklung, die die Bedürfnisse der Gegenwart befriedigt, ohne zu riskieren, dass künftige Generationen ihre eigenen Bedürfnisse nicht befriedigen können.

Die Idee der Nachhaltigkeit stammt aus der Forstwirtschaft – es darf nicht mehr Holz gefällt werden, als nachwachsen kann.

Die Nutzung von Ressourcen, die Investitionen und die technologische Entwicklung müssen miteinander harmonieren mit dem Ziel, die künftigen menschlichen Bedürfnisse und Wünsche zu erfüllen. Eine nachhaltige Entwicklung ist demnach die Vision, Ökologie mit Ökonomie und sozialer Gerechtigkeit in Einklang zu bringen.

Ökologie = das Ziel ist es, die Umwelt nur so weit zu verschmutzen, dass sie sich selbst wieder regenerieren kann.

Ökonomie = das System gibt nicht mehr aus, als es sich leisten kann.

Soziale Gerechtigkeit = umfasst auch Themen wie Menschenrechte, Gemeinschaftsentwicklung und Arbeitsrechte.

Der Begriff Nachhaltigkeit wurde im Jahr 1987 von der Weltkommission für Umwelt und Entwicklung der Vereinten Nationen geprägt. Ihr Konzept einer nachhaltigen Entwicklung definiert die integrative ökologische Gerechtigkeit und stellt die Forderung nach einer ganzheitlichen Veränderung auf.

Für die Küche bzw. die Backstube bedeutet das Folgendes:

Biologische Produkte wählen

Biologische Landwirtschaft verbraucht weniger Energie und es werden weniger Treibhausgase produziert. Es dürfen keine Pestizide, keine gentechnisch veränderten Organismen und kein künstlicher Dünger verwendet werden. Oft wird Fruchtfolgeanbau betrieben, der den Boden weniger auslaugt. Somit ist dieser in der Lage CO_2 zu binden, anstatt es in die Atmosphäre abzugeben.

Lokale, saisonale Lebensmittel kaufen

Im Winter Mangos einfliegen zu lassen, gibt in der Patisserie zwar viel Freiheit, doch unterstützen Sie damit keine nachhaltige Entwicklung. Bananen sind bedingt unproblematischer. Sie werden mit Schiffen transportiert und das Schiff verursacht gegenüber dem Flugzeug weniger CO_2-Emissionen. Am besten ist lokal und saisonal angebautes Obst, geschmacklich sowieso. Erntekalender geben an, welches Obst wann in Ihrer Region Saison hat.

Fair-Trade-Produkte nutzen

Unter welchen Bedingungen exotische Produkte, wie Kaffee, Schokolade oder Mangos, hergestellt werden, wissen wir nicht. Die Idee von fairem Handel ist, dass Güter auf eine ökonomische und sozial faire Art und Weise gehandelt werden. Den Bauern wird genug bezahlt und die Arbeitsbedingungen sind sicher, z. B. dürfen keine lebensbedrohlichen Gifte eingesetzt werden.

Alte, regionale Sorten wiederentdecken

Der Begriff **Biodiversität** (biologische Artenvielfalt) bezieht die Wiederentdeckung und Pflege alter Sorten und Arten ein – nicht nur von Nutzpflanzen. Es gibt etwa 30 000 essbare Pflanzenarten, für die menschliche Ernährung spielen aber nur knapp 150 eine bedeutende Rolle. Das könnte sich ändern!

Abfall vermeiden

Im Großhandel sind viele Lebensmittel auch ohne Verpackung zu kaufen. Außerdem ist die Küche gefordert, alle Teile eines Produktes zu verarbeiten. Werden Sie kreativ und verwenden Sie auch die „weniger beliebten" Teile. Das führt nicht nur zu einer Abfallvermeidung und Energieeinsparung, sondern spart auch zusätzlich Geld.

Wirtschaftlichkeit

Aber auch wirtschaftliches Einkaufen ist – abgesehen von einem nachhaltigen Zugang – sinnvoll, sparsam und schont Ressourcen. Das Angebot an Lebensmitteln ist enorm, die Aufmachung und die Werbemaßnahmen der Produzenten sind sehr verlockend. Wer wirtschaftlich, also sparsam einkaufen will, sollte daher ein paar Punkte berücksichtigen:

Köpfchen hat, wer ...

1 ... kontrolliert, welche Vorräte noch vorhanden sind.

2 ... Sonderangebote prüft und nicht unbedacht zugreift.

3 ... auf das Haltbarkeitsdatum achtet.

4 ... Verpackung spart, umweltfreundliche Produkte und Mehrweggebinde wählt.

5 ... Tragetaschen zum Einkaufen mitnimmt.

6 ... Großpackungen nur dann kauft, wenn diese auch sicher verbraucht werden.

7 ... Preise und Qualität der Waren vergleicht.

8 ... sich vorher Gedanken über die Lagermöglichkeit macht.

9 ... eine Bedarfsliste erstellt, um nicht zu viel zu kaufen.

10 ... die Rezepte durchliest und die Personenanzahl berücksichtigt.

4 Inventar

Ein optimal ausgestatteter Arbeitsbereich schafft ein gutes Arbeitsklima. Haben Sie einen Arbeitsplatz in der Backstube der diese Kriterien erfüllt?

4.1 Werkzeuge

- Damit das Werkzeug einwandfrei bleibt, muss man es richtig pflegen.
- Bei Messern sind ein guter Schliff, saubere und abrutschsichere Handgriffe sowie ein entsprechender Aufbewahrungsort wichtig.
- Schneidwerkzeuge und sonstige scharfe Werkzeuge nie in das Spülbecken legen, sondern sofort reinigen (Unfallverhütung!).
- Ausstecher nach der Reinigung gut abtrocknen. Sie sind meist aus Weißblech und rosten sehr leicht.

Alle Werkzeuge müssen jederzeit sauber, intakt und am richtigen Ort anzutreffen sein.

Gastronorm

Die Gastronorm kennen Sie bereits aus der Küche. Sie hat natürlich genauso für die Patisserie Gültigkeit.

Tortenmesser
(cake knife)
Zum Schneiden von Torten, Böden, Desserts, Schnitten

Sägemesser
(cake knife [serrated edge])
Zum Schneiden von Kuchen, Hefe- und Blätterteiggebäcken usw.

Tranchier- oder Hackmesser
(French knife)
Zum Hacken von Schokoladen, Früchten, Kernen und zum Schneiden von karamellisierten Flächen

Spitzmesser
(paring knife)
Zum Ausschneiden aus hohen Kuchenformen

Rüstmesser, Gemüse- und Putzmesser
(paring knife)
Zum Ausschneiden aus Tortenringen, zum Putzen von Früchten, Gemüse und Kartoffeln

Palette
(spatula)
Zum Einstreichen, Glasieren, Anheben und Wenden von Torten, Desserts, Kuchen

Winkelpalette
(offset spatula)
Zum Aufstreichen bzw. Füllen von Rouladen

Stahlspachtel
(triangula spatula)
Zum Tablieren von Kuvertüre, zur Blechreinigung usw.

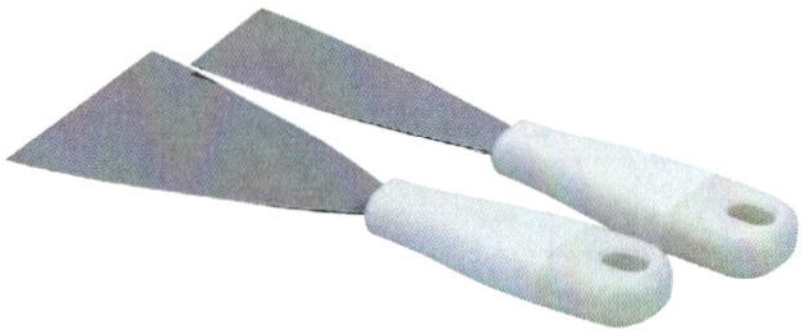

Schaber
(metal scraper)
Zur Blech- und Arbeitstischreinigung usw.

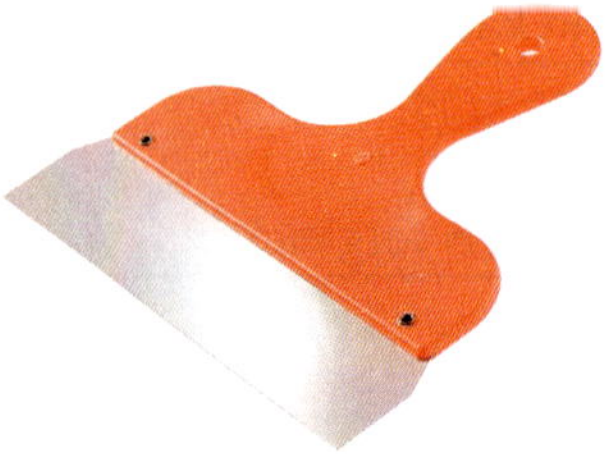

Stielschaber
(spatula with handle)
Zum Ausputzen von Kesseln, Schüsseln und Pfannen

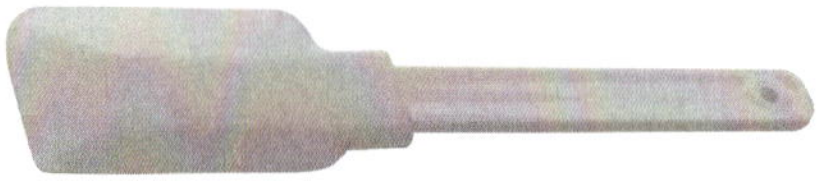

Teigkarte
(dough scraper)
Zum Zusammenschaben von Massen, Teigen, Fondants, Schokoladen usw.

Florentinerkamm
(decorating comb)
Zum Strukturieren von Kuvertüren, Cremen

Parisienne-, Noisetteausstecher
(fruit & vegetable scoop)
Zum Aushöhlen von Indianerhülsen, zum Ausstechen und Formen von Obst, Gemüse und Kartoffeln

Zestenschneider
(orange & lemon zester)
Zum Schneiden von feinen Streifen aus Schalen von Zitrusfrüchten

Torteneinteiler
(cake divider)
Zum Einteilen von Torten in Stücke; aus Kunststoff oder Metall

Tortensägeapparat
(cake saw)
Zum Durchschneiden von Tortenböden, Kapseln

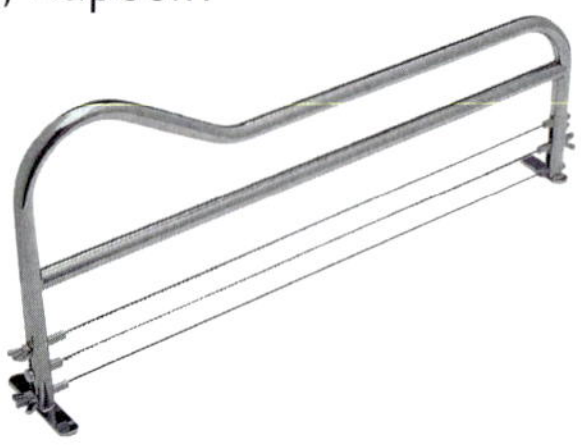

Tortenschaufel
(cake server)
Zum Anheben von geschnittenen Tortenstücken

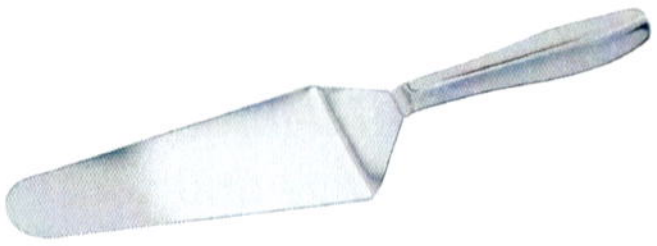

Kuchenzange, Patisseriezange
(cake tongue)
Zum Anheben von Gebäck und Kuchenstücken

Abstreifbehälter
(knife holder cup)
- Behälter, der mit heißem Wasser gefüllt wird, um darin Tortenmesser und Paletten warm zu halten und beim Herausnehmen abzustreifen
- Vereinfacht das Aufschneiden von Torten und Desserts

Eisportionierer
(ice cream scoop)
- Zum Ausgeben von Speiseeis
- Je nach Größe (z. B. Dreißigstel, Vierzigstel) bekommt man aus einem Liter Eis 30 bis 40 Portionen; gibt es auch mit Zählwerk, eventuell elektrisch betrieben (mit Akku)
- Vorteilhaft sind Griffe aus Kunststoff, da sie keine Kälte übertragen

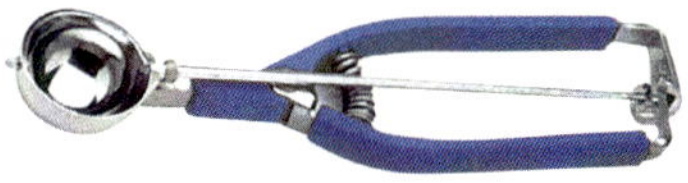

Rührspatel, Melierspatel, Kochlöffel
(stirring spoon, wooden spoon)
Zum Unterziehen von Mehl, geriebenen Nüssen, flüssiger Butter unter Massen sowie zum Unterrühren von Fondant, Kuvertüre, Marmelade etc.

Vorlänger, Rollholz ohne Griff
(rolling pin without handle)
Zum Ausrollen von Beugeln, Marzipan usw.

Rollholz mit und ohne Kugellager
(rolling pin with handle)
- Zum Ausrollen und Tourieren von Teigen, Marzipan usw.
- Aus Holz, Kunststoff oder Marmor

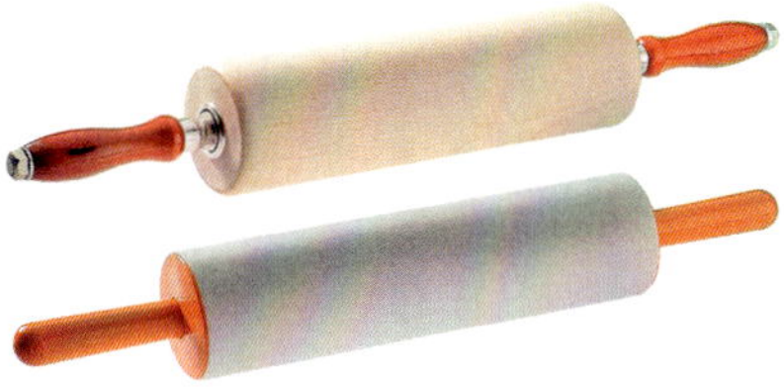

Pinsel
(pastry brush)
Zum Streichen von Eistreiche, Schokolade, Fondant, Fett, Milch, Konfitüre usw.

Tafelbesen, Mehlwischer
(flour bench brush)
Zum Abkehren von Plunder- und Blätterteig beim Tourieren usw.

Schneebesen
(whisk)
Zum Rühren und Schlagen von Cremen und Saucen

Teigrad
(pastry wheel)
Zum Schneiden von Teig und Marzipan; glatt oder gezackt

Teigschneider
(expandable pastry wheel)
Ausziehbar, fünf- bis siebenteilig, glatt und gezackt

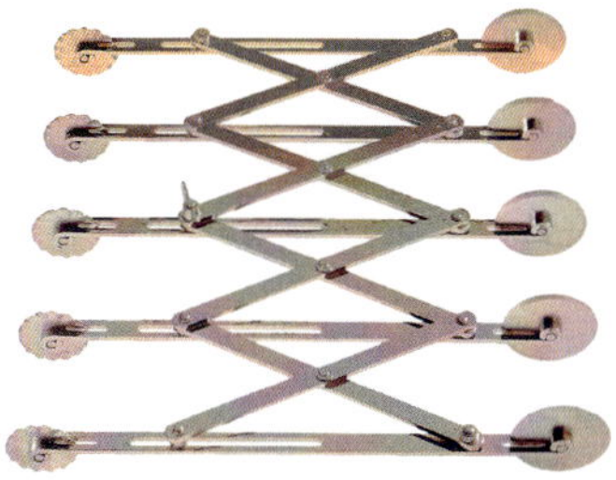

Gitterschneider
(steel cutter)
Zum Einschneiden von Plunder- und Blätterteig

Rollmesser
(stainless steel dough cutter)
Zum Einschneiden von Plunder- und Blätterteig

Sprühflasche
(spray can)
Zum Sprühen von Eistreiche, Tränken usw.

Passiersieb
(strainer, sifter)
Zum Abseihen oder Passieren von Früchten, Saucen usw.

Spitzsieb
(conical strainer)
Zum Abseihen von Flüssigkeiten

Flotte Lotte
(food mill)
Zum Passieren bzw. Trennen von Schalen, Kernen usw. aus Früchten, insbesondere Beeren, aber auch aus gekochten Äpfeln

Mehlsieb
(flour sifter)
Zum Absieben von Mehl, Puderzucker, Nüssen; in verschiedenen Maschengrößen

Modellierstäbe
(modelling tools)
Zum Formen (z. B. Einkerben, Strukturieren und Schneiden) von Marzipan und Modelliermassen

Trempiergabeln, Tunkgabeln
(trempier forks)
Zum Tunken, Überziehen und Absetzen von Pralinen

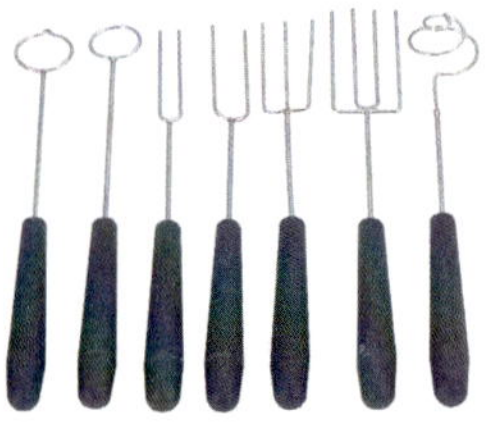

Blatt- oder Zuckerstempel
(leaf mould, sugar mould)
Zum Strukturieren von Blättern, Blumen u. Ä. aus Marzipan, hellem Karamell oder Isomalt sowie Kuvertüre; aus Kunststoff, Metall oder Silikon

Zuckerthermometer
(sugar thermometer)
Zum Temperaturmessen beim Kochen von Zucker (Celsius und Reaumur)

Zuckerwaage mit Behälter
(sugar density scale with holder cup)
Zum Messen der Dichte von Zuckerlösungen

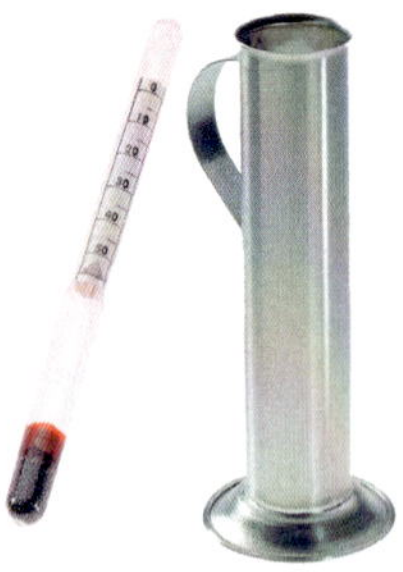

Digitalthermometer
(digital thermometer)
Zum Temperaturmessen, z. B. beim Temperieren von Kuvertüre

Bunsenbrenner, Gas- oder Spiritusbrenner
(Bunsen [spirit] burner)
Mit rußfreier Flamme, zum Zusammensetzen von Karamellteilen, Blumen und Zuckerkunstarbeiten

Dressiersack
(pastry bag)
Zum Dressieren; aus Baumwolle, kochfest und imprägniert (Einwegdressiersack aus Polyethylen)

Dekortüllen
(pastry tubes)
Zum Einsetzen in den Dressiersack; Dressieren von Cremen, Massen, Füllungen, zum Garnieren von Lebkuchen; Loch-, Zweiloch-, Dreiloch-, Stern-, Sternband-, Rosen-, Blatttülle usw.

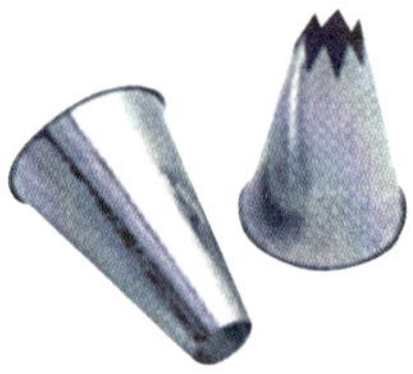

Ausstecher
(pastry cutter)
Zum Ausstechen von verschiedenen Formen, glatt oder gerillt, Herz-, Sternformen, Zahlen, Buchstaben, Figuren usw.

Ausstechmatte für Teegebäck
(cutter mat)

- Zum rationellen und platzsparenden Ausstechen von Mürb- und Lebkuchenteigen
- Aus Kunststoff

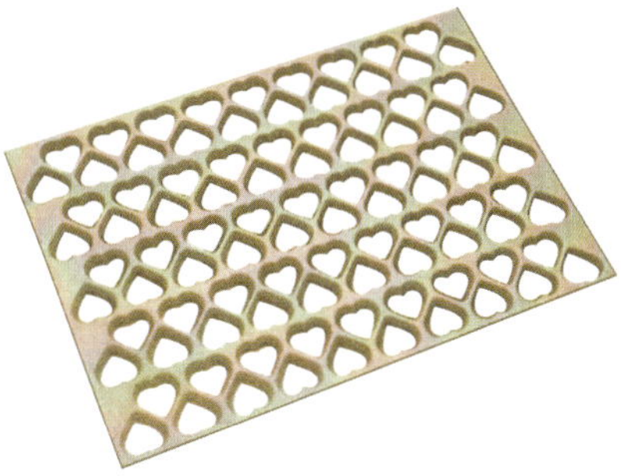

Pralinenausstecher
(praline cutter)

Zur Herstellung von Pralinen (konische Form)

Tortengitter, Überzugsgitter
(icing screens)

Zum Glasieren von Torten, Kuchen, Desserts, Petits Fours; zum Trüffelrollen; mit Füßchen, rund oder rechteckig

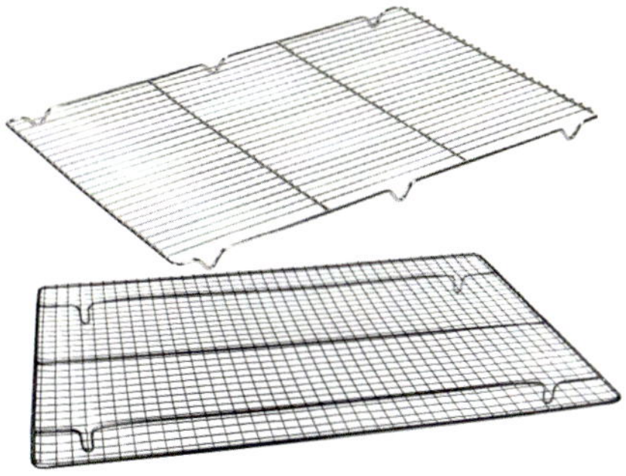

Heißluftpistole
(hot air gun)

Zum Abflämmen von Marzipan, Schaummassen usw.

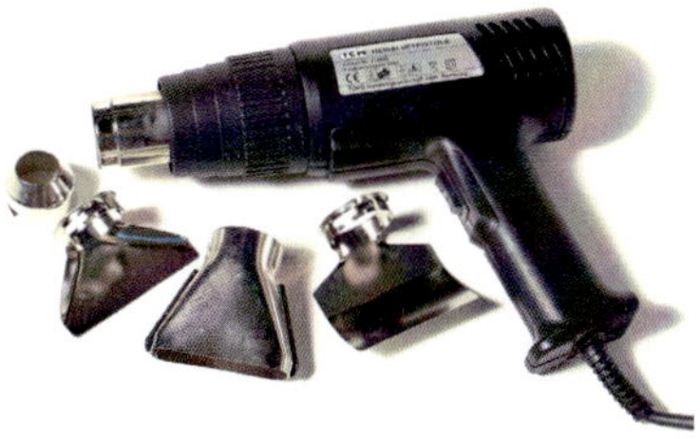

Spritzpistole (spray gun)

Zum Sprühen von verdünnter Kuvertüre (für Aufsätze, Schaustücke u. Ä.), elektrisch oder mit Druckluft betrieben

Zuckerlampe (sugar lamp)

Für Zuckerarbeiten; zum Erwärmen und Ziehen von Karamellzucker

Silpatmatte (rubber [silpat] mat)

Zum Backen, für Zuckerarbeiten

Backreliefmatte
(decorating stencil [mat])

Zum Backen von Dekormassen

Schablonen
(stencils)

- Zur rationellen Herstellung bestimmter Gebäckformen aus Massen (z. B. Hippenmassen)
- Zur Herstellung von Schokoladendekor
- Zum Bestreuen mit Puderzucker oder Kakaopulver
- Zum Bestreichen mit Gelee

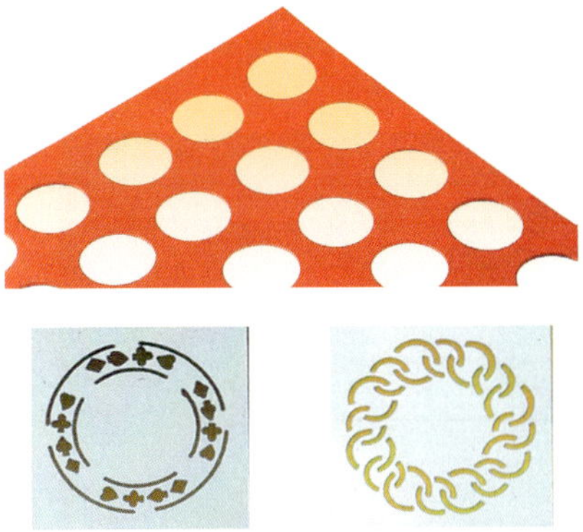

Dekorabstreichkamm
(decorating comb, stainless steel)

Zum Auftragen von Dekormassen (Cremen); glatt, gezackt, halbrund

Schneidewalze
(cutter)

Zum Einteilen und Schneiden von Pralinen und Krokant

Gießtrichter
(sauce gun with stand)

Zum Füllen von Pralinenhohlkörpern, zum Portionieren von Saucen usw.

4.2 Kessel und Formen

Kessel und Pfannen

Sie sind vorwiegend aus **Chrom-Nickel-Stahl (CNS),** daher säurefest und lebensmittelgerecht.

Formen

Kunststoffformen

Formen sind meistens aus **Weißblech** oder **Aluminium** und müssen daher besonders gepflegt werden. Ein schonender Umgang ist deshalb erforderlich, weil sie leicht zu verbiegen sind.

Einige dieser Formen werden auch **teflonisiert** oder **silikonisiert** angeboten. Mit Silikon beschichtete Formen haben eine gute Leitfähigkeit, die für eine optimale Wärmeverteilung sorgt und so ein gleichmäßiges Backen ermöglicht. Allerdings sind diese Formen, ebenso wie Formen aus Schwarzblech, nicht spülmaschinengeeignet.

Seit einigen Jahren werden viele der traditionellen Formen auch aus Kunststoff (Silikon) angeboten. **Silikonformen und -matten** sind sowohl hitzebeständig als auch frostfest und ermöglichen ein zeitsparendes, rationelles Arbeiten. Das Material garantiert ein perfektes Entnehmen aus der Form ohne vorheriges Einfetten und ist vielseitig einsetzbar, z. B. für Backwaren oder Obersdesserts.

Kasserolle aus Edelstahl oder Kupfer
(pan, stainless steel / copper pan)

- Zum Auflösen von Fondant, Kochen von Aprikotur, Gelee usw. (Edelstahl)
- Zum Kochen von Zuckerglasuren, Karamell und Isomalt sowie zum Zuckerschmelzen für Krokant (Kupfer)

Schüssel
(mixing bowl)

- Zum Herstellen von Oberscremen, Speiseeisgrundmassen, Teigen usw.
- Zum Aufbewahren von Cremen, Teigen, Früchten usw.

Kessel
(bowl)

- Zum Aufschlagen von Cremen, Massen, Obers, zum Kochen von Früchten usw.
- Maschinenkessel für große Mengen

Petits-Fours-Förmchen, Schiffchen, Tortelett- und Backformen
(stainless steel petits fours moulds for baking)

- Zum Auslegen mit Mürbteig oder Hefeteig (Brioche)
- In verschiedenen Formen – flach oder tief, glatt oder gerippt

Timbaleform, Darioleform
(timbale form)

Für Sturzcremen, Mohr im Hemd, Puddings usw.

Kokottenform
(oven-proof soufflé mould)

- Für Aufläufe, Soufflés, Joghurttörtchen; rund oder oval

Auflaufform, Plat russe
(ovenproof form)

- Für Aufläufe, Topfenpalatschinken, Salzburger Nockerl usw.

Savarinform
(savarin form, ring mould)

Zum Backen von Savarins aus gerührtem Hefeteig

Schaumrollenform
(creamhorn mould)

- Zum Umwickeln mit Blätterteig für Schaumrollen usw.
- Spitz, leicht konisch oder gerade

Gugelhupfform
(yeast cake mould)

Zum Backen von Massen und gerührten Teigen

Kranzform
(cake ring mould)

- Zum Backen von Massen und gerührten Teigen
- Glatt oder gerippt

Rehrückenform
(long cake mould)

- Zum Backen von Sandmassen
- Konisch oder rund

Kastenform
(loaf pan)

- Für Brot u. Ä.
- Konisch oder halbrund
- In verschiedenen Größen, auch ausziehbar

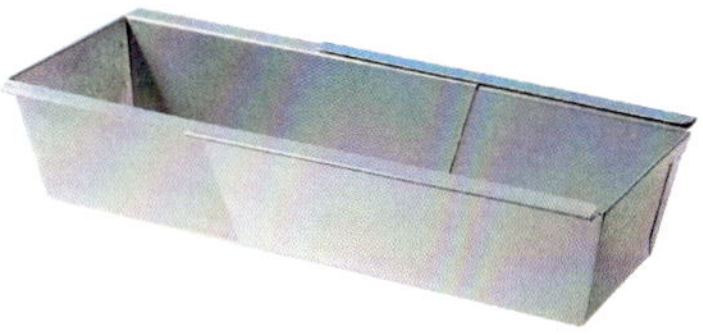

Biskuitform
(sponge cake mould)

Mit unterschiedlichen Motiven (Lamm, Fisch, Igel, Herz, Blume usw.)

Tortenring
(expandable cake ring)

- In unterschiedlichen Größen, Höhen und Formen
- Verstellbar zum Backen
- In Kunststoff zum Einsetzen von Oberstorten

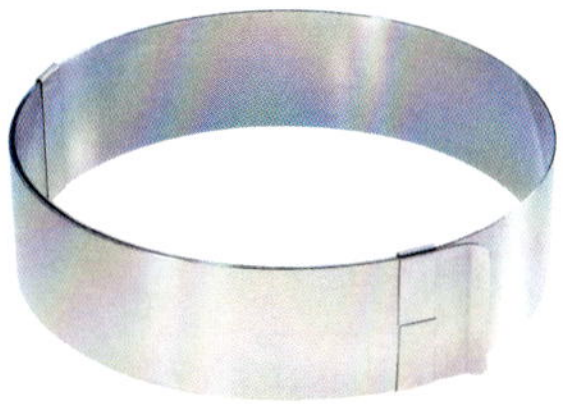

Backrahmen, Kapselrahmen
(expandable baking frame)

- Zum Backen und Einsetzen von Schnitten
- Beiderseits ausziehbar

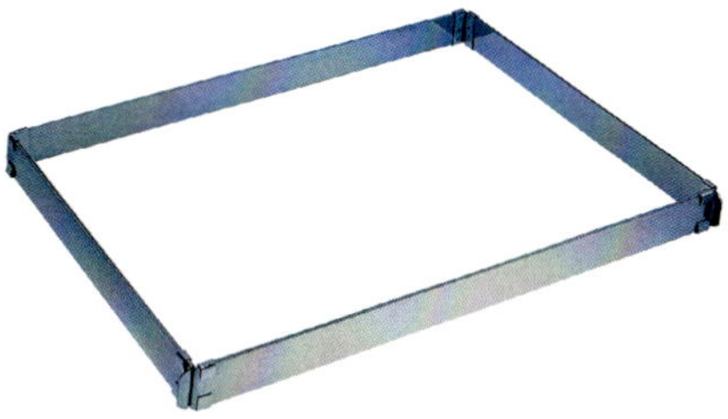

Motivbackrahmen bzw. -formen
(assorted shaped baking pans and frames)

- Mit unterschiedlichen Motiven (Herz-, Stern-, Glockenform usw.)
- Rahmen auch verstellbar; Formen mit geschlossenem Boden

Schokoladengießform
(chocolate mould)

- Zum Gießen von Osterhasen, Ostereiern, sonstigen Saisonartikeln, Pralinen usw.
- Aus Kunststoff

Silikonkautschukform
(silicone mould)

Zur rationellen Herstellung von Marzipanfiguren

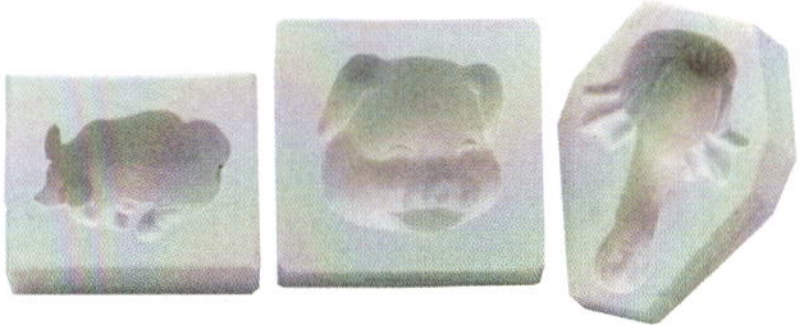

Dessertwanne
(terrine mould)

In verschiedenen Formen und Größen

Eisbombenform
(ice cream mould)
Für Eisbomben

Mandelbogenform
(almond wafer mould)
Zum Formen von Mandelbögen und Dekorteilen aus Schokolade

Cornetholz, Stanitzelholz
(hippen cornet mould)
Zum Formen von gebackener Hippen- und Waffelmasse

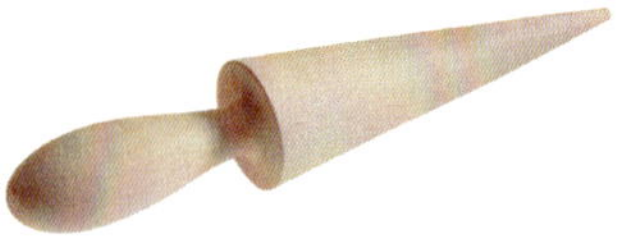

Baiserholz
(wooden meringue mould)
Zum Backen von Baiserschalen

Verschiedene Loch- und Formenbleche
(assorted shaped sheet pans)
- Zum gleichmäßigen Backen von Blätterteigböden (Lochblech)
- Zum Backen von Indianern, Biskotten, Florentinern usw. (Formenbleche)

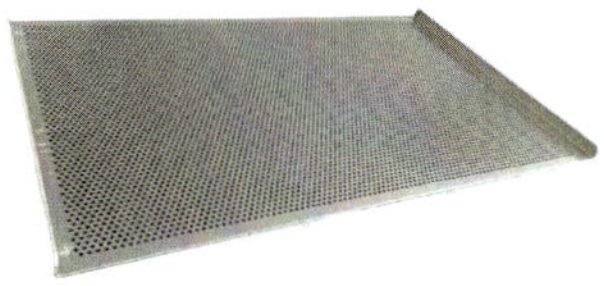

Kombiformen, Auswurfformen
(assorted plastic moulds)
- Kunststoffform zum Einsetzen von Desserts und Petits Fours
- In verschiedenen Formen und Größen

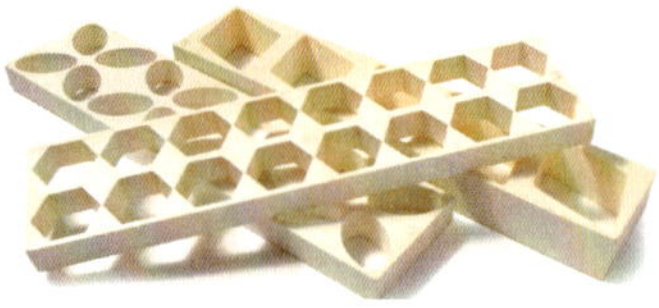

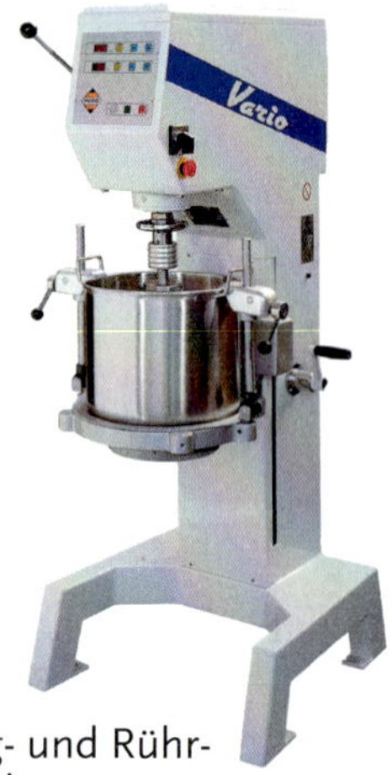

Schlag- und Rührmaschine

Planetenrühr- und Knetmaschine

4.3 Geräte und Maschinen

Da Geräte und Maschinen besonders teure Investitionsgüter sind, ist auf ihre sorgfältige Pflege zu achten, die die Lebensdauer erhöht und die Reparaturanfälligkeit verringert. Reparaturen sollten nur von einer Fachkraft durchgeführt werden.

Schlag- und Rührmaschine *(floor model mixer)*

- Beim Schlagen kreist das Werkzeug im Uhrzeigersinn. Diese Funktion wird vorwiegend zum Schlagen von Obers, Eiklar und Eiermassen (höheres Aufschlagvolumen) sowie zum Herstellen von fettgerührten Massen, Buttercremen u. Ä. verwendet.
- Beim Rühren dreht sich das Arbeitswerkzeug zusätzlich um die eigene Achse. Die Funktion „Rühren“ wird hauptsächlich zum Herstellen von Fettabtrieben und Teigen verwendet.

Planetenrühr- und Knetmaschine *(floor model mixer)*

Diese Maschine arbeitet mit einem sogenannten „Planetenrührsystem“, das eingespannte Rührwerkzeug dreht sich nach rechts um die eigene Achse und wird gleichzeitig durch die Antriebachse in die Gegenrichtung bewegt. Damit ist eine optimale Nutzleistung in kürzester Zeit gegeben.

Dieser Maschinentyp ist meist mit einer stufenlosen Geschwindigkeitsverstellung ausgestattet. Die Wartung beschränkt sich auf zweimaliges Schmieren pro Jahr.

Diese Maschine eignet sich zum Kneten, Rühren und Schlagen. Weitere Zusatzgeräte ermöglichen auch das Reiben, Schneiden, Hobeln oder Zerkleinern verschiedener Rohstoffe sowie das Passieren von Cremen, Konfitüren oder Fruchtfleisch. Optional kann auch eine Kesselheizung (Strom, Gas) installiert werden.

Unfallschutz: Zur Vermeidung von Arbeitsunfällen ist zusätzlich ein Schutzglas oder -gitter angebracht, das beim Anheben sofort den Notstoppschalter auslöst.

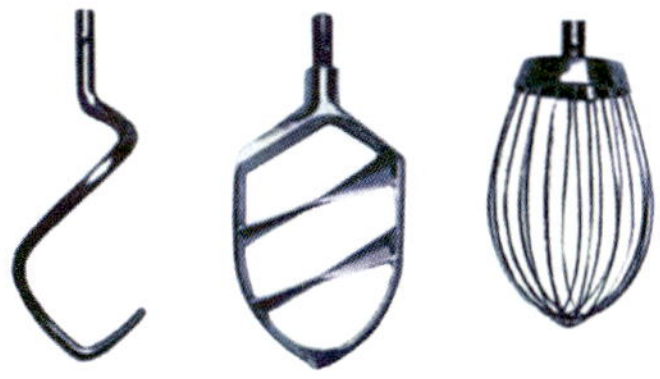

Dieser Maschinentyp kann nur mit dazu passenden Kesseln und Werkzeugen verwendet werden.

Zur Herstellung kleinerer Mengen von Teigen oder Eiermassen (z. B. 2 000 g Teig) eignen sich auch Tischgeräte (Küchenmaschinen).

Trempierapparat (trempier machine)

Mit diesem Gerät kann man Kuvertüre schmelzen, abkühlen und temperieren, während man händisch rührt. Die Kuvertüre kann auf der gewünschten Temperatur bis zur Verwendung warmgehalten werden.

Trempierapparat

Waffeleisen (waffle iron)

Mit ihm lassen sich frische Eistüten, Waffelherzen usw. herstellen.

Ein über den Heizplatten angebrachter Dispenser (Massebehälter) mit Portionierer erleichtert das Aufbringen der Masse. Nach dem Backen wird mit einem **Cornetholz** (siehe S. 22) die Eistüte geformt.

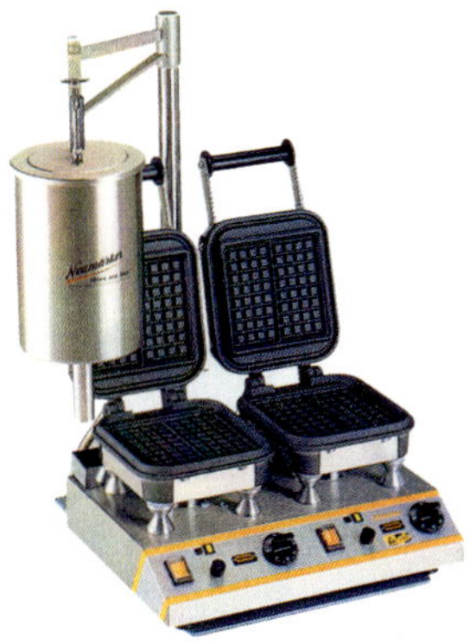

Waffeleisen

Stabmixer, Homogenisator (hand-held blender)

Er wird zum Pürieren von Fruchtmark, zum Homogenisieren von Eisansätzen, Cremen (Pariser Creme, Canachen u. Ä.) verwendet.

Vor der Reinigung ist darauf zu achten, dass der Mixer nach dem Ausschalten noch nachlaufen kann. Reinigungsvorschriften beachten!

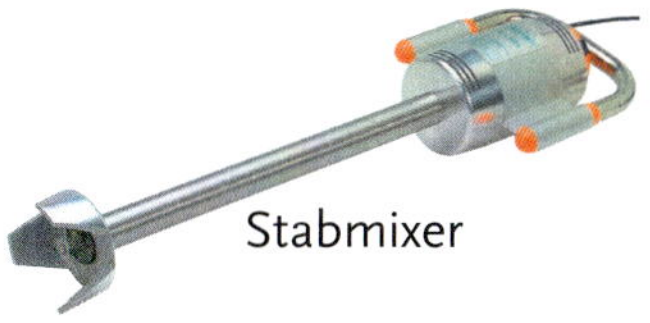

Stabmixer

Zutatenwaage (scale, weighing machine)

Es gibt sie in mechanischer und elektronischer Ausführung in unterschiedlichen Gewichtsbereichen und Skalierungen (z. B. in 1, 2 oder 5 g). Sie ist zum genauen Wiegen der verschiedenen benötigten Materialien geeignet.

Zutatenwaage

Airbrush mit Kompressor (airbrush with compressor)

Dieses Gerät findet immer häufiger in modernen Konditoreien Verwendung. Mit einem Luftpinsel (einer Minisprühpistole) wird Farbe mit Luftdruck (aus dem Kompressor) auf Marzipan, Torten, Modelliermassen usw. gesprüht.

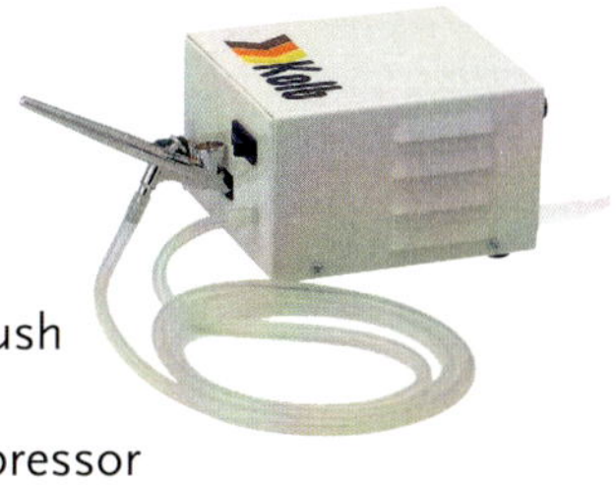

Airbrush mit Kompressor

Beim Einsatz von **Double-Action-Geräten** kann durch Drücken des Ventilhebels die Luftzufuhr geregelt und durch gleichzeitiges Zurückziehen des Ventilhebels mit dem Finger die Farbmenge bestimmt werden (Doppelfunktion des Ventilhebels). Bei **Single-Action-Geräten** werden durch Drücken des Ventilhebels Luftzufuhr und Farbmenge in einem bestimmten Verhältnis gleichzeitig gesteuert.

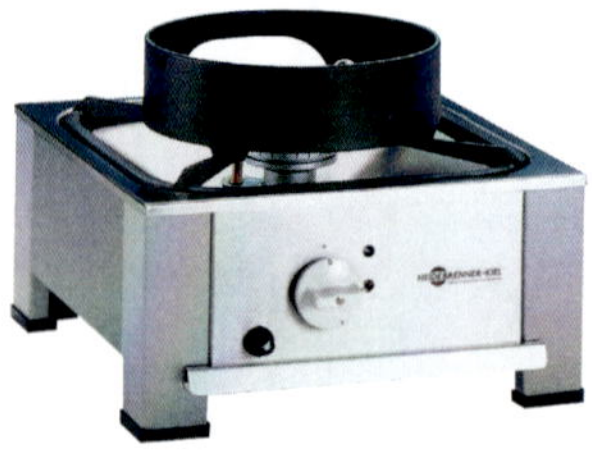
Rechaud

Rechaud, Kocher (rechaud)

Er wird zum Erhitzen und Kochen verwendet und kann direkt auf den Arbeitstisch gestellt werden. Der Vorteil eines Gasrechauds liegt in der sofort verfügbaren Wärme. Da beim Abschalten keine Energie durch Restwärme vergeudet wird, ist das Gerät sehr sparsam.

Dass auf einen Gasrechaud auch Kessel mit runden Böden gestellt werden können, ist ein wesentlicher Vorteil gegenüber einem Elektrorechaud.

Induktionsherd

Induktionsherd (induction range)

Der Induktionsherd funktioniert mit Magnetwellen, nicht mit Hitze.

Das Prinzip des Induktionsherds ist die direkte Beheizung eines magnetisierbaren Topfbodens mit starken Magnetfeldern im Niederfrequenzbereich.

Die Vorteile dieses Herds liegen im sparsamen Verbrauch, in den kurzen Ankochzeiten, der schnellen Reaktion auf Änderungen der Energiezufuhr sowie der geringen Verbrennungsgefahr (keine Strahlungswärme). Außerdem können verschiedene Topfgrößen auf einer Kochzone ohne Energieverlust verwendet werden.

Aufgrund seiner Größe kann er wie der Kocher direkt auf den Arbeitstisch gestellt und wie jener verwendet werden.

Aufgabenstellungen – „Inventar"

1. Nennen Sie einer Klassenkollegin bzw. einem Klassenkollegen fünf Werkzeuge, die in der Patisserie zum Einsatz kommen, und zählen Sie die dazu passenden Einsatzmöglichkeiten auf. Dann tauschen Sie.
2. Machen Sie ein Ratespiel: Sie beschreiben Ihrer Kollegin bzw. Ihrem Kollegen ein in der Patisserie verwendetes Arbeitsgerät oder eine Form – sie oder er rät, um welches es sich handelt. Dann tauschen Sie.
3. Zählen Sie gängige Geräte und Maschinen auf, die in der Patisserie zum Einsatz kommen.

5 Fachrechnen

5.1 Maße und Gewichte

- Wie viel sind 5 dag in Gramm?
- Wie viel sind 0,07 kg in Gramm?
- Wenn Sie von einer Haushaltsbutterpackung 1/8 kg abschneiden, wie groß bzw. schwer ist der Rest der Packung?

Haben Sie schon ein Gespür fürs Umrechnen und für mögliche Mengengrößen oder sind Sie noch nicht sattelfest? Erarbeiten Sie sich dieses Kapitel sehr gründlich – Sie werden es Ihr Berufsleben lang nicht bereuen.

Damit eine hohe Qualität der Patisserieprodukte gewährleistet ist und diese bei oftmaliger Anfertigung des gleichen Produkts gleichbleibend ist, ist es wichtig, Maße und Gewichte genau zu kennen und exakt einzuhalten.

Legt man eine Rezeptsammlung an, ist es sinnvoll, wenn alle Rezepte in einheitlicher Maßeinheit verfasst sind. So kann man Wiegefehler vermeiden.

Grundsätzlich gilt:
Das Wiegen der Zutaten (z. B. Wasser) ist genauer als das Messen des Volumens. Warum wohl? Und was ist genau der Unterschied zwischen Wiegen und Messen?

Im Buch verwendete Abkürzungen

Abkürzungen	Bezeichnungen	Abkürzungen	Bezeichnungen
°Bé	Grad Baumé	h	Höhe
°C	Grad Celsius	Ø	Durchmesser
°R	Grad Reaumur	Bl.	Blatt
°Brix	Grad Brix	EL	Esslöffel
TE	Teigeinlage	TL	Teelöffel
TG	Teiggewicht	KL	Kaffeelöffel
TT	Teigtemperatur	St.	Stück
GV	Gärverlust	F. i. T.	Fett in der Trockenmasse
BV	Backverlust	Vol.-%	Volumenprozent
EG	Einfüllgewicht	BE	Broteinheit
TA	Teigausbeute	kJ	Kilojoule
GN	Gastronorm	kcal	Kilokalorie

Gebräuchliche Maß- und Gewichtseinheiten

Abkürzungen	Bezeichnungen	Abkürzungen	Bezeichnungen
g	Gramm	l	Liter
dag	Dekagramm	mm	Millimeter
kg	Kilogramm	cm	Zentimeter
ml	Milliliter	dm	Dezimeter
cl	Zentiliter	m	Meter
dl	Deziliter		

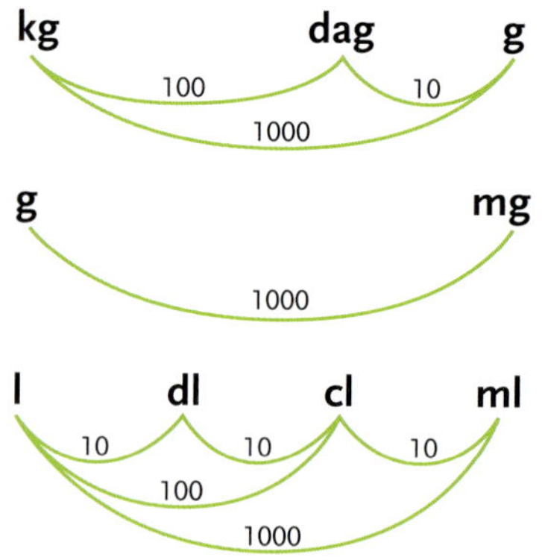

1 l = 2/2 = 4/4 = 8/8 = 16/16

Das wiegt Wasser bei +4 °C

1 l	=	1,000 kg
1 dl	=	0,100 kg
1 cl	=	0,010 kg

Die Zutaten in amerikanischen Rezepten werden meist in **Cups** (Tassen) angegeben. Das amerikanische Cup-Maß ist ungefähr mit einem 250 ml Joghurtbecher gleichzusetzen.

Umrechnungsbeispiele in Cups finden Sie in der TRAUNER-DigiBox.

Umrechnung verschiedener Maßeinheiten

Gewichtsmaße		
1 kg =	1,000 kg =	1 000 g
1/2 kg =	0,500 kg =	500 g
1/4 kg =	0,250 kg =	250 g
1/8 kg =	0,125 kg =	125 g
	0,100 kg =	100 g
	0,010 kg =	10 g
	0,001 kg =	1 g

Litermaße				
1 l =	1,000 l =	10,00 dl =	100,0 cl =	1 000 ml
1/2 l =	0,500 l =	5,00 dl =	50,0 cl =	500 ml
1/4 l =	0,250 l =	2,50 dl =	25,0 cl =	250 ml
1/8 l =	0,125 l =	1,25 dl =	12,5 cl =	125 ml
	0,100 l =	1,00 dl =	10,0 cl =	100 ml
1/16 l =	0,0625 l =	0,625 dl =	6,25 cl =	62,5 ml
	0,010 l =	0,10 dl =	1,0 cl =	10 ml
	0,001 l =	0,01 dl =	0,1 cl =	1 ml

Eimaße

In der Patisserie und Konditorei werden unterschiedliche Eimaße angewendet:

- Zählen ist wegen der unterschiedlichen Eigrößen ungenau.
- Wiegen ist am genauesten. Das gilt auch für Wasser und sonstige Flüssigkeiten.

Kleine Eier

Unter 53 g

Mittelgroße Eier

53 g bis unter 63 g

Große Eier

63 g bis unter 73 g

Sehr große Eier

Über 73 g

Aufgabenstellung

- Das Rezept einer Biskuitmasse wird mit Eiern der Größe M (60 g) hergestellt. Überlegen Sie, wie das Backergebnis aussehen würde, wenn Sie für die Masse Eier der Größe XL verwenden würden, die Zucker- und Mehlmenge jedoch nicht verändern würden.

Betriebsübliche Eigewichte in Gramm		Betriebsübliche Eigewichte in Liter (Faustregel Stückzahl)		Eigewichte in Gramm laut Codex	
1 Ei =	50 g	1 Liter Eier =	20 Stück	1 Ei =	45 g
1 Eiklar =	30 g	1 Liter Eiklar =	40 Stück	1 Eiklar =	29 g
1 Eigelb =	20 g	1 Liter Eigelb =	60 Stück	1 Eigelb =	16 g

Längenmaße			
1,000 m =	10,00 dm =	100,0 cm =	1 000 mm
0,100 m =	1,00 dm =	10,0 cm =	100 mm
	0,10 dm =	1,0 cm =	10 mm
		0,1 cm =	1 mm

Flächenmaße			
1 m² =	100 dm² =	10 000 cm² =	1 000 000 mm²
	10 dm² =	1 000 cm² =	100 000 mm²
	1 dm² =	100 cm² =	10 000 mm²
		10 cm² =	1 000 mm²
		1 cm² =	100 mm²

Schätzen von Verpackungseinheiten

Um grobe Schätz- und Messfehler zu vermeiden, hilft ein bisschen Übung und „Hausverstand“. Lösen Sie auch folgende Aufgabe damit:

Lebensmittel	Verpackungseinheit	Ich brauche ...	Ich schätze ...
Butter	Packung 0,25 kg	0,08 kg	
Margarine	Packung 0,25 kg	0,12 kg	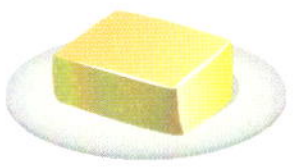
Sauerrahm	Becher 0,25 l	0,12 l	
Crème fraîche	Becher 0,125 ml	0,60 ml	
Topfen	Packung 0,25 kg	0,08 kg	
Germ	Würfel 0,042 kg	0,02 kg	
Wein	Stifterl 0,25 l	1/8 l	

Zeichnen Sie in der nebenstehenden Tabelle die Teilungsstriche für den geschätzten Anteil in die Grafik ein.

Mohn	Säckchen 0,20 kg	0,07 kg	
Puddingpulver	Säckchen 0,05 kg	0,025 kg	
Kochschokolade	Tafel 0,25 kg	0,10 kg	
Staubzucker	Packung 0,50 kg	0,125 kg	

Aufgabenstellungen – „Maße und Gewichte"

1. Rechnen Sie um:

Wie viele Liter sind 340 ml?

Wie viele Gramm bzw. Dekagramm sind 0,20 kg?

Wie viele Millimeter sind 0,2 dm?

2. Zählen Sie in der Patisserie und Konditorei verwendete Eimaße auf.

3. Nennen Sie die Faustregel der Stückzahl an Eiern für 1 Liter Eier ____________,
1 Liter Eiklar ____________ und 1 Liter Eigelb ____________.

4. Nennen Sie das Gewicht von einem Deziliter Wasser bei +4 °C.

5. Führen Sie die Bedeutung folgender Abkürzungen an:

TT: ____________ °Bé: ____________ BV: ____________ Vol.-%: ____________

5.2 Umrechnungen verschiedener Maßeinheiten

Bevor Sie mit dem eigentlichen Fachrechnen beginnen, sollten Sie die unterschiedlichen Maßeinheiten nochmals wiederholen.

Aufgabenstellungen

1. Gewichtsmaße

750 g = ______ kg

2,005 g = ______ kg

45 350 g = ______ kg ______ g

2. Längenmaße

a) 1,25 m = ______ dm ______ cm ______ mm

1,5 dm = ______ cm ______ mm

25 cm = ______ mm

b) Berechnen Sie, in viele Stücke eine Roulade mit einer Länge von 50 cm geschnitten werden kann, wenn ein Stück 25 mm dick sein soll.

3. Betriebsübliche Eigewichte

a) 1 kg Eier = ______ Stück Eier

1 kg Eiklar = ______ Stück Eiklar

1 kg Eigelb = ______ Stück Eigelb

b) Berechnen Sie die Kosten für 1 kg Eier bzw. 1 kg Eigelb, wenn ein Ei bzw. ein Eigelb 0,18 € kostet.

4. Litermaße, bezogen auf Wasser

1,25 l = ______ dl = ______ cl = ______ ml = ______

2 dl = ______ cl = ______ ml = ______ g ______

5 cl = ______ ml = ______ g

1,5 l = ______ 1/8

3,5 l = ______ 1/4

3/4 l = ______ 1/8

1/4 l = ______ 1/16

Es macht einen Unterschied, welcher Gewichtsklasse das verwendete Ei zuzuordnen ist

5.3 Flächenmaßberechnungen

Beispiel – Stückberechnung

Ein Blätterteigfleck misst 1 080 x 600 mm. Wie viele Stücke in der Größe von 120 x 100 mm können daraus geschnitten werden?

1 080 mm : 120 = 9 Teile
600 mm : 100 = 6 Teile

6 x 9 Teile = **54 Stück**

Aufgabenstellungen

1. Berechnen Sie, wie groß ein Plunderteig ausgerollt werden muss, wenn daraus 20 Stücke in der Größe von 120 x 120 mm geschnitten werden sollen.

2. Ein Blätterteig wird auf eine Größe von 960 x 540 mm ausgerollt. Berechnen Sie, wie viele Stücke im Format von 120 x 90 mm daraus geschnitten werden können.

3. Ein Marillenkuchen in der Größe von 620 x 580 mm soll in Stücke zu 60 x 80 mm geschnitten werden. Beim Schneiden wird an allen Seiten ein Rand von 10 mm weggeschnitten. Berechnen Sie, wie viele Portionen daraus gewonnen werden.

4. Berechnen Sie, wie lang und breit ein Blätterteig ausgerollt werden muss, um 28 Stücke à 14 x 14 cm zu erhalten.

5.4 Schlussrechnungen (Prozentrechnungen)

Schlussrechnungen benötigt man in der Patisserie, wenn ein bestimmtes Verhältnis, ein Prozentwert oder ein Preis ermittelt werden soll. Dafür genügt der einfache Schluss.

Lösungsansatz

- **Berechnung der Einheit:** Wenn 1 000 g Mehl 0,60 € kosten, dann kostet 1 g Mehl den tausendsten Teil davon, man dividiert durch 1 000.
- **Berechnung der neuen Mehrheit:** Wenn 1 g Mehl 0,0006 € kostet, dann kosten 400 g Mehl 400 mal so viel, man multipliziert mit 400.

Beispiel – Schlussrechnung

Wie viel kosten 400 g Mehl W700, wenn 1 000 g Mehl 0,60 € kosten?

1 000 g Mehl ....0,60 €
400 g Mehl ....x €

0,60 € : 1 000 x 400 = **0,24 €**

Aufgabenstellungen

1. Eine Sachermasse wiegt 3 500 g, davon sind 700 g Kuvertüre. Berechnen Sie den prozentuellen Anteil der Kuvertüre.

2. Das Gewicht eines fertigen Speiseeisansatzes beträgt 5 500 g. Berechnen Sie, wie viele Gramm Zucker im Ansatz enthalten sind, wenn der Anteil 18 % beträgt.

Ziele erreicht? – „Einstieg in das Arbeitsfeld“

KOMPETENZ-ERWERB

1. Nennen Sie die wichtigsten vorbeugenden Maßnahmen, um Unfälle zu vermeiden.
2. Geben Sie einen Überblick über die Gefahren, die mit Hygienemaßnahmen vermieden werden sollen.
3. Zählen Sie fünf Maßnahmen auf, die Sie ergreifen, um nachhaltig zu produzieren.
4. Stellen Sie Silikonformen Formen aus Weißblech und Aluminium in Bezug auf ihre Verwendung und Pflege gegenüber.
5. Erläutern Sie die Funktionsweise und Verwendung einer Rühr- und Schlagmaschine.
6. Beschreiben Sie die Zusammensetzung und die mengenmäßigen Anteile eines 60 g schweren Hühnereies.
7. Beurteilen Sie die Bedeutung der präzisen Handhabe von Maßen und Gewichten in der Patisserie. Wählen Sie dafür ein Beispiel aus dem Rezeptteil aus, anhand dessen Sie Ihre Analyse durchführen.
8. Begründen Sie, warum das Wiegen von Zutaten genauer ist als das Messen. Führen Sie hierfür ein Beispiel an.
9. Rechnen Sie folgendes Rezept für eine Sachermasse von 12 Portionen unter Verwendung von 6 Eiern auf 20 Portionen unter Verwendung von 10 Eiern um:

130 g Butter	
6 Eier	10 Eier
40 g Staubzucker	
130 g Kuvertüre	
130 g Mehl	
180 g Kristallzucker	

Basics in der Patisserie

In diesem Kapitel lernen Sie alle grundlegenden Verarbeitungstechniken von Teigen, Massen, Füllcremen, Glasuren, Schokolade und Marzipan kennen.

KOMPETENZ-ERWERB

Meine Ziele

Nach Bearbeitung dieses Kapitels kann ich

- Teige und dazu passende Füllungen fachgerecht herstellen;
- Massen, Füllcremen und Glasuren fachgerecht herstellen;
- die Verarbeitungstechniken für fertige Produkte aus Teigen und Massen (z. B. Torten, Schnitten, Rouladen und Stückdesserts) richtig anwenden;
- vegane Torten und Kuchen herstellen und Rezepte adaptieren;
- Schokolade richtig verarbeiten;
- einige Pralinenarten herstellen;
- Marzipan herstellen und fachgerecht verwenden.

1 Teige

Dunkel gebackene Teige schmecken viel besser als helle, aber gesund ist das nicht, oder? Wie heißt der Stoff, der sich in dunklen Teigen und Fettgebäcken bildet? Wer in der Gruppe hat davon schon gehört?

Aufgrund ihrer Beschaffenheit weisen Teige eine feste oder zähe Konsistenz auf. Sie werden durch Kneten mit der Hand oder mit der Maschine hergestellt (gemischt). Zur Lockerung werden den meisten Teigen Lockerungs- oder Triebmittel zugesetzt, die dann auch den Charakter des Teigs bestimmen.

Folgende Teige werden unterschieden:

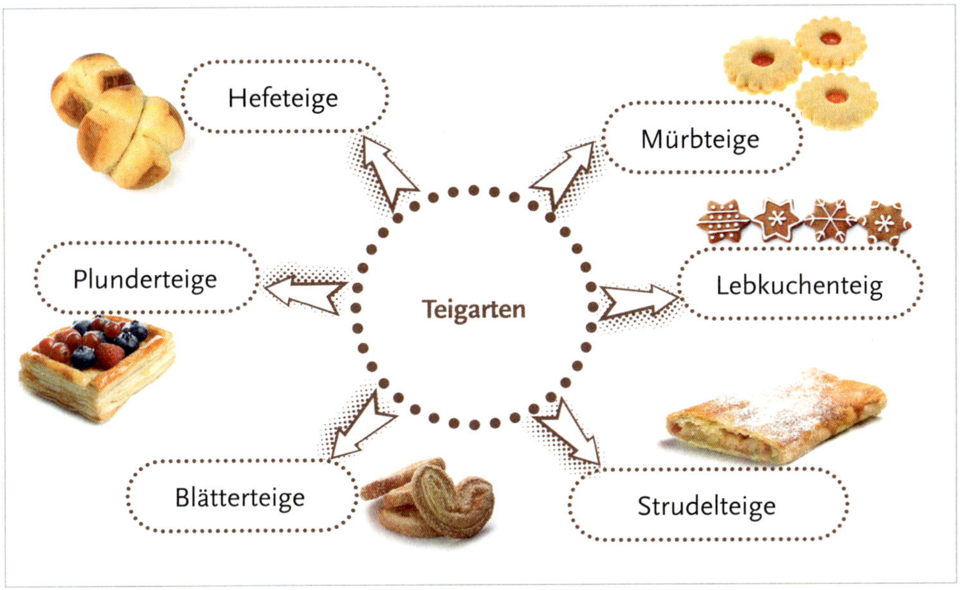

Strudelteig, Topfenteig und Kartoffelteig (für Fruchtknödel) werden für warme und kalte Desserts verwendet. Ihre Zubereitung und Verarbeitung bzw. verschiedene Ausformungen haben Sie bereits in der Küche gelernt.

1.1 Hefeteige

Hefeteige können auf unterschiedliche Arten hergestellt werden. Gelockert werden sie alle hauptsächlich durch Hefe (etwas Backtriebmittel darf laut **Codex** zusätzlich dazugegeben werden). Dadurch bekommen sie ihr Volumen, die feinen Poren und den typischen Hefegeschmack.

Der „Codex" heißt in Langform **„Codex Alimentarius Austriacus"** und ist das Österreichische Lebensmittelbuch. Darin sind Rezepte, Lebensmittel, ihre Bezeichnung und Verwendung etc. gesetzlich geregelt. Betriebe müssen sich an diese Vorgaben halten.
www.lebensmittelbuch.at

Die Einteilung dient als Orientierungshilfe, die Richtgrößen angibt. Die Zutatenanteile können nach oben und unten verändert werden. Dementsprechend handelt es sich bei den Rezepten um Beispiele, die variiert werden können.

Einteilung

Man unterscheidet sie je nach Zucker-, Butter-, Eigelb- und Eimenge:

Hefeteigarten

Leichte Hefeteige	Mittelschwere Hefeteige	Schwere Hefeteige
■ Enthalten bis zu 10 % Zucker und bis zu 15 % Fett auf 1 000 g Mehl ■ Gären schnell ■ Die Gebäcke haben ein großes Volumen und sind leicht verdaulich	Enthalten bis zu 20 % Zucker und bis zu 25 % Fett auf 1 000 g Mehl	■ Enthalten bis zu 20 % Zucker und über 25 % Fett auf 1 000 g Mehl ■ Gären langsam ■ Die Gebäcke haben ein kleines Volumen und sind schwer verdaulich
Rezeptbeispiel 1 000 g Mehl 500 g Milch 100 g Zucker 100 g Butter 80 g Eigelb (4) 40 g Hefe 12 g Salz Vanille, Zitrone	**Rezeptbeispiel** 1 000 g Mehl 400 g Milch 150 g Zucker 200 g Butter 80 g Eigelb (4) 60 g Hefe 15 g Salz Vanille, Zitrone	**Rezeptbeispiel** 1 000 g Mehl 300 g Milch 200 g Zucker 300 g Butter 120 g Eigelb (6) 80 g Hefe 15 g Salz Vanille, Zitrone
Für Mohn- und Nussstrudel, Streuselkuchen, Zwetschkenfleck, als Grundteig für Plunderteige usw.	Für Buchteln, Bienenstich, Brioches, Pinzen, Krapfen und andere Fettgebäcke	Für gerührten Hefegugelhupf, Savarins, Christstollen, Mohn- und Nussbeugel

Einfluss der Rohstoffe

Mehl

- Es werden vor allem glatte Weizenmehle der Type 700 oder 480 verwendet. Sie bewirken eine hohe Elastizität des Klebers im Teig.
- Das Mehl sollte eine Temperatur von 20 bis 24 °C haben.
- Warme Mehle können mehr Wasser aufnehmen als kalte Mehle.
- Durch das Sieben wird das Mehl gelockert: Verunreinigungen werden entfernt, es kann mehr Wasser binden.

Milch (Frisch- oder Trockenmilch)

- bindet die Rohstoffe,
- stärkt den Kleber und macht ihn geschmeidiger,
- verbessert die Teigeigenschaften (Standfestigkeit),
- erhöht die Teigausbeute und Gärstabilität und
- verbessert die Gebäckqualität durch eine feinere Porung, längere Frischhaltung und intensivere Krustenbräunung.
- Mit der Temperatur der Flüssigkeit wird die Gare (siehe S. 40f) gesteuert.

Hefe

- Das CO_2 bildet die Poren und treibt das Gebäck in die Höhe (Hefelockerung siehe „Biologische Lockerungsmittel", S. 225).
- Die Hefegärung trägt zum charakteristischen Geschmack und Geruch des Gebäcks bei.

Hefe soll frisch und triebstark sein.

Verarbeitungshinweise

- Die Hefe immer mit der Flüssigkeit aufschlämmen. Dadurch verteilt sie sich gleichmäßig im Teig und bekommt die erste Nahrung (Wasser).
- Die Flüssigkeit darf nie über 40 °C haben (Hefezellen beginnen abzusterben)!

Zucker

- verbessert den Geschmack,
- beeinflusst die Teigeigenschaft (Gärverhalten),
- bewirkt eine bessere Krustenbräunung und
- dient der Hefe als Nahrung.

Butter bzw. Margarine

- bestimmt die Struktur, die Porung und die Mürbung der Krume,
- verbessert den Geschmack,
- verlängert die Frischhaltung der Gebäcke,
- macht Teige geschmeidig (bis zu 5 % Anteil) oder kurz (bei größeren Mengen),
- beeinflusst das Gebäckvolumen und
- bewirkt bei einem Anteil von mehr als 5 % eine geringere Gärstabilität.

Fettgehalt der Butter – wer von Ihnen weiß ihn?

Eier

Eigelb

- Das darin enthaltene Lezithin wirkt emulgierend,
- verbessert den Geschmack,
- bewirkt eine bessere Krustenbräunung bzw. gelbere Krumenfarbe und
- verbessert die Mürbung.

Verarbeitungshinweis

Eigelb nicht direkt mit Mehl in Kontakt bringen, da dabei „Dotterfische" entstehen können. Daher Eigelb immer mit der Milch verrühren oder zum Abtrieb geben.

Eiklar

Gebäcke mit hohem Eiklaranteil haben eine trockene Krume, da beim Backprozess ein Großteil des im Eiklar enthaltenen Wassers verloren geht bzw. eine großporige Krume rascher austrocknet. Daher wird für Hefeteig großteils Eigelb verwendet.

Salz

- verbessert den Geschmack und erhöht die Krustenfärbung,
- festigt den Kleber und macht ihn elastisch, die Teige haben dadurch einen besseren Stand und eine bessere Gashaltung,
- entzieht der Hefe das Wasser, wodurch bei einem hohen Salzanteil die Hefegärung langsamer verläuft.

> - Eine zu hohe Salzmenge bewirkt kurze, schwer formbare, oberflächlich nässende Teige.
> - Teige ohne Salz neigen zum Kleben und Breitlaufen.

Gewürze und Aromen

Sie dienen der harmonischen Abrundung des Geschmacks.

Rum

- Er verbessert den Geschmack.
- Bei in Fett gebackenen Hefeteigerzeugnissen verhindert der verdampfende Alkohol, dass während des Backens zu viel Fett aufgesaugt wird.

Diese Informationen können Sie nun bei der Herstellung von Hefeteigen anwenden.

Teigführung

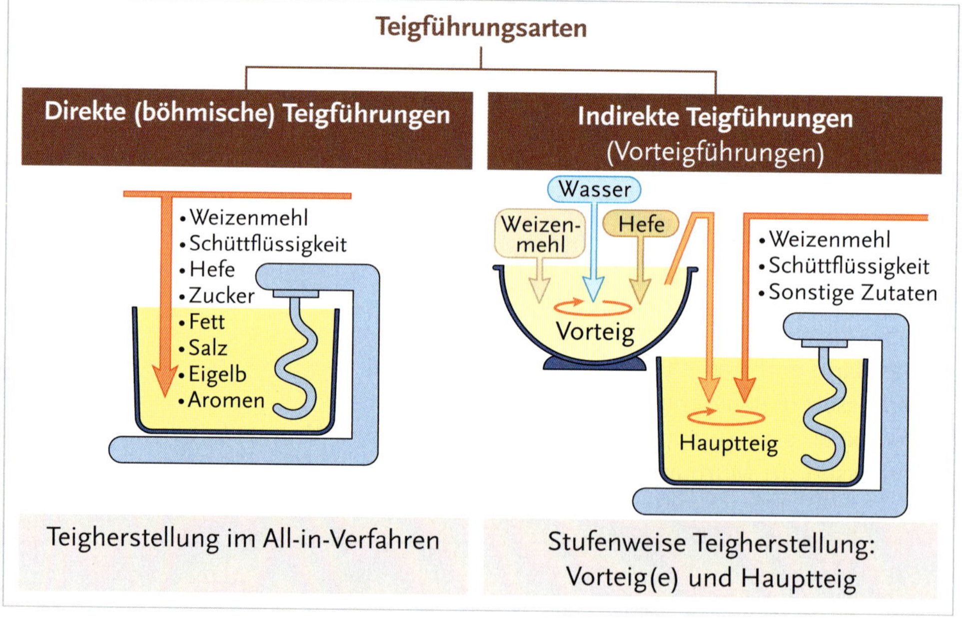

Direkte Teigführung (All-in-Verfahren)

Herstellung

- Flüssigkeit mit der Hefe aufschlämmen.
- Eier, Eigelb, Zucker, Salz und Aromen mit der Aufschlämmung verrühren.
- Rasch mit dem Mehl mischen.
- Nach kurzer Mischzeit das temperierte, dünnblättrig geschnittene Fett beimengen.
- Die Teigkonsistenz überprüfen, den Teig kneten und glatt arbeiten.

Indirekte Teigführung (Vorteigführung)

- Durch die Vorteigführung erreicht die Hefe schneller ihre Gärleistung, bevor in den Teig gärhemmende Zutaten (Zucker, Fett) in größerer Konzentration eingebracht werden. Durch die Auflockerung des Vorteigs entstehen bei der Zubereitung des Hauptteigs feinste Poren.
- Diese Art der Teigführung wird in der Praxis meist nur bei der Zubereitung von mittelschweren und schweren Hefeteigen (Stollen) sowie bei kleinen Teigmengen (aufgrund ihrer raschen Gare) angewendet.

Herstellung des Vorteigs

- Hefe mit 50–100 % der Flüssigkeit aufschlämmen. Die Flüssigkeitsmenge richtet sich nach der Schwere des Hefeteigs. Bei schweren Hefeteigen kann die gesamte Milchmenge in den Vorteig gegeben werden.
- Mehl (ca. die gleiche Menge wie Flüssigkeit, TA 200) beigeben, abarbeiten, bis der Vorteig glatt ist (Teigtemperatur ca. 25 °C).
- Mit etwas Mehl bestauben und ca. 30 Minuten reifen lassen (30–35 °C, 70 % Luftfeuchtigkeit).

Die Temperatur der Milch und evtl. die Zuckerbeigabe (Richtwert 2 %) hängen davon ab, in welchem Zeitraum das Dampfl seine Reife erreichen sollte.

Das Stauben des Vorteigs

- verhindert eine Hautbildung an der Oberfläche,
- begünstigt eine konstante Teigtemperatur,
- dient der Erkennung der Vorteigreife.

Kennzeichen der Vorteigreife

- Verdoppelung des Volumens
- Starke Risse an der Oberfläche
- Neigt beim Abtasten zum Einfallen

Überlegen Sie gemeinsam: Wie wirkt es sich aus, wenn man dem Vorteig schon etwas Zucker beigibt?

Herstellung des Hauptteigs

Den reifen Vorteig mit dem restlichen Mehl, der restlichen Flüssigkeit und den übrigen Zutaten mischen (eventuell einen Abtrieb herstellen oder Eier, Eigelb, Zucker, Salz und Aromen verrühren), temperiertes Fett beigeben und glatt kneten (siehe Kapitel „Teigbereitung“).

Einen Abtrieb herstellen – wie funktioniert das? Finden Sie es heraus.

Faktoren, die die Entscheidung für die Auswahl der Teigführungsart beeinflussen:

Gründe für die direkte Führung

- Die Hefegärung verläuft langsamer und
- größere Teigmengen können hergestellt und verarbeitet werden.

Weitere Gründe für die direkte, jedoch kalte (= böhmische) Führung

- Sie eignet sich für Beugel- und Plunderteige (siehe S. 50),
- für große Teigmengen bzw. lange Teigführungen,
- außerdem für die Herstellung von Teiglingen mit Gärverzögerung bzw. Gärunterbrechung, weil die Hefegärung sehr langsam verläuft.

Gründe für die indirekte Führung (Vorteigführung)

- Sie eignet sich für schwere Hefeteige (Stollen, Hefegugelhupf o. Ä.).
- Bei kleinen Teigmengen bzw. wenn eine raschere Stückgare erwünscht wird.
- Bildung einer feinporigen Gebäckkrume.

Wer in der Gruppe weiß, warum die direkte, kalte Teigführung auch als „böhmische Teigführung“ bezeichnet wird?

Beugel

Teigbereitung

Geknetete Hefeteige
Teigbereitung: Mischen und Kneten
- Leichte Hefeteige lange und intensiv kneten (schlagen),
- schwere Hefeteige kurz und langsam (nicht intensiv) kneten.

Gerührte Hefeteige
Teigbereitung: Verrühren

Kennzeichen von fertig geknetetem Hefeteig
- Der Teig hat eine elastische Bindung,
- eine glatte Oberfläche,
- klebt kaum und
- fühlt sich an der Oberfläche trocken an.

Geknetete Hefeteige

Der Teig wird in der Knetmaschine durch Mischen und Kneten zubereitet.

Mischprozess

- Gemischt wird bei niedriger Frequenz für ein bis zwei Minuten.
- Dabei kommt es zu einer starken oberflächlichen Quellung.
- Vor allem die Klebereiweißstoffe und die Stärke binden die Teigflüssigkeit.
- Der Prozess ist abgeschlossen, wenn die Zutaten gebunden sind.
- Der Teig ist klebrig und hat eine grobe Oberfläche.

Knetprozess

- Die Zutaten werden intensiv gebunden (fein verteilt).
- Die Mehlquellung setzt sich fort, die Kleberbildung wird gefördert.
- Die starke Knetbewegung (Reibungsenergie) bewirkt eine weitere Verklebung der Klebereiweißstoffe, die für das Gashaltevermögen notwendig sind.

Knetdauer
- Sie hängt vom Knetsystem, von der Knetgeschwindigkeit, der Teigtemperatur, der Teigfestigkeit, der Mehlqualität und der Zusammensetzung des Rezeptes ab.
- Sie ist bei fettreichen Teigen und Plunderteigen kürzer (ca. drei bis vier Minuten) als bei fettarmen (ca. fünf bis sieben Minuten).
- Am Ende des Knetvorgangs haben die Klebereiweißstoffe und die Stärke etwa 80 % der Zugussflüssigkeit gebunden, die restliche Flüssigkeit wird bei der Teigruhe aufgenommen.
- Dauert die Knetung zu lange, werden die Teige feucht und kurz.

Gerührte Hefeteige

Sie werden nicht geknetet, sondern zu einem glatten Teig verrührt.

Savarins sind eine französische Spezialität, die aus gerührtem Hefeteig hergestellt werden

Teigruhe

Die Teigruhe ist die **Zeit nach dem Kneten** bis zur Teigreife. Während dieser Zeit kann
- der Teig nachquellen,
- sich der Kleber entspannen und
- die Hefe genügend Gärgase (Lockerungsgase) bilden. Es entstehen Poren und der Teig wird locker.

Dauer der Teigruhe

Sie beträgt bei Hefeteigen ca. 20 bis 30 Minuten und hängt von folgenden Faktoren ab:

Faktoren	Kurze Teigruhe	Lange Teigruhe
Teigführung	Indirekt	Direkt
Teigtemperatur	Warm	Kühl
Zutaten	Viel Fett, Eier, Eigelb, Hefe	Wenig Fett, Zucker, Hefe
Teigkonsistenz	Feste Teige	Weiche Teige
Teigmenge	Große Teige	Kleine Teige
Knetung	Lange Knetung	Kurze Knetung

- Teige mit zu kurzer Teigruhe bezeichnet man als **zu junge Teige,**
- Teige mit zu langer Teigruhe werden als **zu alte (überreife) Teige** bezeichnet.

Merkmale

Junge Teige

- Bei der Verarbeitung schnurrt und reißt der Teig leicht.
- Gärgasbildung ist gering.
- Gebäckkruste bräunt stark.
- Geschmack ist wenig aromatisch.
- Frischhaltung ist gering.

Alte Teige

- Teigoberfläche trocknet rasch.
- Gebäckvolumen ist klein.
- Gebäckkruste ist blass.
- Frischhaltung ist gering.
- Die Krume ist grobporig und trocken.

Porenbilder

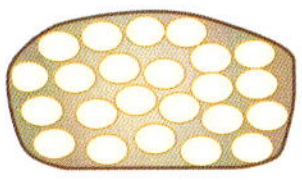
wenige große Poren

viele kleine Poren

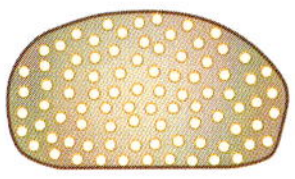
gleichmäßige Porung, gut gelockerte Gebäckkrume

Zusammenstoßen des Teigs

- Beim Zusammenstoßen werden die Gärgase teilweise aus dem Teig gedrückt.
- Die durch Hefegärung groß gewordenen Poren werden in kleine Poren geteilt.
- Den Hefezellen wird frische Nahrung zugeführt.
- Die Kleberstränge ordnen sich neu und verleihen dem Teig einen besseren Stand.

Aufarbeitung

Formgebung

Durch Portionieren, Rundschleifen, Ausrollen, Schneiden, Flechten sowie Füllen, Einschlagen oder Einrollen, bei gerührten Teigen durch Einfüllen in Formen.

Flechten

Wegsetzen

Beim Wegsetzen von Teiglingen auf das Backblech genügend Abstand halten,

- damit sie nicht zusammenkleben,
- um auch seitlich eine Krustenbildung zu erreichen.

Bestreichen mit Ei oder Butter (Reindling)

- Dadurch wird eine Hautbildung verhindert.
- Die Erzeugnisse bräunen besser und glänzen schöner.

Stückgare (Endgare)

- Vor dem Backen werden die Teiglinge in den Gärraum gegeben. Dies bewirkt, dass die Hefe die volle Gärleistung erreicht und die zur Lockerung notwendige Gasmenge bildet.
- Dadurch erhalten die Teigstücke ca. zwei Drittel ihres endgültigen Volumens.

- Die **absolute Luftfeuchtigkeit** gibt an, wie viele Gramm Wasser ein Kubikmeter (m^3) Luft aufnehmen kann.
- Die **relative Luftfeuchtigkeit** gibt die Wassermenge, die die Luft bei bestimmten Temperaturen aufnehmen kann, in Prozenten an.

Gärraum

Ideale Gärraumbedingungen

- Die ideale Gärraumtemperatur liegt zwischen 30 und 35 °C.
- Die relative Luftfeuchtigkeit im Gärraum beträgt 70–80 %.

Um die gewünschte Luftfeuchtigkeit zu erhalten, wird **Wasserdampf** (Schwaden) in den Gärraum eingebracht. Moderne Gärräume regeln die Luftfeuchtigkeit automatisch. Sie kann an einem Feuchtigkeitsmesser (Hygrometer) abgelesen werden.

Die hohe Luftfeuchtigkeit hält die Oberfläche der Teiglinge feucht und verhindert so die Hautbildung.

- Die Oberfläche ist elastisch und kann dem Gasdruck von innen nachgeben.
- Die Teiglinge werden optimal gelockert und erhalten ein großes Volumen.

Feststellung der Gärreife

Hefeteige haben meist bei Dreiviertelgare die optimale Gärreife erreicht. Die Teiglinge sind gut gelockert und haben ein großes Volumen. Die restliche Gare erhalten sie sofort nach dem Einschieben in den Backofen, beim sogenannten Ofentrieb.

Vor allem bei geflochtenen oder eingeschnittenen Hefegebäcken ist die Dreiviertelgare wichtig, damit ein kräftiger Ausbund entsteht.

Ausbund = typische Oberflächenausbildung während des Backens.

Gärstand

Dieser kann am Aussehen der Teigform (optisch) oder durch Abtasten der Teiglinge mit den Fingern (sensorisch) festgestellt werden:

Zu kurze Gare (Untergare)	Zu lange Gare (Übergare)
■ Starker Widerstand ■ Druckstelle verschwindet ■ Zu starke Elastizität ■ Geringes Volumen	■ Geringer Widerstand ■ Druckstelle bleibt sichtbar ■ Teiglinge neigen zum Einfallen ■ Großes Volumen

Porenbilder

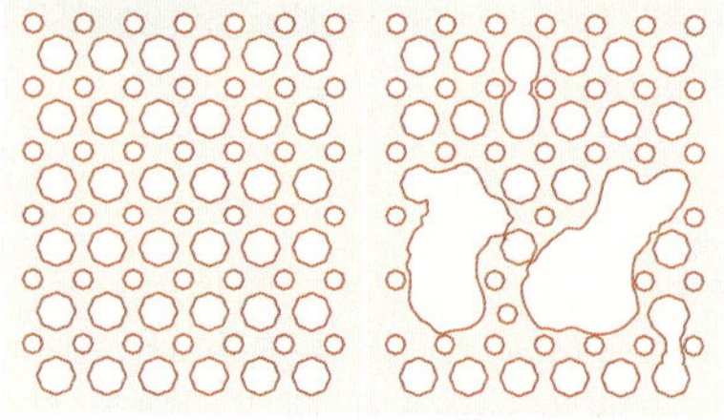

Optimale Gärreife — Übergare

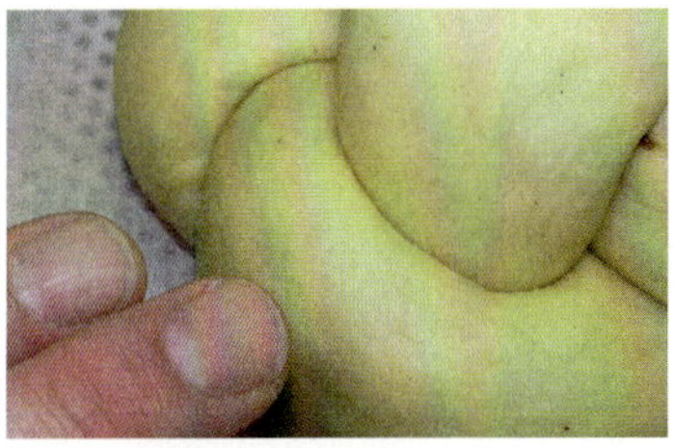
Zu kurze Gare

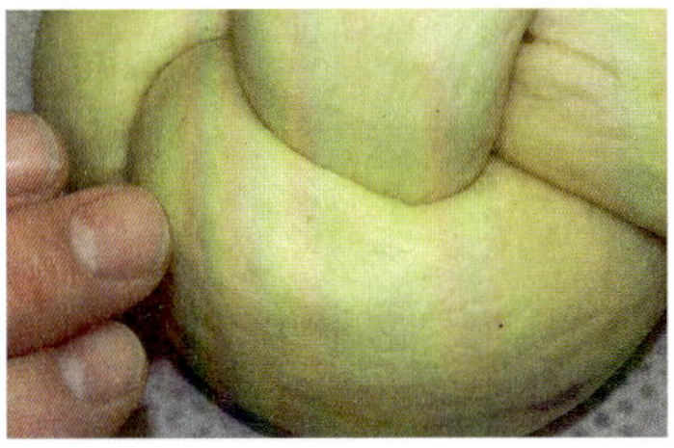
Ideale (1/2 bis 3/4) Gare

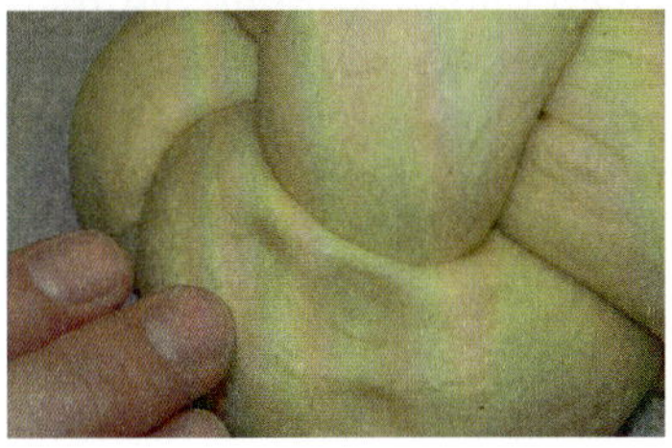
Zu lange Gare

Analysieren Sie die drei Abbildungen.

Backen

Beim Backen ist auf die richtige Ofentemperatur, den Schwaden, den Zug und die Backdauer zu achten.

Beim Einschieben der Teiglinge in den Backofen wird Wasserdampf zugeführt. Er kühlt auf der Teigoberfläche ab und bildet Kondenswasser. Dadurch bleibt die Teigoberfläche feucht und elastisch und kann dem Druck der Gärgase nachgeben. Das **Volumen** der Teiglinge **vergrößert sich** und die **Gebäcke** werden **ausreichend gelockert.**

Der Schwaden bewirkt auch den **Glanz der Gebäcke,** weil die auf der Gebäckkruste sich bildenden Dextrine im Kondenswasser gelöst werden und sich gleichmäßig auf der Oberfläche verteilen.

Die **Schwadenmenge** ist auch vom Gärstand der Teiglinge abhängig:
- Teiglingen mit Untergare sollte man viel Schwaden geben (Volumenzunahme und ausreichende Lockerung der Teiglinge durch vermehrte Kondenswasserbildung).
- Teiglingen mit Übergare sollte man weniger Schwaden geben (eine schnelle Krustenbildung durch trockene Hitze verhindert ein Breitlaufen der Gebäcke).
- Teiglinge, deren Oberfläche beim Einschieben in den Backofen bereits feucht ist, werden **ohne Schwaden** gebacken. Dies gilt auch für Teiglinge, die mit Ei oder Eistreiche bestrichen sind, z. B. Zöpfe, Brioches, Beugel u. Ä., sowie für Teiglinge, die mit Hagelzucker bestreut sind.

Was passiert mit Gebäck, das mit Hagelzucker bestreut ist, wenn Schwaden gegeben wird?

Gebäckfehler durch mangelnde Schwadenbeigabe

- Kleines Volumen
- Rissige Gebäckkruste
- Matte, glanzlose Gebäckkruste

Zug = kleine Öffnungen im Backofen, die durch einen Kanal nach außen führen.

- Bei **offenem Zug** kann dadurch Wasserdampf abgeleitet werden.
- Bei **geschlossenem Zug** sind die Öffnungen, die das Abziehen des Wasserdampfs verhindern, abgedeckt.

Schwadentechnik

Wenn beschwadet wird, muss der Zug geschlossen sein und darf erst gegen Ende des Backprozesses geöffnet werden.

Bei älteren Backöfen, die keine Schwadenanlage eingebaut haben, können die Teiglinge vorher mit Wasser besprüht werden. Für Gebäcke, die eine trockene Backhitze benötigen, wird nicht beschwadet, der Zug bleibt geöffnet.

Backprozess

Beim Backprozess finden drei Vorgänge statt

Ofentrieb

Krumenbildung

Krustenbildung

Vorgänge beim Backprozess in Abhängigkeit von der Teigtemperatur

Vorgänge beim Ofentrieb

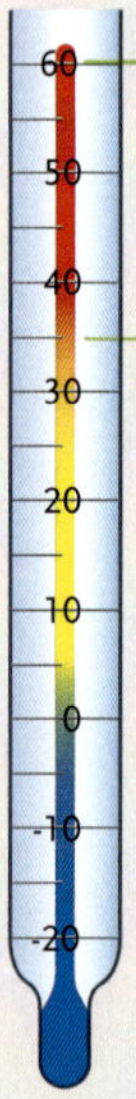

- ab ca. 60 °C: Absterben der Mikroorganismen (Hefen, Milchsäurebakterien).
- 35 bis 60 °C: Starke Volumenentwicklung durch Ausdehnung der Gase.
- 35 °C: Starke Hefe- und Enzymtätigkeit.

Vorgänge bei der Krumenbildung

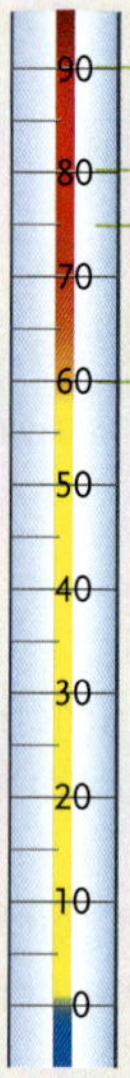

- 80 bis 90 °C: Ende der Enzymtätigkeit und Stärkeverkleisterung.
- 80 °C: Alkohol verdampft.
- 75 °C: Stärkeverkleisterung, intensiver Stärkeabbau.
- ab ca. 60 °C: Klebergerinnung, Beginn der Verkleisterung.

Vorgänge bei der Krustenbildung

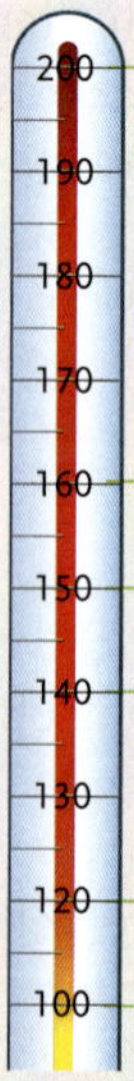

- 200 °C: Verkohlung, Bildung von Bitterstoffen.
- 160 °C: Beginnende Zuckercouleurbildung.
- 150 °C: Aus Zucker bildet sich brauner Karamell, Bildung von Röstbitterstoffen (Aromastoffen).
- 140 °C: Dextrinbildung schreitet voran (dunkle Dextrine).
- 120 °C: Aus Stärke bilden sich Dextrine, beginnende Maillardreaktion (Bildung von Melanoidinen).
- 100 °C: Wasserverdampfung, die Teighaut wird fester.

Backtemperaturen (Ofentemperaturen 180–210 °C) und Backzeiten

- Die Backhitze wirkt zuerst auf die Oberfläche der Teige und dringt dann in das Innere ein. Durch hohe Anfangshitze bildet sich rasch eine stabile Kruste, die ein Breitlaufen der Teiglinge verhindert.
- Anschließend muss die Temperatur jedoch gesenkt werden, damit die Kruste während der Backzeit nicht zu dunkel wird.
- Bei Hefegebäcken mit großem Volumen (Gugelhupf, Stollen u. Ä.) dauert die Wärmeleitung ins Gebäckinnere länger. Deshalb werden sie bei mittlerer, gleichbleibender Hitze gebacken, damit die Kruste nicht zu dunkel wird und die Gebäcke innen ausgebacken sind.

Backprozess

Die **Backzeit** ist abhängig
- vom Volumen der Backwaren,
- von der Einwirkung der Hitze auf die Backwaren: Backwaren in Formen haben eine längere Backzeit als frei geschobene Backwaren.

Füllungen

Verschiedenes Hefegebäck wird mit Füllungen hergestellt (z. B. Mohnstrudel, Nussschnecken). Darum werden im Folgenden die verschiedenen Füllungen angeführt.

Sie geben den Erzeugnissen durch ihre Zusammensetzung Geschmack und Charakter und halten sie länger frisch. Die Qualität der Füllungen ist von der Auswahl der Zutaten und von ihrer Frische abhängig.

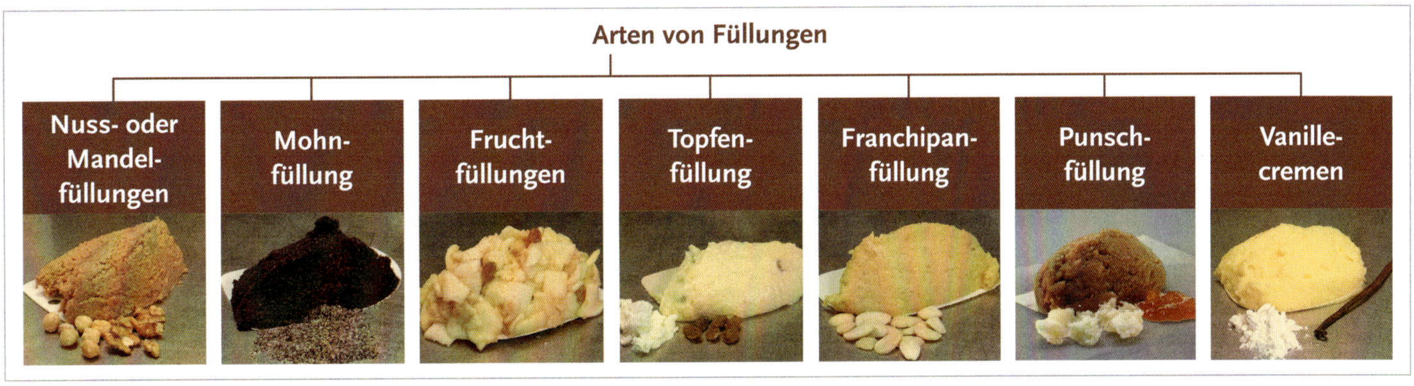

Nuss- oder Mandelfüllungen

Streufüllung

200 g geröstete Haselnüsse
100 g Zucker
1 kleine Prise Zimt

Zubereitung
- Zutaten vermengen.
- Es können ca. 50 g süße Brösel beigemengt werden.
- Vor der Verwendung die ausgerollten Teigflächen evtl. mit geschmolzener Butter bestreichen.

Die Streufüllung wird typischerweise für die Herstellung von Gibanica, einem Strudelteiggebäck aus Südosteuropa, z. B. Slowenien, verwendet.

Süße Brösel = getrocknete, zerbröselte Abschnitte bzw. Reste von gebackenen Kuchen, Torten usw. ohne Füllungen, Dekorationen u. Ä.

Gekochte Nussfüllung

Menge für ca. 2 Potizen

100 g Milch	200 g Walnüsse
50 g Butter	50 g süße Brösel
60 g Zucker	Zimt
55 g Honig	50 g Ei (1)
250 g geröstete Haselnüsse	1 EL Rum

Zubereitung

- Milch, Butter, Zucker und Honig auf 85 °C erhitzen.
- Fein geriebene Kerne mit den süßen Bröseln und dem Zimt trocken mischen.
- Alle Zutaten in die heiße Milch einrühren und kühlen.

Für Mandelfüllungen anstelle der Haselnüsse und Walnüsse Mandeln verwenden.

Gekochte Mohnfüllung

325 g Milch	1 kleine Prise Zimt
75 g Butter	50 g Eier (1)
75 g Honig	50 g Sultaninen
125 g Zucker	1 EL Rum
350 g gemahlener Mohn	60 g Powidlkonfitüre
100 g süße Brösel	

Zubereitung

- Milch, Butter, Honig und Zucker auf 85 °C erhitzen.
- Fein gemahlenen Mohn mit dem Zimt trocken mischen.
- Alle Zutaten in die heiße Milch einrühren und kühlen.

Fruchtfüllungen

Sie werden aus frischen Früchten, Kompottobst, dickgezogenen und getrockneten Früchten hergestellt. Auch Konfitüren werden als Füllung verwendet.

Apfelfüllung

740 g vorbereitete Äpfel	50 g geröstete, grob gehackte Haselnüsse
80 g Zucker	1 Prise Zimt
50 g Sultaninen	Evtl. Zitronensaft, Rum
80 g süße Brösel	

Zubereitung

- Geschälte, entkernte Äpfel dickblättrig schneiden.
- Trockene Zutaten mischen und mit den Äpfeln vermengen.

Gebundene Weichselfüllung

1 Dose mit 880 g Weichseln oder TK-Weichseln	50 g Weizenpuder (Stärke)
	150 g Zucker

Zubereitung

- Etwas Saft mit dem Weizenpuder verrühren.
- Restliche Flüssigkeit, Früchte und Zucker kochen und mit dem angerührten Weizenpuder abziehen.

Schmeckt wunderbar mit Kardamom und Vanille!

Topfenfüllung

130 g Puderzucker	80 g Eigelb (4)
30 g Cremepulver **oder**	1 g Salz
20 g Saftbinder	Vanille, Zitrone
500 g Topfen (20 % F. i. T.)	50 g geschmolzene Butter
120 g Sauerrahm	60 g Sultaninen

Zubereitung
- Gesiebten Puderzucker und Bindemittel vermengen.
- Topfen, Sauerrahm, Eigelb und Gewürze beimengen.
- Butter und Sultaninen in die Masse einrühren und kühlen.

Punschfüllung

600 g helles und dunkles Biskuit	75 g Läuterzucker (siehe S. 185)
150 g Marillenkonfitüre	1 EL Rum (38 Vol.-%)
50 g faschierte Aranzini nach Bedarf	

Zubereitung
- Helles und dunkles Biskuit in Würfel schneiden.
- Mit den übrigen Zutaten mischen.

Klassisch wird die Punschfüllung mit Marillenkonfitüre und ohne Aranzini erzeugt.

Rezeptbeispiele

Rezeptbeispiele für Backwaren aus leichtem Hefeteig (Grundrezept siehe S. 34)

Schnecken (Nussschnecken, Mohnschnecken)

Backtemperatur: 200 °C
Backzeit: ca. 15 Minuten

GR leichter Hefeteig

Zum Füllen:

Flüssige Butter

Füllung nach Wahl siehe „Füllungen", S. 43

Zum Glasieren:

Fondant (S. 101)

Fondant kauft man am besten als Fertigprodukt.

Zubereitung
- Den Hefeteig ca. 5 mm dünn und 720 x 400 mm groß ausrollen.
- Mit flüssiger Butter bestreichen, Streufüllung aufstreuen, leicht andrücken und einrollen. Oder gekochte Füllung aufstreichen und einrollen.
- Teigrolle in 20 mm dicke Stücke schneiden.
- Stücke auf ein mit Backtrennpapier belegtes Blech wegsetzen, dabei die Enden knapp unter den Teigling ziehen, etwas flach drücken.
- Auf Gare geben, bei geschlossenem Zug backen.
- Mit Puderzucker anzuckern oder
- aprikotieren, mit Fondant dünn glasieren oder
- mit Gelee abglänzen.

Füllung – die schnelle Variante
Teig mit flüssiger Butter bestreichen, mit Zimtzucker und geriebenen Haselnüssen bestreuen und wie oben beschrieben weiterverarbeiten.

Mohn- oder Nussstrudel – Mohn- oder Nusszopf

Backtemperatur: 190 °C
Backzeit: ca. 20–30 Minuten

GR leichter Hefeteig

Zum Füllen:

Gekochte Mohn- oder Nussfüllung (S. 44)

Zum Bestreichen:

50 g Ei (1)

Zubereitung

- Hefeteig evtl. halbieren (ja nach Größe für 2 Strudeln) schleifen, zugedeckt ruhen lassen.
- Rechteckig 4 mm dünn ausrollen, mit Mohn- oder Nussfüllung gleichmäßig bestreichen und einrollen.
- Für **Strudel** die Teigrollen mit dem Schluss nach unten auf ein mit Backtrennpapier belegtes Bleche wegsetzen.
- Für **Zöpfe** die Teigrollen der Länge nach durchschneiden, mit der Schnittfläche nach oben zu einem Zweistrangzopf drehen und wegsetzen.
- Auf Gare geben.
- Strudel mit Ei bestreichen und gut stupfen.
- Bei offenem Zug backen.
- Die Zöpfe noch heiß aprikotieren, mit Fondant (S. 101) dünn glasieren.

Mohn- und Nussstrudel können auch aus mittelschweren oder böhmischen Hefeteigen hergestellt werden.

Potitzen

Backtemperatur: 180 °C
Backzeit: ca. 45 Minuten

Zubereitung

- Bis zum Einrollen wie Mohn- und Nussstrudel vorbereiten.
- Potitzen in gleicher Rollenstärke beiderseits von außen nach innen bis zur Mitte einrollen.
- Mit dem Schluss nach oben in befettete Wannenformen legen und auf Gare geben.
- Mit Ei bestreichen, gut stupfen und bei offenem Zug backen. Stürzen und umdrehen.

Marillen- oder Zwetschkenfleck

Backtemperatur: 200 °C
Backzeit: ca. 20 Minuten

GR leichter Hefeteig, reicht für 2 1/1 GN-Bleche

Zum Füllen:

Flüssige Butter

Nussstreufüllung (S. 43)

Zum Belegen:

Ca. 1 500 g entsteinte Marillen oder Zwetschken

Zum Bestreuen:

Streusel (S. 67)

Zubereitung

- Den Hefeteig in Blechgröße ausrollen und in ein befettetes, bestaubtes Randblech oder auf Backtrennpapier wegsetzen.
- Mit flüssiger Butter bestreichen, reichlich stupfen und mit Nussstreufüllung bestreuen.
- Eingeschnittene Marillen- oder Zwetschkenhälften mit der Schnittfläche nach oben darauflegen und mit Streusel bestreuen.
- Auf Halbgare geben (27 bis 30 °C).
- Bei offenem Zug backen. Noch heiß mit einer Zimt-Puderzucker-Mischung bestreuen.

Variante:
Marillen- oder Zwetschkenfleck ohne Streusel zubereiten und nach dem Backen gelieren.

Der Marillenfleck kann auch je zur Hälfte aus Hefe- und Mürbteig hergestellt werden. Dabei werden die kühlen Teige miteinander „touriert“.

Rezeptbeispiele für Backwaren aus mittelschwerem Hefeteig

Buchteln

- 500 g Mehl W700
- 42 g Hefe (1 Würfel)
- 80 g Zucker
- 1 EL Vanillezucker
- 200 ml Milch
- 80 g Butter
- 2 Eigelb
- 1/2 Zitrone, Abrieb
- 2 EL Rum
- 1/2 TL Salz

- 125 g Butter zum Eintauchen

- 300 g Powidl oder Füllung nach Belieben

Zubereitung
- Indirekte Hefeteigführung.
- 20 Minuten Teigruhe.
- Teig ausrollen und in Quadrate von 7 x 7 cm schneiden.
- Teigstücke mit Powidl, Marillenkonfitüre oder anderen backfesten Konfitüren, Mohn- oder Nussfüllung füllen, verschließen, in flüssige Butter tauchen und mit dem Verschluss nach unten in die Formen wegsetzen.
- Auf Gare stellen und backen.

Backprozess
- Ofentemperatur: 180–190 °C
- Zug geschlossen
- Backdauer 17–20 Minuten

Brioches

Backtemperatur: 180 °C
Backzeit: 15–20 Minuten

- 500 g Mehl W700
- 150 g Milch
- 30 g Hefe
- 100 g Butter
- 45 g Zucker
- 35 g Honig
- 50 g Ei (1)
- 50 g Eigelb (2–3)
- 7 g Salz

- 1 EL Rum
- 5 g Vanille
- 5 g Zitrone

Rumsultaninen:
- 65 g Sultaninen
- 1/2 EL Rum
- 10 g Läuterzucker

Zubereitung
- Den Hefeteig direkt herstellen.
- 20 Minuten Teigruhe.
- Eventuell Rumsultaninen einarbeiten.
- Teig zusammenstoßen, auswiegen bzw. teilen, schleifen und zehn Minuten ruhen lassen.
- Zu Knöpfen, Zöpfen, Schnecken u. Ä. formen und auf Backtrennpapier wegsetzen.
- Bei 30–35 °C und einer relativen Luftfeuchtigkeit von 70–80 % auf Gare stellen. Nach Dreiviertelgare mit Ei bestreichen.
- Eventuell mit Hagelzucker bestreuen.
- Bei offenem Zug ohne Schwaden backen.

Verschiedene Flechttechniken finden Sie in der TRAUNER-DigiBox.

Faschingskrapfen

Siedefetttemperatur:
160–170 °C

Vorteig:

225 g Mehl W700/W480
225 g Milch
45 g Hefe

Hauptteig:

ca. 500 g Vorteig
400 g Mehl W700
90 g Mehl W480
90 g Zucker
135 g Butter
50 g Ei (1)
100 g Eigelb (5)
10 g Salz
1 EL Rum
Vanille, Zitrone

Zum Füllen:

250 g Marillenkonfitüre

Zubereitung

- Den Hefeteig indirekt (eventuell mit Abtrieb) herstellen und 15 Minuten ruhen lassen.
- Teig in gleich große Stücke à max. 70 g teilen und schleifen, rund wirken und ca. 15 Minuten ruhen lassen.
- Teigstücke auf ein mit Mehl bestaubtes Tuch wegsetzen, mit einem zweiten Blech abdecken und flach drücken und bei 30–35 °C und einer relativen Luftfeuchtigkeit von 70–80 % auf Gare stellen.

Backen

- Die Krapfen bei Dreiviertelgare mit der Oberfläche nach unten in das heiße Siedefett legen. Bis zum Wenden ca. drei Minuten zugedeckt backen, damit sich nicht zu rasch eine Haut bildet.
- Nach dem Wenden ca. zwei Minuten offen fertig backen.
- Zur Stabilisierung der Oberfläche bzw. der hellen Randzone die Krapfen nochmals umdrehen und für kurze Zeit untertauchen. Gut abtropfen lassen.
- Mit dem Gebäckfüller mit Konfitüre füllen und anzuckern.

Qualitätsmerkmale von Faschingskrapfen
Geschmack: nicht fettintensiv, aromatisch, kein kratzender Nachgeschmack.
Krume: feinporig, gut aufgelockert, kurz im Biss.
Kruste: gleichmäßige Bräune, ungebräunte, stabile und helle Randzone.
Form: gleichmäßig vergrößerte, glatte Oberfläche.

Zusammengesetzte Krapfen (klassische Art)

Herstellung

- Den Hefeteig ca. 10 mm dick ausrollen. Mit einem Ausstecher (Ø 60–70 mm) auf einer Teighälfte Ringe markieren. In die Mitte je 10 g Marillenmarmelade dressieren.
- Aus der zweiten Teighälfte mit einem etwas größeren Ausstecher runde Teile ausstechen. Diese über die markierten Ringe legen und am Rand festdrücken.
- Mit einem kleineren Ausstecher ausstechen, Krapfen auf ein mit Mehl bestaubtes Tuch wegsetzen und zudecken.
- Auf Gare geben. Die Krapfen sollen sich um ein Drittel bis maximal um die Hälfte vergrößern.
- Wie geschliffene Krapfen backen.

Ausgestochene Krapfen

- Den Hefeteig 20 mm dick ausrollen und ausstechen (Ø 60 mm). Krapfen auf ein mit Mehl bestaubtes Tuch wegsetzen und zudecken.
- Auf Gare geben und wie geschliffene Krapfen backen und füllen.

Krapfenvariationen

- **Bauernkrapfen, Bayerische Kücherl**
  In die Krapfen vor dem Backen (bei Halbgare) mit einem Kochlöffel eine Vertiefung drücken. Nach dem Backen die Vertiefung mit Konfitüre füllen.

- **Powidlkrapfen, Bojars**
  Oval geformte Krapfen nach dem Backen mit Powidl füllen und mit Zimtzucker bestreuen.

Zimtzucker
Mischung aus Zucker und Zimt, z. B. 200 g Zucker und 4 g Zimt.

- **Himbeerkrapfen**
  Krapfen nach dem Backen mit Himbeerkonfitüre füllen, Oberseiten in kochend heiße Himbeerkonfitüre tauchen, mit Fondant fillieren und mit gerösteten, gehobelten Mandeln bestreuen.

- **Vanille- und Schokoladenkrapfen**
  Ausgekühlte Krapfen mit Vanille- oder Schokoladencreme füllen, nach Belieben aprikotieren und glasieren.

Fillieren = mit einer Spritztüte die Oberfläche von Gebäck, Pralinen, Torten usw. mit feinen Kuvertüre- oder Fondantstrichen versehen.

Gebäckfehler

Gebäckfehler	Ursache und Erklärung
Das Gebäckvolumen ist zu klein.	■ Zu kühle Teigführung ■ Zu kurze Teigruhe, zu wenig Gare
Die Strudel sind eingefallen oder rindhohl.	■ Zu viel Gare, zu weiche Fülle ■ Zu wenig gestupft, zu kurze Backzeit
Das Briochegebäck ist zu blass.	■ Keine Eistreiche verwendet
Die Faschingskrapfen sind zu klein.	■ Zu wenig Gare, Übergare, Hautbildung während der Gare ■ Ohne Deckel gebacken, zu heiß gebacken
Die Faschingskrapfen haben eine faltige Oberfläche.	■ Zu kalt oder zu kurz gebacken ■ Kein zweites Mal gewendet
Die Faschingskrapfen haben einen kaum sichtbaren Rand und sind zu flach.	■ Zu viel oder zu wenig Gare
Der Wiener Gugelhupf ist speckig.	■ Zu lange gerührt, zu wenig Gare ■ Zu wenig gebacken
Die Beugel sind rindhohl, reißen auf.	■ Zu weiche oder zu zuckerhaltige Fülle
Die Beugeloberfläche ist unschön gerissen.	■ Mit Schwaden gebacken ■ Nach dem Streichen zu wenig getrocknet

Rindhohl

Faltige Oberfläche

Weitere Rezepte finden Sie in der TRAUNER-DigiBox.

Aufgabenstellungen – „Hefeteige“

1. Zählen Sie die Hefeteigarten auf.
2. Zählen Sie die benötigten Rohstoffe in abfallender Reihenfolge auf.
3. Beschreiben Sie, auf welche Arten Hefeteig hergestellt werden kann.
4. Erklären Sie, was im Vorteig passiert.
5. Begründen Sie, warum der gerührte Hefeteig zu den schweren Hefeteigen gehört.
6. Erklären Sie, was Savarins sind und aus welchem Land sie kommen.
7. Der Beugelteig wird auch als Hefemürbteig bezeichnet – begründen Sie, warum.
8. Erläutern Sie die Vor- und Nachteile der direkten und indirekten Teigführung.
9. Analysieren Sie, was während des Backens im Teig geschieht.
10. Nehmen Sie eines der im Kapitel angeführten Rezepte zur Hand und evaluieren Sie im Vorfeld Fehler, die bei der Herstellung in der Praxis eintreten könnten. Machen Sie anschließend Vorschläge, wie diese Fehler vermieden werden können.

Tipp:
Achten Sie auf die Mengen einzelner Zutaten.

1.2 Plunderteige

Der Grundteig ist ein leichter, kühler Hefeteig, in den schichtweise Fett (Butter oder Ziehmargarine) eingezogen (touriert) wird. Dadurch sind Backwaren aus Plunderteig mürber als Backwaren aus Hefeteig. Der Grundteig wird im Codex auch als **feiner Hefeteig** bezeichnet.

Plunderteig wird zur Herstellung von süßem Kaffeegebäck (Strudeln, Kränzen, Schnecken, Körbchen, Kipferln usw.) oder von pikanten Croissants und Snacks mit verschiedenen Füllungen verwendet.

Plundergebäcke haben im Vergleich zu Hefegebäcken

eine geschichtete Krume (Lamellenstruktur)	eine röschere, geschichtete Kruste

Plunderteig – Grundrezept

Grundteig (Hefeteig):

- 1 000 g Mehl W700 oder 480
- 450 g Milch
- 80 g Hefe
- 120 g Zucker
- 120 g Butter oder Backmargarine
- 120 g Eigelb (6)
- 15 g Salz
- Vanille, Zitrone

Fettziegel:

- 800 g Butter oder Ziehmargarine
- 80 g Mehl W700 (nur bei Verwendung von Butter)

Laut Codex gelten **mindestens** 25 % Butter bezogen auf den Grundteig. Dieses Rezept hat ca. 42 %.

Herstellung

Grundteig

Die Herstellung erfolgt direkt und kalt (böhmische oder kalte Teigführung, siehe S. 36f), der Teig wird aber nur 2–3 Minuten geknetet. Dadurch können sich die Schichten besser bilden. Die Teigtemperatur soll ca. 12 °C betragen. Den Teig in Folie einschlagen und 10–15 Minuten kühl ruhen lassen.

Einfluss der Rohstoffe, siehe S. 34.

- Blätter- und Plunderteige werden nur kurz geknetet. Durch die kurze Mischzeit ist der Kleber noch nicht ausgebildet und dadurch der Grundteig nicht zäh. Beim Tourieren wird der Teig bearbeitet, was die kurze Mischzeit teilweise ausgleicht.
- Butter muss kühl (ca. 15 °C) verarbeitet werden. Sie hat einen höheren Wassergehalt, wodurch das Eintourieren erschwert wird. Deshalb wird Butter mit Mehl (10 % der Mehlmenge) angewirkt. Teige mit Butter sind nicht so schön gelockert, haben jedoch einen besseren Geschmack.
- Ziehmargarine ist aufgrund ihrer Zusammensetzung leichter zu verarbeiten. Sie hat ein besseres Bindevermögen und ist dehnbarer.

Frischen Sie miteinander Ihr Wissen auf: Was ist das Besondere am böhmischen Hefeteig?

Fettziegel (Ziehfett)

Als Ziehfett eignen sich Butter oder Ziehmargarine.

- Ziehfett/Butter mit etwas Mehl (ca. 10 % der Fettmenge) glatt arbeiten.
- Rechteckig ausrollen und kühl stellen.

Verarbeitungshinweise

- Der Fettziegel sollte beim Tourieren die **gleiche Konsistenz wie der Teig** haben. Dies kann man mit der Druckprobe überprüfen.
- Zu weiches Fett wird beim Tourieren aus dem Teig gedrückt.
- Zu hartes Fett verbindet sich schlecht mit dem Teig und bricht beim Tourieren.

Überlegen Sie gemeinsam: Was würde geschehen, wenn der Teig ohne kühle Teigruhe sofort verarbeitet würde?

Bei Verwendung der Plunderplatte braucht kein Mehl eingeknetet zu werden.

Einschlagen des Fettziegels in den Grundteig

- Den Grundteig rechteckig ausrollen.
- Die Plunderplatte in die Mitte des Teigs legen, den Teig von beiden Seiten zur Mitte schlagen und die Teignaht verbinden.
- Rechteckig ca. 10–20 mm dick ausrollen.

Touren und Schichten

12 Schichten	27 Schichten	36 Schichten	48 Schichten
mindestens	**oder**	**oder bei mehr Fett**	**bei viel Fett**
1 einfache und 1 doppelte Tour	3 einfache Touren	1 einfache, 1 doppelte und 1 einfache Tour	1 einfache und 2 doppelte Touren

Grundsätzlich gilt:
Je mehr Ziehfett in den Grundteig touriert wird, desto mehr Ziehfettschichten (Touren) benötigt der Teig.

Regeln für das Tourieren

- Teig nicht dünner als 8 mm ausrollen.
- Immer ein Rechteck ausrollen.
- Wenig Staubmehl verwenden.
- Mehl immer abkehren.
- Kühle Teigruhe einhalten.
- Teig während der Teigruhe mit einer Teigfolie abdecken.
- Nach jeder Tour den Teig verpackt kühl stellen und rasten lassen.
- Nach Abschluss des Tourierens den Plunderteig nochmals im Kühlraum ca. 15 bis 20 Minuten entspannen lassen.

Aufarbeitung

- Teig 2–3 mm dünn ausrollen
- Schneiden (immer mit scharfem Messer oder Teigrad)
- Füllen
- Formen
- Wegsetzen
- Evtl. bestreichen

Schnittstellen nicht mit Ei bestreichen!

Aufgabenstellung

- Ergründen Sie, warum der Teig mit einem scharfen Werkzeug geschnitten werden muss.

Das Stückgewicht von Plundergebäck sollte bei ca. 50–60 g liegen.

Plunderteiglinge lässt man bei einer relativen Luftfeuchtigkeit von ca. 70 % und einer Temperatur von 26 bis 28 °C aufgehen, damit die Butter nicht austritt.

Es gilt:
Je mehr Ziehfett in den Grundteig touriert wird, desto kürzer ist die Garzeit.

Plunderteiglinge können wie Hefeteiglinge durch **Gärverzögerung und Gärunterbrechung** rationell vorbereitet werden. Die Teiglinge dürfen jedoch vor dem Kühlen bzw. Schockfrosten nicht angären. Ansonsten gelten die gleichen Regeln wie bei Hefeteiglingen.

Lockerung

Biologisch	Physikalisch
Die Teigschichten werden durch die **Gärgasporung** aufgrund der Zugabe von Hefe gelockert (vorwiegend vor dem Backen).	Die Teigschichten werden beim Backen durch den **Druck des Wasserdampfes** lamellenartig voneinander abgehoben.
Bei fettärmeren Plunderteigen	**Bei fettreicheren Plunderteigen (Lamellenbildung)**

Physikalischer Vorgang

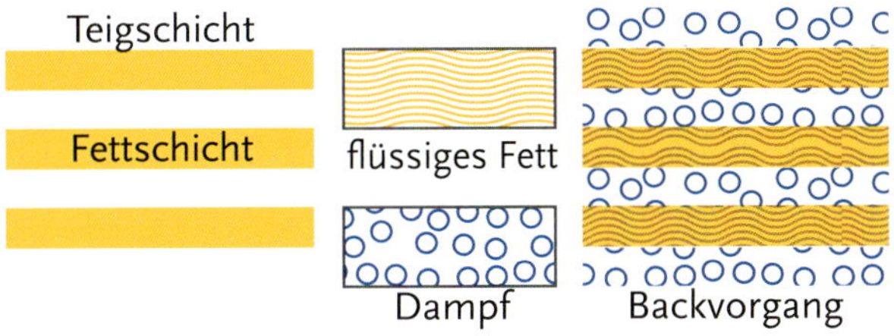

Ab einer Temperatur von 100 °C verdampft das Wasser in den Teigschichten, der dabei entstehende Druck hebt die Teigschichten. Die gebildete Krume verfestigt sich und erhält die typische blättrige Beschaffenheit.

Backen

- Die Teiglinge vor dem Backen eventuell mit Ei vorsichtig bestreichen oder besprühen und bei 190 bis 200 °C mit Schwaden anbacken.
- Der Zug ist am Anfang zu und wird gegen Ende des Backprozesses geöffnet, damit das Gebäck rösch wird.

Ausfertigung

- Noch heiß aprikotieren und mit Fondant durchscheinend dünn glasieren.
- Mit Vanillepuderzucker oder Puderzucker anzuckern.
- Mit Früchten dekorieren.
- Mit Gelee abglänzen.

Rezeptbeispiel

Croissants

Backtemperatur: 200–210 °C
Backzeit: ca. 15 Minuten

Grundteig (Hefeteig):

1 000 g Mehl W700 oder 480
450 g Milch
80 g Hefe
120 g Zucker
120 g Butter oder Backmargarine
120 g Eigelb (6)
15 g Salz
Vanille, Zitrone

Fettziegel:

800 g Butter oder Ziehmargarine
80 g Mehl W700 (nur bei Verwendung von Butter)

Die ursprünglich aus Frankreich kommenden Croissants sind auch bei uns ein beliebtes Frühstücksgebäck, das frisch und noch warm am besten schmeckt.

Zubereitung

- Den Plunderteig mit drei einfachen Touren herstellen.
- Den Teig 3 mm dünn ausrollen (400 x 1 200 mm).
- In Dreiecke (200 x 120 mm) schneiden (siehe Abbildung). Dreiecke an den Schmalseiten in der Mitte ca. 20–30 mm tief einschneiden.
- Locker aufrollen und in Kipferl- oder Stangerlform auf Backtrennpapier wegsetzen.
- Auf Gare geben (26–28 °C, ca. 70 % Luftfeuchtigkeit), bei Dreiviertelgare mit Ei bestreichen.
- Mit Schwaden backen, fünf Minuten vor Ende der Backzeit den Zug öffnen.

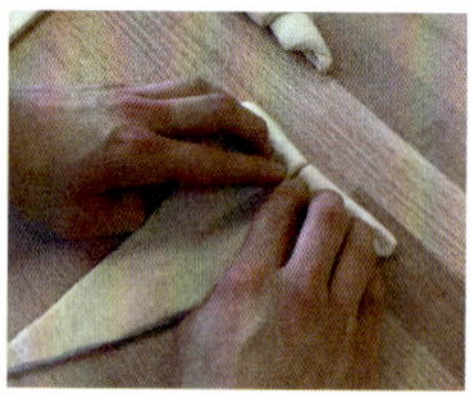
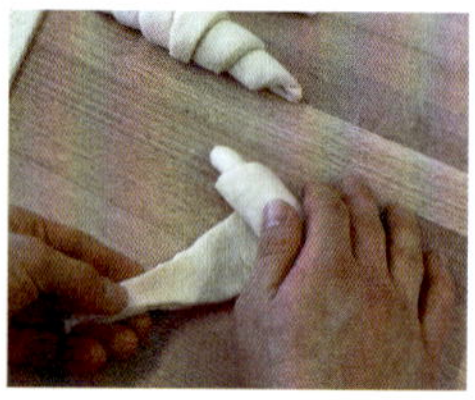
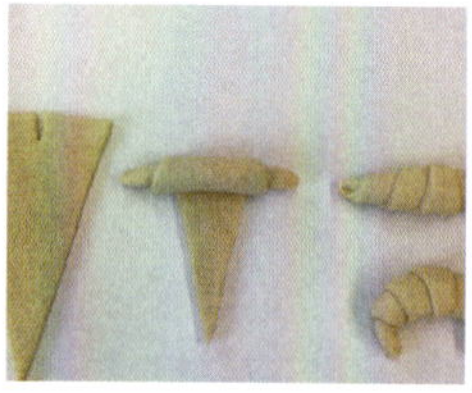

Varianten

- Teiglinge vor dem Aufrollen mit backfesten Schokoladen- oder Nougatriegeln à 10 g oder mit Marzipanrohmasse füllen.
- Für Snacks mit pikanten Füllungen (Schinken-, Käse-, Fleisch-, Gemüsefüllungen usw.) füllen.
- Croissants können auch aus Vollkornmehl hergestellt werden. Dazu 600 g der Mehlmenge durch fein gemahlenes Weizen- oder Dinkelvollkornmehl ersetzen und die Milchmenge um 50 g erhöhen.

Gebäckfehler

Gebäckfehler	Ursache und Erklärung
Fett fließt bei der Gare aus.	■ Zu hohe Gärraumtemperatur
Fett fließt beim Backen aus.	■ Zu wenig Touren bzw. zu dicke Fettschichten
Das Gebäckvolumen ist zu klein.	■ Zu geringe Gare
Das Gebäck bildet zu wenige Schichten.	■ Beim Tourieren zu dünn ausgerollt ■ Zu viele Touren ■ Fettziegel hat nicht die gleiche Konsistenz wie der Teig
Die Gebäckkruste splittert ab.	■ Trockene Teigoberfläche beim Backen
Das Gebäck weist eine mangelnde Krustenbräunung auf.	■ Zu lange Gare

Weitere Rezepte finden Sie in der TRAUNER-DigiBox.

Aufgabenstellungen – „Plunderteige“

1. Erklären Sie, was ein Plunderteig ist.
2. Zählen Sie die einzelnen Rohstoffe in abfallender Reihenfolge auf.
3. Nennen Sie verschiedene traditionelle Plunderteiggebäcke.
4. Legen Sie dar, wie sich die Lockerung vollzieht.
5. Erklären Sie, wie die Gebäcke richtig gebacken werden.
6. Zählen Sie die Regeln, die beim Tourieren einzuhalten sind, auf.
7. Erläutern Sie Schritt für Schritt das Tourieren des Plunderteigs.
8. Analysieren Sie, was während des Backens im Teig geschieht.

1.3 Blätterteige

Der Grundteig ist ein Weizenteig, in den schichtweise Fett (Butter oder Ziehmargarine) eingezogen (touriert) wird. Durch diese Technik entstehen Fett- und Teigschichten, die den Gebäcken die luftige, blättrige Beschaffenheit geben.

Blätterteig wird für Kaffeegebäck (Strudel, Palmblätter, Schaumrollen usw.) und für Halbfertigprodukte, wie Tortenböden und Hohlpasteten, verwendet.

Da Blätterteig nicht süß schmeckt, eignet er sich auch vorzüglich zur Herstellung von pikant gefüllten Backwaren (wie z. B. von Strudeln, Würstchen im Schlafrock, Käseröllchen, Schinkenkörbchen).

Eigenschaften von Blätterteiggebäck aufgrund der Zusammenstellung und Herstellung des Teigs

- Geschichtete, blättrige Struktur
- Gleichmäßige Bräunung
- Wenig Eigengeschmack
- Stark aufgelockert

Blätterteigrosen

Butter- oder Blätterteig – Grundrezept

Grundteig:

1 000 g Mehl W700
500 g Wasser (mit 4 °C)
20 g Salz
10 g Essig oder Rum
60 g Butter/Backmargarine

Fettziegel:

800 g Butter/Ziehmargarine
80 g Mehl

Blätterteigarten

- **Deutscher Blätterteig**
  Der Fettziegel wird in den Grundteig eingeschlagen.

- **Französischer Blätterteig**
  Der Grundteig wird in den Fettziegel eingeschlagen.

- **Holländischer Blätterteig**
  Fett wird in groben Würfeln in den Teig eingearbeitet.

Holländischer Blätterteig wird wegen der einfachen und schnellen Herstellung auch Blitz- oder Schnellblätterteig genannt.

Einfluss der Rohstoffe

Mehl	Wasser	Salz	Essig	Rum	Butter/ Ziehmargarine
■ Es sollte von guter Kleberqualität sein, ■ möglichst viel Flüssigkeit binden und ■ eine hohe Dehnbarkeit des Teigs bewirken.	■ Es bindet die Zutaten des Teigs und ■ bildet zusammen mit dem im Mehl enthaltenen Eiweiß den Kleber.	■ Geringe Mengen wirken sich positiv auf das Kleberverhalten aus. ■ Der Grundteig wird zäher und elastischer beim Tourieren. ■ Ohne Salzzugabe geht der Teig in die Breite. ■ Gibt Geschmack. ■ Verbessert die Krustenbräunung.	Die Säure unterstützt die Klebereiweißstoffe in ihrer Quellfähigkeit.	■ Verbessert den Geschmack. ■ Fördert die Triebkraft.	Fett im Grundteig (5–7 %) beeinflusst die Dehnbarkeit. Der Grundteig lässt sich leichter bearbeiten. ■ Butter muss kühl (ca. 15 °C) verarbeitet werden. Teige mit Butter sind nicht so schön gelockert, haben jedoch einen besseren Geschmack. ■ Ziehmargarine ist leichter zu verarbeiten.

Herstellung

Deutscher Blätterteig

Der Teig wird im Spiralkneter geknetet. Die Zutaten werden so kalt wie möglich verarbeitet.

Grundteig

- Die Zutaten zu einem glatten Teig kneten.
- Den Teig rund wirken und kreuzförmig einschneiden, dadurch entspannt sich der Kleber rascher.
- Zugedeckt ca. 30 Minuten kühl ruhen lassen. In dieser Zeit kann sich der Teig entspannen, wodurch ein Schnurren (Zusammenziehen) des Teigs beim Tourieren verhindert wird.

Fettziegel

Butter und Mehl verkneten und zu einem quadratischen Ziegel formen.

Grundteig in Kreuzform ausrollen

Fettziegel in die Mitte des Grundteigs legen

Mit den Teigenden straff einschlagen

Grundteig und Fettziegel

Einfache Tour

Teig rechteckig ca. 10–12 mm dünn ausrollen

Staubmehl abkehren

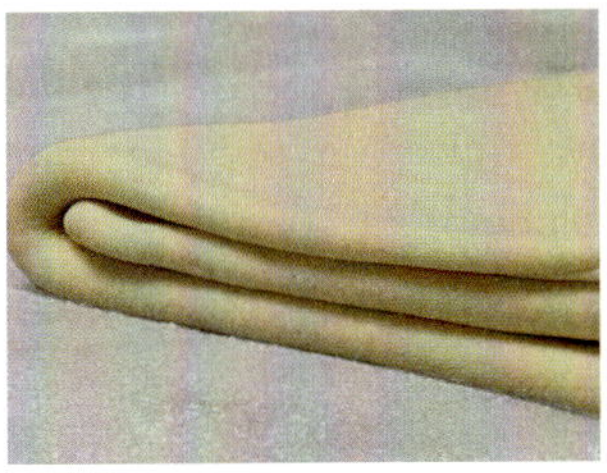

Teig in drei Schichten übereinanderlegen

Nach jeder einfachen Tour zugedeckt **10 Minuten kühl ruhen lassen.**

Doppelte Tour

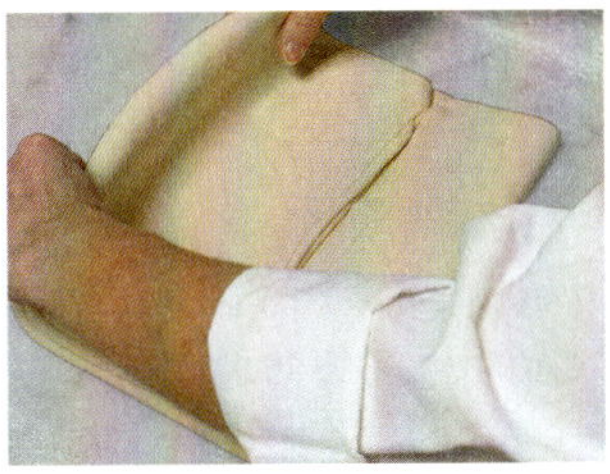

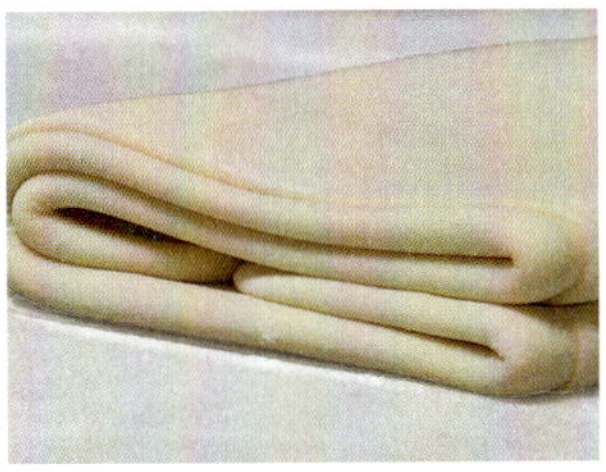

- Den Teig rechteckig ca. 10 mm dünn in der Querrichtung zur vorhergegangenen Tour ausrollen.
- Staubmehl abkehren.
- Den Teig in vier Lagen gleichmäßig übereinanderlegen.

Nach jeder doppelten Tour zugedeckt **20 Minuten kühl ruhen lassen.**

Die einfache und die doppelte Tour werden anschließend noch einmal wiederholt, sodass man die gewünschte Schichtenanzahl von 144 erreicht.

Versuchen Sie einmal, den Blätterteig mit vier doppelten Touren zu machen. Sie werden feststellen, dass er etwas weniger Volumen, jedoch eine regelmäßige und feine Schichtung bzw. Blätterung aufweist.

Bei Verwendung von Ziehfett gilt: Einfache und doppelte Tour ausführen, zugedeckt 10 Minuten entspannen lassen und danach mit einer einfachen und einer doppelten Tour fertig tourieren.

Der Standard beim Tourieren sind zwei einfache und zwei doppelte Touren, die in folgender Reihenfolge durchgeführt werden:

- **Einfache Tour:** Dreimal einschlagen → ergibt 3 Schichten.
- **Doppelte Tour:** Viermal einschlagen → ergibt 12 Schichten (3 Schichten x 4).
- **Einfache Tour:** Dreimal einschlagen → ergibt 36 Schichten (12 Schichten x 3).
- **Doppelte Tour:** Viermal einschlagen → ergibt 144 Schichten (36 Schichten x 4).

Französischer Blätterteig

Der Grundteig wird in das Ziehfett eingeschlagen. Das Fett ist außen. Daher muss in das Ziehfett Mehl eingearbeitet und auf eine besonders kühle Verarbeitungstemperatur geachtet werden.

Der Vorteil dieser Methode liegt darin, dass die Ruhezeiten zwischen den Touren kürzer gehalten werden können. Sonst wird er wie der deutsche Blätterteig hergestellt.

Finden Sie gemeinsam die Antwort: Was bedeutet eigentlich der Fachausdruck „Schnurren"?

Probieren Sie es in der Praxis aus und finden Sie die Antworten auf folgende Fragen: Warum muss das Schneidwerkzeug scharf sein? Und warum dürfen die Schnittstellen nicht mit Ei bestrichen werden?

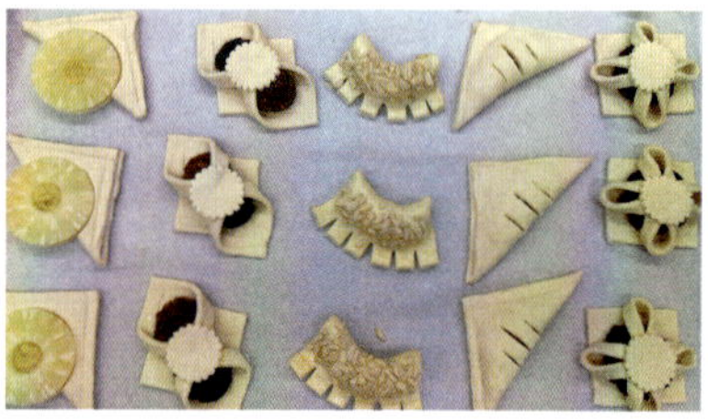

Holländischer Blätterteig (Blitzblätterteig)

Grobe Fettwürfel oder -flocken werden in den Grundteig eingearbeitet. Das ist einfacher und er kann daher rationeller hergestellt werden.

Der Teig zieht aber nicht so gut hoch wie deutscher oder französischer Blätterteig, da sich beim Ziehen keine geschlossenen Fettschichten bilden. Deshalb eignet er sich vor allem zur Herstellung von flachen Blätterteiggebäcken, wie z. B. Cremeblättern, Tortenböden und Käsegebäck, aber auch für Strudel.

Der deutsche und der französische Blätterteig werden idealerweise am **Vortag** hergestellt, damit der Teig nicht schnurrt. Der Blitzblätterteig (holländische Blätterteig) hingegen ist bereits nach der Entspannungsphase zum Verarbeiten geeignet. Er kann auch etwas weniger touriert werden.

Aufgabenstellung

- Beurteilen Sie, warum man den deutschen und französischen Blätterteig am Vortag herstellt, den Blitzblätterteig aber nur kurz rasten lässt.

Den ausgerollten Blätterteig für Cremeblätter vor dem Backen kräftig stupfen, damit keine Blasen entstehen.

Aufarbeitung

- Nach der Teigruhe den Teig ca. 1,5–2 mm dünn ausrollen.
- Den Blätterteig mit einem scharfen Messer oder Teigrad schneiden oder mit einem scharfen Ausstecher Formen ausstechen.
- Beliebig füllen.
- Zusammenlegen und auf ein Blech wegsetzen.
- Beim Bestreichen mit Ei darauf achten, dass die Schnittstellen frei bleiben.
- Die Teiglinge vor dem Backen 20 bis 30 Minuten kühl ruhen lassen, damit der Teig während des Backens nicht schnurrt.

Die **Lockerung** erfolgt **physikalisch** durch die Bildung von Wasserdampf beim Backprozess. Ab einer Temperatur von 100 °C verdampft das Wasser in den Teigschichten. Der dabei entstehende Druck hebt die Teigschichten, sodass die Backhitze dazwischen gelangt. Die frisch gebildete Krume verfestigt sich und erhält die typische blättrige Beschaffenheit.

Lockerung von Blätterteig im Backofen

Es gilt:

- Blätterteiglinge eignen sich hervorragend zum Tiefkühlen.
- Bei längerer Lagerung die Teiglinge luftdicht verpacken, damit die Teigoberfläche nicht trocknet.

Backen

- Um die typische mürbe Blätterung zu erreichen, ist es wichtig, den Blätterteig **gut auszubacken.**
- **Backtemperatur** (ca. 200 bis 220 °C) und **Backzeit** (ca. 20 bis 30 Minuten) hängen von der Gebäckgröße, der Gebäckart und der Füllung ab. Flache und ungefüllte Gebäcke werden heißer gebacken als Gebäcke mit Frucht- oder Fleischfüllungen.
- Blätterteig wird meist mit Schwaden gebacken.

Ausfertigung

- Die noch heißen Gebäcke aprikotieren und mit Fondant dünn glasieren,
- mit Vanillepuderzucker oder Puderzucker anzuckern,
- mit Früchten belegen und gelieren, evtl. mit Zimtzucker panieren.

Rezeptbeispiele

Schaumrollen

Backtemperatur: ca. 210 °C
Backzeit: ca. 25 Minuten

750 g Blätterteig (GR)

Zum Füllen:

Schaumrollenfüllung (S. 84)

Zubereitung

- Den Blätterteig 1,5–2 mm dünn ausrollen.
- Der Breite nach in 25 mm breite Streifen schneiden.
- Streifen mit Wasser oder Ei bestreichen, auf Schaumrollenformen wickeln und mit genügend Abstand zueinander auf Backtrennpapier wegsetzen.
- 20 bis 30 Minuten kühle Teigruhe.
- Mit Schwaden backen.
- Noch heiß von den Formen klopfen, im Backrohr noch einige Minuten fertig backen und auskühlen lassen.
- Füllung eindressieren, evtl. anzuckern.

Varianten
Blätterteigrollen mit leicht gesüßtem, geschlagenem Obers oder mit Vanillecreme (S. 97) füllen.

Cremeschnitten

Backtemperatur: ca. 210 °C
Backzeit: ca. 20 Minuten

500 g Blätterteig (GR)
(3 Cremeblätter)

Zum Füllen:

Ca. 500 g Vanillecreme mit Eischnee (S. 97)

Zum Glasieren:

Fondant (S. 101)

Zubereitung

- Blätterteig in drei Teile teilen. Teigstücke je 2 mm dünn ausrollen.
- Auf Backtrennpapier wegsetzen und stupfen.
- Ca. 20 Minuten kühle Teigruhe.
- Mit Schwaden backen. Auskühlen lassen.

Vanillecremeschnitten

- Heiße Vanillecreme 20 mm hoch auf ein Cremeblatt auftragen. Das zweite Cremeblatt darauflegen.
- Wieder Vanillecreme auftragen und mit dem dritten Cremeblatt abdecken. Dabei das Deckblatt mit der Unterseite nach oben darauflegen. Auskühlen lassen.
- Oberfläche mit Vanillepuderzucker anzuckern. Oder das dritte Cremeblatt vor dem Auflegen aprikotieren, mit Fondant glasieren, abtrocknen lassen und auf die Creme legen.
- Nach dem Auskühlen oder Absteifen der Creme in Schnitten (70 x 40 mm) teilen.

Oberscremeschnitten

- Die Oberscreme (S. 98) auf ein Cremeblatt 30–40 mm hoch auftragen. Ein zweites Cremeblatt mit der Unterseite nach oben darauflegen.
- Wie Vanillecremeschnitten vollenden.

- Der Blätterteig für Cremeblätter und Tortenböden soll nach dem Backen durch und durch hellbraun und knusprig sein, damit der gewünschte Röstgeschmack erreicht wird.
- Die Böden nach dem Wegsetzen, dem Stupfen und der Teigruhe mit Backtrennpapier abdecken und ein zweites Blech darauflegen.
- Backen, nach ca. zwei Dritteln der Backzeit zweites Blech und Papier entfernen.

Strudel

Backtemperatur: ca. 200 °C
Backzeit: ca. 20–30 Minuten

450 g Blätterteig

Zum Füllen:

Süße Brösel, Biskuit oder Mürbteig (gebacken, 600 x 60 mm)

Ca. 800 g rohe Apfelfüllung oder 500 g Topfenfüllung

Zum Glasieren:

Fondant

Zubereitung

- Den Blätterteig 2 mm dünn ausrollen (620 x 260 mm).
- In zwei Streifen (620 x 120 mm und 620 x 140 mm) schneiden.
- Den schmäleren Streifen auf Backtrennpapier wegsetzen.
- Süße Brösel aufstreuen oder Biskuit oder gebackenen Mürbteig darauflegen.
- Füllung darüber verteilen.
- Längsseiten mit Wasser bestreichen.
- Den breiteren Teigstreifen mit dem Rollschneider einschneiden, darauflegen und andrücken.
- 20 Minuten kühle Teigruhe.
- Mit Schwaden backen.
- Anzuckern oder aprikotieren und glasieren.
- In 60 mm breite Stücke teilen.

Für Strudel können auch andere Blätterteige verwendet werden (z. B. Blitzblätterteig).

Gebäckfehler

Gebäckfehler	Ursache und Erklärung
Der Teig zieht sich beim Ausrollen zusammen.	■ Teigruhe beim Tourieren nicht eingehalten
Die Gebäcke schnurren beim Backen.	■ Teigruhe vor dem Backen nicht eingehalten
Das Fett läuft beim Backen aus.	■ Risse im Teig durch zu geringe Rastzeit beim Tourieren
Die Gebäcke gehen unregelmäßig auf und blättern nicht schön.	■ Fehler beim Tourieren ■ Zu wenige Touren ■ Zu geringe Backtemperatur
Das Gebäck bildet zu große Hohlräume.	■ Teig zu wenig gestupft
Die Gebäcke haben eine zu trockene, zu harte Oberfläche.	■ Vor dem Backen nicht bestrichen bzw. zu wenig Schwaden beim Backen
Die Gebäcke haben eine speckige Krume.	■ Backzeit war zu kurz, da die Backtemperatur zu hoch war. Zu feuchte Füllungen.

Weitere Rezepte finden Sie in der TRAUNER-DigiBox.

Speckige Krume

Aufgabenstellungen – „Blätterteige“

1. Erklären Sie, was ein Blätterteig eigentlich ist.
2. Beurteilen Sie die Unterschiede zwischen den einzelnen Blätterteigarten.
3. Erstellen Sie ein Butterblätterteigrezept, das den Codexbestimmungen entspricht.
4. Erklären Sie die Herstellung des deutschen Blätterteigs.
5. Zählen Sie verschiedene Arten von Blätterteiggebäck auf.
6. Beschreiben Sie das Tourieren bis zu den 144 Schichten.
7. Analysieren Sie die Inhaltsstoffe der Zutaten.
8. Erklären Sie die Lockerung des Blätterteigs.

1.4 Mürbteige

Mürbteig wird auch als 1-2-3-Teig bezeichnet. Warum? Haben Sie eine Erklärung dafür? Versuchen Sie, dies vor Bearbeitung des Kapitels herauszufinden.

Mürbteige enthalten viel Fett, das den Gebäcken ihre mürbe Beschaffenheit gibt. Alle Mürbteige (Ausnahme: der pikante) bestehen aus den Grundzutaten:

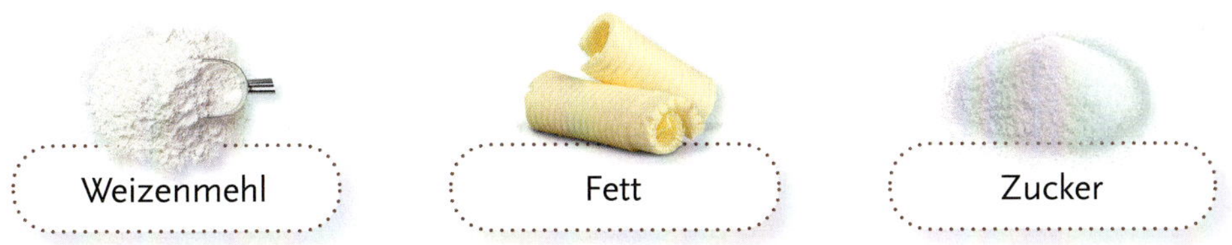

Aus Mürbteig wird z. B. Teegebäck (Gebäck, das klassisch in England zum Tee gereicht wird) bzw. unsere klassische Weihnachtsbäckerei wie Linzer Augen, Vanillekipferl hergestellt.

Mürbteigarten – Grundrezepte

Gewirkter Mürbteig – süß (1-2-3-Teig)

300 g Mehl
200 g Butter
100 g Puderzucker
40 g Eigelb (2)
Prise Salz
Vanille, Zitrone

Gerührter Mürbteig
(Spritzgebäck, Linzer Masse)

250 g Butter
90 g Puderzucker
Vanille, Zitrone
50 g Ei (1)
350 g Mehl
Salz

Mürbteig wird manchmal bewusst mit Kristallzucker bzw. jeweils zur Hälfte mit Puder- und Kristallzucker hergestellt, damit er röscher wird, z. B. für Tortenunterböden.

Linzer Teigen bzw. Massen werden geriebene Kerne beigemischt:
- Weißem Linzer Teig geriebene weiße Mandeln
- Braunem Linzer Teig geriebene braune Mandeln oder geröstete, geriebene Haselnüsse

Vergessen Sie nicht auf die Zugabe von Aromastoffen. Pikanten Mürbteigen kann feinwürfeliger Speck, Schinken oder Parmesan zugegeben werden.

Bei kaum einem anderen Gebäck merkt man den Buttergeschmack so deutlich wie bei Mürbteigbackwaren.

Brandig: Das Mehl wird mit Fett angelagert und der Teig verliert die Bindung.

Suchen Sie eine schlüssige Erklärung, warum sich der Zucker im Mürbteig nicht auflöst.

Einfluss der Rohstoffe und Teigzutaten

Mehl	■ Stärkereiches, kleberschwaches Weizenmehl eignet sich am besten zur Herstellung, da sich beim Mürbteig aufgrund der Teigzusammensetzung (es fehlt die Flüssigkeit) kein Kleber bildet. Deshalb haben Mürbteige auch kein Gashaltevermögen. ■ Ersetzt man etwas Weizenmehl durch Weizenstärke, wird der Teig nicht so zäh.
Butter, Backmargarine	■ Das Fett umschließt die trockenen Zutaten in dicken Schichten. Die Bestandteile haften zwar zusammen (binden), verquellen aber nicht. Durch zu langes Kneten erwärmt sich das Fett und verquillt zum Teil mit den trockenen Zutaten. Der Teig verliert seine Bindung, er wird rissig – brandig. ■ Brandiger Mürbteig reißt beim Ausrollen und das Gebäck ist hart. ■ Backmargarine hat einen hohen Schmelzpunkt und wird daher nicht so leicht ölig. ■ Höhere Fettmengen machen den Teig dressierfähig und das Gebäck mürber.
Zucker	■ Zucker kann im Teig nur schwer gelöst werden. Deshalb wird hauptsächlich Puderzucker verwendet. ■ Nicht gelöste Zuckerkristalle färben die Oberfläche beim Backen unregelmäßig braun. ■ Höhere Zuckermengen machen die Gebäcke härter, verleihen ihnen jedoch klare Konturen.
Eigelb, Eier	■ Sie beeinflussen die Teig- und Gebäckeigenschaften: Der Teig hat wegen der Emulgierfähigkeit des Eigelbs eine bessere Bindung und die Gebäcke sind mürber.

Kerne, Kakaopulver, Schokolade	■ Sie dienen der Geschmacksverbesserung. ■ Geriebene Kerne oder Kakao müssen vom Mehlgewicht abgezogen werden, damit das Verhältnis von Zucker zu Fett und zu Mehl gleich bleibt. ■ Grob gehackte Zusätze verändern das Verhältnis nicht.
Aromen, Gewürze	■ Sie verbessern den Geschmack, z. B. Vanille, Zitrone, Zimt, Nelken, Muskat, Kardamom, Salz.

Gewirkter Mürbteig – 1-2-3-Teig

Grundsätzlich werden die Zutaten kühl verarbeitet und rasch zusammengewirkt. Durch zu langes Kneten erwärmt sich das Fett und verquillt mit den trockenen Zutaten. Der Teig verliert seine Bindung – er wird brandig.

Abhilfe bei brandigem Mürbteig
Der Kleber muss durch wasserhaltige Rohstoffe, wie Milch, Eiweiß oder auch Wasser, aktiviert werden. Dadurch erhält der brandige Teig eine leichte „Kleberbildung". Die Krume des fertigen Gebäcks wird allerdings hart.

Herstellung

- Fett, Puderzucker, Salz, Aromen und Gewürze glatt arbeiten.
- Eier dazugeben.
- Mehl (bei Bedarf mit Backpulver versiebt) und geriebene Kerne beigeben.
- Rasch zusammenwirken.
- Kühle Teigruhe. Dadurch lässt sich der Teig besser aufarbeiten und man erzielt ein besseres Backergebnis.

Aufarbeitung

- Ausrollen, Staubmehl abkehren, ausstechen, schneiden oder formen mit der Hand.
- Große Mürbteigflächen (z. B. zum Auslegen von Tortenformen, als Unterböden für Torten und Schnitten) vor dem Backen stupfen, damit sich keine Blasen bilden.

Aufgabenstellung

- Erklären Sie die Begriffe „hohl- bzw. blindbacken" sowie „grellieren".

Gerührter Mürbteig, Spritzmürbteig – Linzer Masse

Gerührte Mürbteige sind durch Ei- und/oder Milchzusatz weich und dressierfähig (spritzfähig) gemachte Mürbteige. Wegen des hohen Fettanteils sind die Gebäcke besonders mürbe, außerdem intensiv gelockert.

Herstellung

- Fett, Puderzucker und Aromen schaumig rühren.
- Eier nach und nach beigeben.
- Gesiebtes Mehl und evtl. weitere Zutaten melieren.

Welche Temperatur sollen die Butter und das Ei beim Verarbeiten haben? Erklären Sie, warum diese Temperatur notwendig ist.

⚠ Stellen Sie immer nur die Menge her, die Sie in kurzer Zeit dressieren können.

Aufarbeitung

Den gerührten Teig bzw. die Masse rasch in der gewünschten Form dressieren, da der Teig durch längeres Stehen zu stark quillt, sich dadurch verfestigt und sich nur mehr schlecht dressieren lässt.

Durch die Handwärme beim Dressieren kann der Teig brandig werden.

Backen

Die Lockerung erfolgt **physikalisch** durch Fett, Luft und Wasserdampf (siehe „Lockerungs- und Backtriebmittel", S. 225).

Backtemperatur (ca. 170–200 °C) und Backzeit hängen von der Teigart, von der Gebäckgröße sowie von eventuell mitzubackenden Füllungen oder Belägen ab.

Mürbteiggebäcke werden
- ohne Schwaden und
- bei offenem Zug gebacken,

um eine rissige Gebäckoberfläche zu verhindern.

Doublieren = Zusammensetzen von zwei Gebäckstücken.

Ausfertigen

Doublieren mit Konfitüre, Canachecreme oder Nougat, anzuckern, glasieren, fillieren, belegen, tunken.

Rezeptbeispiele

1-2-3-Teig (GR) siehe S. 62

Verwendung
- Für Teegebäck
- Als Unterböden für Torten und Schnitten
- Zum Auslegen von Formen

Linzer Augen, Spitzbuben

Backtemperatur: 180 °C
Backzeit: ca. 12 Minuten

GR 1-2-3-Teig (S. 62)

Zum Füllen:

Marillen- oder Ribiselkonfitüre

Zum Bestreuen:

Vanillepuderzucker

Zubereitung
- Den Mürbteig ca. 3 mm dünn ausrollen. Mit einem gezackten Ausstecher Plätzchen ausstechen. Auf Backtrennpapier wegsetzen.
- Bei der Hälfte der Plätzchen mit einem glatten Ausstecher in der Mitte ein Loch oder drei Löcher ausstechen.
- Backen, Oberteile rasch anzuckern und auskühlen lassen.
- Auf gebackene Unterteile Konfitüre dressieren. Oberteile darauflegen, vorsichtig andrücken, evtl. nochmals anzuckern.
- Das „Auge" bzw. die „Augen" im Oberteil mit einem Gießtrichter mit kochend heißer Konfitüre füllen.

Varianten
Oberteile vor dem Backen mit Ei bestreichen und in gehobelte weiße Mandeln oder Hagelzucker tauchen.

Mailänder Teig (1-1-2-Teig)

250 g Butter/Margarine
250 g Puderzucker
Vanille, Zitrone
100 g Eier (2)
20 g Eigelb (1)
450 g Mehl W700
150 g geriebene weiße Mandeln

Zubereitung

- Gewirkten Mürbteig herstellen.

Verwendung wie 1-2-3-Teig.

Zuckerteig

120 g Butter
180 g Puderzucker
300 g Mehl W700
50 g Ei (1)
40 g Eigelb (2)

Zubereitung

- Gewirkten Mürbteig herstellen.

Verwendung

Für Mürbteigstrudel und gedeckten Apfelkuchen.

Bei diesem Teig ist die Zuckermenge höher als die Buttermenge. Dadurch wird das Gebäck härter und knuspriger.

Zuckerteig kann wie 1-2-3-Teig durch verschiedene Zusätze, wie z. B. Eier, Eigelb, Aromen, Gewürze sowie Kerne, Schokolade, Kakaopulver, verfeinert werden.
Der Eianteil kann ganz oder teilweise durch andere Flüssigkeiten ersetzt werden. 100 g Eier entsprechen etwa 125 g Rahm, 85 g Milch oder 75 g Wasser.

Vanillekipferl (Linzer Teig)

Backtemperatur: Unterhitze 170 °C, Oberhitze 190 °C
Backzeit: ca. 12 Minuten

250 g Butter/Margarine
100 g Puderzucker
Prise Salz
Vanille
300 g Mehl W700
150 g fein geriebene braune Mandeln

Zum Bestreuen:

Vanillepuderzucker

Zubereitung

- Gewirkten Mürbteig herstellen.

- Den Teig zu Stangen rollen. In Stücke à ca. 10 g schneiden.
- Zu Kipferln formen und auf Backtrennpapier wegsetzen.
- Backen.

- Sofort mit Vanillepuderzucker dicht besieben und auskühlen lassen.
- Eventuell nochmals anzuckern.

Linzer Torte (aus Linzer Masse)

2 Tortenringe à Ø 220 mm
Backtemperatur: 180 °C
Backzeit: 50–55 Minuten

- 400 g Butter
- 320 g Puderzucker
- Zitrone
- 250 g Eier (5)
- 40 g Eigelb (2)
- 160 g Mehl W700 oder 480
- 500 g geröstete, geriebene Haselnüsse
- 400 g süße Brösel
- Zimt, gemahlene Nelken

Zum Belegen und Bestreichen:

- 2 Oblaten
- 400 g Ribiselkonfitüre
- 30 g gehobelte oder gestiftelte weiße Mandeln

Zubereitung

- Die Sandmasse nach der Einkesselmethode herstellen (siehe „Massen", S. 75).

- Etwas mehr als die Hälfte der Masse in die mit Backtrennpapier bespannten Tortenringe einfüllen und verstreichen oder dressieren.
- Mit benetzten Oblaten belegen.
- Ribiselmarmelade aufstreichen.
- Aus der restlichen Masse mit einer Sterntülle (ca. Ø 10 mm) ein Gitter dressieren und mit einem Rand abschließen.
- Tortenoberfläche locker mit Mandeln bestreuen.
- Bei geschlossenem Zug backen.

- Auskühlen lassen und eventuell den Rand mit Puderzucker bestauben.

Dressierte Linzer Bäckerei – Linzer Kipferl

Backtemperatur: 190–200 °C
Backzeit: 10–15 Minuten

- 250 g Butter
- 90 g Puderzucker
- Vanille, Zitrone
- Prise Salz
- 50 g Ei (1)
- 20 g Eigelb (1)
- 350 g Mehl W700

Zum Füllen:

- Marillenkonfitüre

Zum Tunken:

- Kuvertüre, temperiert

Zubereitung

- Gerührten Mürbteig herstellen.

- Für **Linzer Kipferl** mit einer großen Sterntülle (Ø 10–12 mm) rasch große Kipferl (halbrunde Bögen),
- für **Teegebäck** mit einer kleineren Sterntülle (Ø 8 mm) kleine Formen (Tropfen, Kipferl, Herzen, Biskotten, Busserl) auf Backtrennpapier dressieren.
- Backen und auskühlen lassen.

- Kipferl mit viel Konfitüre doublieren und die Spitzen in temperierte Kuvertüre tunken.
- Teegebäck nach dem Doublieren tunken oder mit Kuvertüre fillieren.

Streusel

220 g Mehl W700
150 g Butter
150 g Zucker
Prise Salz
5 g Vanillezucker
Zimt, gemahlen (bei Bedarf)

Zubereitung

- Gewirkten Mürbteig herstellen und kühl stellen.
- Bei Bedarf durch ein grobes Sieb reiben.

- Brandigen Mürbteig können Sie jederzeit als Streusel verwenden.

Für Streusel werden die Zutaten Zucker, Fett und Mehl im Verhältnis 2 : 2 : 3 verarbeitet.

Gebäckfehler

Gebäckfehler	Ursache und Erklärung
Der Mürbteig hat keine Bindung (ist brandig).	■ Zu warmes Fett ■ Zu lange geknetet
Gerührter Mürbteig ist zäh, Gebäcke haben unschöne Dressierkonturen.	■ Masse zu langsam verarbeitet bzw. dressiert
Der Mürbteig reißt beim Rollen.	■ Teig zu kurz gekühlt oder brandig
Dressierte Gebäcke laufen beim Backen breit.	■ Fett zu schaumig gerührt ■ Zu weicher Teig ■ Zu niedrige Backtemperatur ■ Geschlossener Zug
Der Mürbteig wirft beim Backen Blasen.	■ Zu viel Staubmehl auf der Unterseite ■ Große Flächen nicht gestupft
Die Gebäcke sind sehr bruchempfindlich.	■ Zu hoher Fettanteil ■ Zu wenig Bindung ■ Masse zu schaumig gerührt
Die Gebäcke sind zu wenig knackig.	■ Zu geringer Zuckeranteil

Den Strudelteig finden Sie auf S. 150.

Aufgabenstellungen – „Mürbteige“

1. Nennen Sie die Rohstoffe eines 1-2-3-Teigs.
2. Erklären Sie, wie der Mürbteig hergestellt wird.
3. Berechnen Sie ein Mürbteigrezept (1-2-3-Teig) mit 190 g Butter und setzen Sie dieses in der Praxis um.

Lebkuchen

300 g Roggenmehl
100 g Eier (2)
180 g Kristallzucker
60 g Honig
20 g Lebkuchengewürz

Zubereitung

- Zutaten verkneten.
- Mindestens 12 Stunden rasten lassen.
- Ca. 5 mm dick ausrollen und Formen ausstechen.
- Lebkuchen bei ca. 180 °C ca. 7 Minuten backen.
- Auskühlen lassen und nach Belieben verzieren.

Lebkuchen vor dem Backen dünn mit Milch bestreichen, dann glänzt er schön.

2 Massen

Haben Sie schon einmal die Bezeichnungen „Biskuitteig" oder „Rührteig" gehört oder gelesen? Sollten diese nicht als „Biskuit- bzw. Rührmasse" bezeichnet werden? Worin liegen die Unterschiede zwischen einem Teig und einer Masse?

Merkmale von Teigen und Massen

Kriterien	Teige	Massen
Herstellung	▪ Mischen ▪ Wirken ▪ Kneten ▪ Tourieren	▪ Rühren ▪ Schlagen ▪ Abrösten ▪ Kochen
Verarbeitung	▪ Ausrollen ▪ Formen ▪ Ausstechen ▪ Zuschneiden	▪ Aufstreichen ▪ Dressieren ▪ Einfüllen
Konsistenz/ Beschaffenheit	▪ Fest ▪ Kompakt ▪ Bindig ▪ Dehnbar	▪ Weich ▪ Locker ▪ Schaumig ▪ Luftig
Lockerung durch	▪ Hefe ▪ Backpulver ▪ Ammonium ▪ Pottasche ▪ Wasser ▪ Fett	▪ Luft ▪ Wasser ▪ Fett ▪ Backpulver

Einteilung und Zuordnung der Massen

Leichte Massen

- Biskuitmassen
- Wiener Massen (auch leichte Sandmassen)

Beispiele
Tortenböden, Schnitten, Rouladen, Biskuitomelett, Biskotten, Anisscheiben, Indianer (Indianerkrapfen) oder Hülsen

Schwere Massen

- Sandmassen oder
- Rührmassen (auch fettgerührte Massen)

Beispiele
Sachertorte, Linzer Torte, Marmorkuchen, Englischer Kuchen, Königskuchen, Baumkuchen, Sandkuchen, Rehrücken, Obstkuchen

Spezielle Massen

- Schaummassen
- Brandmassen
- Makronenmassen
- Hippenmassen
- Röstmassen

Beispiele
Baiser, Windringe, Brandteigkrapferl, Eclairs (Liebesknochen), Pignolikipferl, Schlotfeger, Florentiner

Grundrezepte bei leichten und schweren Massen beziehen sich immer auf 1 Ei (50 g).

2.1 Leichte Massen

Sie bestehen hauptsächlich aus Eiern, Zucker und Mehl. Weitere geschmacksgebende und konsistenzbeeinflussende Zutaten können Butter, Salz, Stärke, Kerngut, Kakao, Schokolade, Früchte, Marzipan, Aromen und dergleichen sein. Grundrezepte werden ausgehend vom Eigewicht berechnet.

Arten/Grundrezepte

Biskuitmassen

Grundrezepte – Biskuitmassen

Biskuitmasse – locker	Biskuitmasse – normal	Biskuitmasse – kompakt
50 g Ei (1)	50 g Ei (1)	50 g Ei (1)
20 g Zucker	30 g Zucker	50 g Zucker
20 g Mehl	30 g Mehl	50 g Mehl
Salz, Aromen	Salz, Aromen	Salz, Aromen

Wiener Massen (leichte Sandmassen)

Grundrezepte – Wiener Massen

Leichte Sandmasse – locker	Leichte Sandmasse – kompakt
50 g Ei (1)	50 g Ei (1)
30 g Zucker	30 g Zucker
30 g Mehl	35 g Mehl
10 g Butter	20 g Butter
Salz, Aromen	Salz, Aromen

Aufgabenstellung

- Erweitern Sie die Zutaten der Grundrezepte, z. B. zur Herstellung von Tortenböden oder Rouladen.

Herstellung

Grundsätzlich werden drei Herstellungsmethoden unterschieden:

Herstellungsmethode	Charakteristika	Verwendung
Kalt getrennt geschlagen (Eier trennen, Zuckermenge aufteilen)	■ Ausreichend lockere Krume ■ Mittlere Porung ■ Großes Volumen ■ Standfeste Masse	Für Tortenböden, Schnitten, Rouladen, Indianer (Indianerkrapfen) oder Hülsen, Biskuitomelett, Biskotten und Bischofsbrot
Warm geschlagen (ganze Eier mit Zucker über Wasserbad)	■ Dicke, saftige Krume ■ Große Porung ■ Gutes Standvermögen	Vorwiegend für Wiener Massen, wie Tortenböden, Schnitten, Rouladen, Dobosblätter
Kalt geschlagen (ganze Eier mit Zucker)	■ Kleine Porung ■ Geringes Volumen ■ Weniger standfeste Masse	Für Backwaren aus Biskuitmassen, wie Tortenböden und Schnitten

Biskuitmassen

Kalt getrennte Herstellung

- Eigelb und Eiklar trennen.
- Eigelb mit einem Drittel des Zuckers und den Aromen schaumig schlagen.
- Eiklar mit zwei Dritteln des Zuckers und dem Salz zu Schnee schlagen.
- Eigelbmasse und Schnee miteinander verrühren (Massenausgleich) und Mehl bzw. Kerngut oder Kakaopulver melieren.

Melieren = vorsichtiges Unterheben (Einrühren) von bindenden Zutaten in eine schaumige Masse.

Warm geschlagene Herstellung

- Ganze Eier mit Zucker, Salz und Aromen über Wasserbad bis ca. 40 °C warm rühren, bis der Zucker gelöst ist.
- Mit der Maschine schaumig schlagen, bis die Masse kalt ist, und Mehl, Kerngut usw. melieren.

Was ist bei der Herstellung und Verarbeitung von **Eischnee** zu beachten? Ab S. 211 finden Sie alles zum Nachlesen.

Kalt geschlagene Herstellung

- Ganze Eier mit Zucker, Salz und Aromen schaumig schlagen.
- Mehl, Kerngut usw. melieren.

Verarbeitungshinweise

- Fertig geschlagener **Eischnee** sollte zähsteif sein. Zu stark ausgeschlagen lässt er sich schwer mit den anderen Zutaten mischen (Schneenester in der Masse sind die Folge!).
- Fertig aufgeschlagene **Eiermasse** ist stabil und kann durch eine **Fingerprobe** überprüft werden: Beim Eintauchen mit dem Finger in die Masse bildet sich ein kleiner Haken, der nicht abtropfen darf.

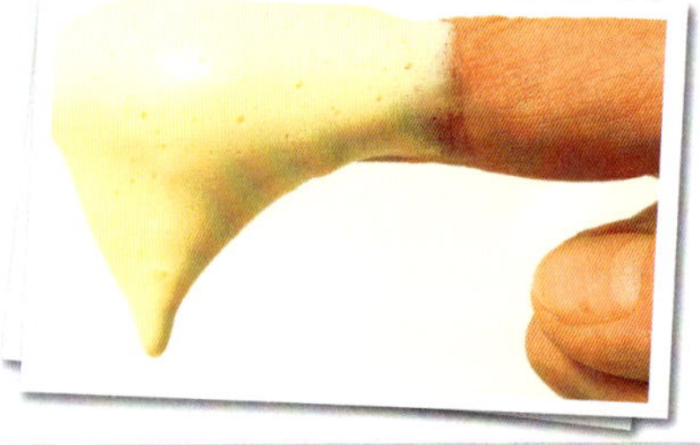

Wiener Massen (leichte Sandmassen)

Sie werden wie Biskuitmassen hergestellt, jedoch wird am Schluss der Herstellung – also nach dem Melieren der bindenden Zutaten – zusätzlich **flüssiges Fett** (Butter, Margarine) eingerührt.

Flüssiges Fett wird nach dem Mehl beigegeben, damit es nicht in die Masse absinkt und sich in weiterer Folge Fettstreifen oder Mehl-Fett-Klümpchen bilden würden. Das Fett sollte ca. 45 °C haben.

Wussten Sie, dass ...
Wiener Massen auch als **Genueser Massen** (*franz. „Génoise"*) bezeichnet werden?

Backprozess

Biskuit- und Wiener Massen müssen sofort gebacken werden. Die eingeschlagene Luft dehnt sich durch die Hitzeeinwirkung aus, lockert so das Gebäck und bewirkt die Porenbildung. Durch die Eiweißgerinnung und Stärkeverkleisterung bei ca. 60 bis 70 °C verfestigt sich das Gerüst und schließt dadurch die Luftbläschen ein. Die Bildung des Porengerüstes ist bei einer Kerntemperatur von ca. 90 °C abgeschlossen.

Beim Backen entsteht durch die Hitzeeinwirkung Wasserdampf, dessen Verdunstung einerseits beim Lockern mithilft, andererseits einen Back- bzw. Gewichtsverlust zur Folge hat.

- Je leichter die Masse, umso heißer und rascher wird sie gebacken.
- Je schwerer die Masse, umso kühler und langsamer wird sie gebacken.
- **Backzeit:** Sie hängt von der Form und der Größe der Gebäcke ab. Massen, die in Formen gebacken werden, erfordern längere Backzeiten bei tieferen Backtemperaturen. Aufdressierte bzw. aufgestrichene Massen, wie Biskotten, Indianer, Rouladen, werden bei höheren Temperaturen gebacken, damit sie nicht zu stark austrocknen.
- **Backtemperatur:** Leichte Massen werden bei Temperaturen von ca. 190–210 °C, schwere Massen bei ca. 190–170 °C fallend gebacken.
- Drei Viertel der Backzeit bei geschlossenem Zug (ohne eingeleiteten Schwaden), ein Viertel bei offenem Zug backen.

Backverlust beim Backen

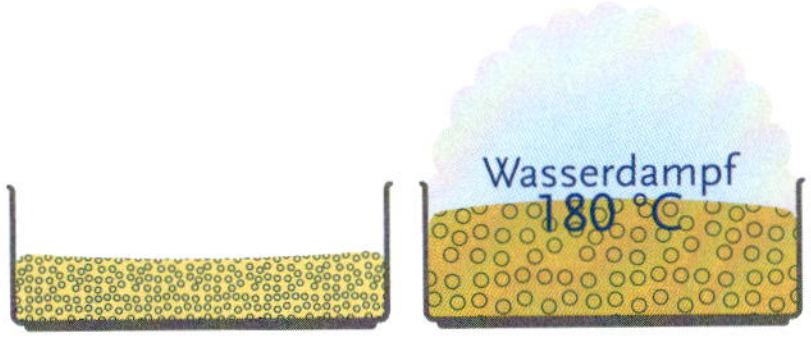

Masse
– Backverlust (BV)
= Ausbackgewicht (ABG < 100 %)

Aufgabenstellung

- Diskutieren Sie die Zugstellung beim Backen:
  Wie wirkt sie sich auf das Ofenklima bzw. das Backverhalten der Masse aus? Wann ist der Zug zu öffnen – wann sollte er geschlossen bleiben?

Rezeptbeispiele für Backwaren aus Biskuitmassen

Biskuitmasse

Backtemperatur und Backzeit:
Tortenboden und Kapsel 200 °C, ca. 30 Minuten
Biskuit für Rouladen und Schnitten, Omeletten 200–220 °C, ca. 15 Minuten

250 g Eier (5)	
125 g Zucker	
Salz, Vanille, Zitrone	
125 g Mehl W700 oder 480	
25 g Weizenpuder	

Mandel- oder Nussbiskuitmasse:

250 g Eier (5)	
125 g Zucker	
Salz, Vanille, Zitrone	
100 g Mehl W700 oder 480	
Zimt	
50 g fein geriebene Kerne	

Kakaobiskuitmasse:

250 g Eier (5)	
125 g Zucker	
Salz, Vanille	
135 g Mehl W700 oder 480	
15 g Kakaopulver	
Rum	

- Für Mandel-, Nuss- oder Kakaobiskuit wird der Anteil der fein geriebenen Kerne bzw. des Kakaopulvers vom Mehlgewicht abgezogen.
- Bei Rouladenmassen wird die Mehlmenge im Verhältnis zur Zuckermenge um ein Drittel reduziert. Die Rouladen lassen sich dadurch besser rollen und bleiben länger saftig.

Zubereitung

- Die Biskuitmasse **kalt getrennt, warm** oder **kalt geschlagen** (um die ganzen Eier kalt aufzuschlagen, benötigt man Maschinen mit hoher Schlaggeschwindigkeit) herstellen.
- **Biskuitböden:** Die Masse in Tortenringe oder in einen Kapselrahmen füllen, dabei von der Mitte zum Rand hochstreichen.

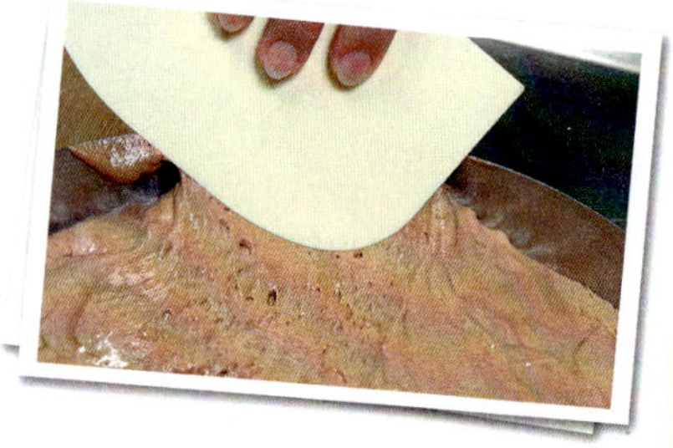

- **Rouladen und Schnitten:** Die Masse auf mit Backtrennpapier belegte Bleche streichen.
- **Omeletten:** Die Masse mit einer Lochtülle (Ø 8–10 mm) spiralförmig auf mit Backtrennpapier belegte Bleche dressieren.
- In den ersten zwei Dritteln der Backzeit bei geschlossenem Zug und im letzten Drittel der Backzeit bei offenem Zug backen.
- Nach dem Backen sofort auf mit Mehl leicht bestaubte Unterlagen oder mit Zucker bestreute Backtrennpapiere umdrehen, auskühlen lassen.
- Durch das Umdrehen erhält der Biskuitboden eine glatte Oberfläche und eine schöne Kante. Gleichzeitig wird ein Ausdunsten des Backguts verhindert und es bleibt saftiger.

Biskotten

Ca. 40 Stück
Backtemperatur: 200 °C
Backzeit: 10–15 Minuten

120 g Eigelb (6)	
65 g Staubzucker	
Vanille, Zitrone	
120 g Eiklar (4)	
60 g Zucker	
Salz	
150 g Mehl W700 oder 480	

Zubereitung

- Die Biskuitmasse **kalt getrennt geschlagen** herstellen.
- Mit einer Lochtülle (Ø 10 mm) ca. 80 mm lange Biskotten auf mit Backtrennpapier belegte Bleche dressieren.
- Mit Puderzucker besieben oder mit Zucker bestreuen. Die feine Zuckerschicht karamellisiert beim Backen, schützt das Gebäck vor übermäßigem Austrocknen und verleiht ihm eine angenehme Rösche.
- Bei offenem Zug backen. Gut ausbacken, damit die Biskotten bei der Lagerung nicht zu weich werden.

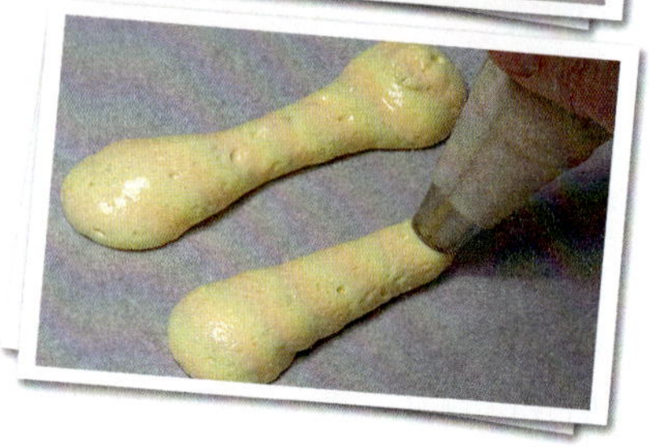

Rezeptbeispiele für Backwaren aus Wiener Massen

Wiener Masse (leichte Sandmasse)

1 Tortenboden à Ø 220 mm, Höhe 50 mm oder 5 Dobosblätter à Ø 220 mm oder 1 Biskuit für Rouladen und Schnitten

Backtemperatur und Backzeit:
Tortenböden und Kapsel 200 °C, ca. 30 Minuten
Dobosblätter, Biskuit für Rouladen und Schnitten 200–220 °C, ca. 15 Minuten

250 g Eier (5)
150 g Zucker
Salz
Vanille, Zitrone
125 g Mehl W700 oder 480
25 g Weizenpuder
50 g flüssige Butter (45 °C)

Zubereitung

- Die Wiener Masse **kalt getrennt, warm** oder **kalt geschlagen** herstellen.
- **Aufarbeitung** siehe Biskuit.
- Für **Dobosblätter** die Masse mithilfe von Schablonen entsprechend dem Tortendurchmesser auf mit Backtrennpapier belegte Bleche streichen.

Grundrezepte – Wiener Masse mit Kerngut bzw. Kakao

Wiener Masse mit Kerngut

250 g Eier (5)
150 g Zucker
Salz
Vanille, Zitrone
100 g Mehl W700 oder 480
Zimt
50 g fein geriebene Kerne
50 g flüssige Butter (45 °C)

Wiener Masse mit Kakao

250 g Eier (5)
150 g Zucker
Salz
Vanille
125 g Mehl W700 oder 480
Evtl. Zimt
25 g Kakaopulver
50 g flüssige Butter (45 °C)
Etwas Rum

Herstellungshinweise

- Bei Mandel-, Nuss- oder Kakaomassen wird ein Drittel der Kerngutmenge bzw. des Kakaopulveranteils vom Mehlgewicht abgezogen. Die Menge von fein geriebenen Kernen soll die Zuckermenge nicht übersteigen.
- Die Zugabe von grob geriebenen Kernen, Schokoladenstücken, kandierten Früchten oder Sultaninen beeinflusst das Verhältnis der Rezeptzutaten nicht.

Zu fest, kleinporig

Gebäckfehler

Gebäckfehler	Ursache und Erklärung
Das Gebäck ist zu fest und kleinporig.	■ Zu wenig oder zu lange geschlagen ■ Beim Melieren zu lange gerührt ■ Zu heißes Fett eingerührt
Das Gebäck hat eine strohige Struktur.	■ Zutaten beim Warmschlagen überwärmt
Das Gebäck ist eingefallen und hat evtl. eine speckige Krume.	■ Zu wenig gebacken oder während des Backens zu stark bewegt ■ Zuckeranteil zu hoch
Schnee- bzw. Mehlnester sind im Gebäck.	■ Schnee überschlagen und zu wenig untergerührt ■ Mehl nicht gesiebt bzw. schlecht meliert
Rouladenbiskuit bricht beim Rollen.	■ Zu hoher Mehl- und Zuckeranteil ■ Zu kühl und zu lange gebacken
Indianer- oder Hülsenmassegebäck hat eine runzelige Oberfläche und ist zusammengefallen.	■ Zuckeranteil zu hoch ■ Backtemperatur zu niedrig ■ Zug nicht offen
Biskotten laufen beim Backen breit.	■ Zu wenig oder zu lange geschlagen, beim Melieren zu lange gerührt
Biskotten haben eine rissige Oberfläche.	■ Oberfläche ungenügend gezuckert, bei geschlossenem Zug gebacken
Anisscheiben haben keine schöne Fußbildung, aufgerissene Oberfläche.	■ Zu wenig gelöster Zucker, zu wenig lange getrocknet

Aufgabenstellungen – „Leichte Massen"

1. Nennen Sie charakteristische Merkmale von Teigen und Massen.
2. Unterteilen Sie die leichten Massen und nennen Sie Gebäcke, die daraus hergestellt werden.
3. Zählen Sie die benötigten Zutaten auf.
4. Beschreiben Sie, wie Biskuit- und Wiener Massen hergestellt werden können.
5. Erklären Sie, welche Auswirkungen die unterschiedlichen Herstellungsweisen auf Masse und Gebäck haben.
6. Analysieren Sie, was beim Backprozess im Inneren der Masse geschieht.

2.2 Schwere Massen (Sandmassen)

Sie bestehen aus Fett (Butter, Margarine), Eier, Zucker und Mehl. Weitere geschmacksgebende und konsistenzbeeinflussende Zutaten können Salz, Stärke, Kerngut, Kakao, Schokolade, Früchte, Marzipan, Aromen und Ähnliches sein. Gebäcke aus schweren Massen charakterisieren sich, bedingt durch den hohen Fettanteil, durch eine

- kompakte Beschaffenheit,
- gute Saftigkeit und
- längere Frischhaltung.

Arten/Grundrezepte

Grundrezepte – Schwere Massen

Schwere Massen – locker	**Schwere Massen – kompakt**
50 g Ei (1)	50 g Ei (1)
30 g Zucker	50 g Zucker
30 g Mehl	50 g Mehl
30 g Fett	50 g Fett

Erweitern Sie die Zutaten der Grundrezepte, z. B. zur Herstellung von einem lockeren Sandkuchen oder einem kompakten Blechkuchen.

Einteilung und Zuordnung der schweren Massen

Tortenmassen	Kuchenmassen	Linzer Massen	Baumkuchenmassen
■ Sachertorte ■ Nusstorte ■ Mohntorte ■ Schoko-Mandel-Torte ■ Marzipantorte usw.	■ Marmorkuchen ■ Sandkuchen ■ Englischer Kuchen ■ Königskuchen ■ Obstkuchen usw.	■ Linzer Torte (braun, weiß) ■ Spritzmürbteig (hell, dunkel)	■ Baumkuchen ■ Prügelkuchen ■ Baumkuchentorte, -schnitten, -desserts usw.

Rezept Linzer Massen siehe S. 66.

Herstellung

Grundsätzlich werden folgende Herstellungsmethoden unterschieden:

Einkesselmethode (Rührmethode)	**Zweikesselmethode** (Rühr- und Schlagmethode)	**Emulgiermethode** (alternative Methode)
■ Kompakte, feinporige, saftige Krume ■ Kleines Volumen ■ Sehr gute Frischhaltung ■ Evtl. Backpulverzusatz	■ Lockere Krume (kleine und großen Poren) ■ Gutes Volumen und gute Frischhaltung	■ Ergebnisse wie bei der Zweikesselmethode ■ Butter wird geschmolzen

Einkesselmethode (Rührmethode)

Bei der Herstellung nach der Rührmethode wird nur das Fett schaumig gerührt. Die Durchsetzung der Masse mit Luft ist daher begrenzt und wird durch die einzuarbeitenden Eier erschwert. Die Lockerung wird daher meist mit etwas Backpulver (ca. 10–15 g pro 1 000 g Mehl) unterstützt.

Können Sie sich erinnern, bei welchen Teigherstellungen ein Abtrieb gemacht wird?

Herstellung

- Butter, Puderzucker, Aromen und evtl. Stärke schaumig rühren.
- Eier und Eigelb nach und nach einrühren (= Abtrieb).
- Restmehl, mit Backpulver versiebt, melieren.

Zweikesselmethode (Rühr- und Schlagmethode)

Bei der Herstellung nach der Zweikesselmethode werden ein gerührter Massenteil (Abtrieb) und ein geschlagener Massenteil (Schnee) hergestellt. Dadurch kann mehr Luft in der Masse gebunden werden. Diese sollte als physikalisches Lockerungsmittel ausreichen.

Herstellung

- Eigelb und Eiklar trennen.
- Butter, Puderzucker, Aromen schaumig rühren.
- Eigelb nach und nach einrühren (= Abtrieb).
- Eiklar, Zucker, eventuell Stärke und Salz zu Schnee schlagen.
- Schnee mit dem Abtrieb verrühren.
- Mehl gesiebt, eventuell mit Zusätzen (Kerngut, Schokolade, Fruchtmischungen usw.) vermischt, melieren.

„Grellieren" – Wie war das nochmal? Die Lösung finden Sie bei den Fachausdrücken auf S. 240 oder beim aufmerksamen Lesen dieses Kapitels.

Verarbeitungshinweise

- Fett wird grundsätzlich **gerührt** und nicht geschlagen.
- Idealtemperatur des Fetts, um es schaumig zu rühren, liegt bei ca. 20 °C.
- Die Eier sollen die gleiche Temperatur wie das Fett haben.
- Der Fettabtrieb soll eine gute Bindung aufweisen, um ein Grellieren der Fettmasse zu vermeiden.

Emulgiermethode (alternativ zur Rühr- und Schlagmethode)

Diese Herstellungsvariante unterscheidet sich von der herkömmlichen Zweikesselmethode dadurch, dass die Butter im flüssigen Zustand in die cremige Eigelbmasse emulgiert wird.

Herstellung

- Eigelb mit Staubzucker und Gewürzen in einem ausreichend tiefen Gefäß (z. B. in einem großen Messbecher) mit dem Stabmixer cremig rühren.
- Flüssige ca. 40 °C warme Butter schrittweise mit dem Stabmixer in die Eigelbmasse emulgieren (wie bei einer Mayonnaise).
- Eiklar, Zucker und Salz zu zähsteifem Schnee schlagen.
- Eigelbmasse unter den Schnee heben.
- Mehl gesiebt, evtl. mit Zusätzen vermischt, melieren.

Backprozess

Da Sandmassen im Gegensatz zu Biskuit- und Wiener Massen mit weniger Luft versetzt sind, werden diese
- bei 190–170 °C fallend,
- langsamer

gebacken.

Gebackene Kuchen kurz (maximal 5 Minuten) zur Festigung der Masse in der Form überkühlen lassen und anschließend zum Ausdampfen auf ein Gitter stürzen. Tortenböden sofort auf mit Mehl leicht bestaubte Unterlagen oder mit Zucker bestreute Backpapiere umdrehen, auskühlen lassen.

Rezeptbeispiele für Backwaren aus Sandmassen

Sandmasse (Gleichschwermasse)

Gleichschwermassen werden auch als „Altdeutsche Massen" bezeichnet.

1 Gugelhupfform
Backtemperatur: 190–170 °C fallend
Backzeit: ca. 50–60 Minuten

250 g	Butter
250 g	Puderzucker
	Salz, Vanille, Zitrone
250 g	Eier (5)
150 g	Mehl W700 oder 480
100 g	Weizenpuder
5 g	Backpulver

Die Gleichschwermasse ist eine kompakte Sandmasse, bei der die Grundzutaten (Butter, Eier, Zucker, Weizenmehl/-puder) im gleichen Verhältnis verwendet werden. Lockere Sandmassen hingegen haben einen geringeren Fettanteil.

Zubereitung
- Die Sandmasse nach einer der beschriebenen Methoden herstellen.

Gugelhupf
- Die Masse in die befetteten, bestaubten oder mit gehobelten Mandeln ausgekleideten Formen füllen.
- Backen, nach zwei Dritteln der Backzeit den Zug öffnen.
- In der Form kurz überkühlen lassen, auf ein Gitter stürzen, auskühlen lassen.
- Mit Puderzucker anzuckern oder aprikotieren und mit Fondant, Zitronen- oder Schokoladenglasur (siehe „Glasuren und Überzugsmassen", ab S. 101) glasieren.

Ableitungen

Marmorkuchen
- Vor dem Melieren des Mehls das Mehl und die Masse halbieren.
- Einen Teil des Mehls durch ca. 20 % Kakaopulver ersetzen.
- In beide Massen Mehl einrühren.
- Abwechselnd in die befetteten, bestaubten Formen füllen und backen.

Obstkuchen
- Die Sandmasse im Randblech oder Kapselrahmen verstreichen (ca. 30 mm hoch).
- Damit die Früchte nicht absinken, die Oberfläche vor dem Belegen mit Saftbinder bzw. Mehl bestauben.
- Mit Früchten (z. B. Marillen, Kirschen, Zwetschken) belegen.
- Ca. 40 Minuten bei 190–170 °C backen.

Sandkuchen

1 Wannenform
Backtemperatur:
210 °C –180 °C fallend
Backzeit: ca. 50 Minuten

250 g Butter
250 g Puderzucker
Vanille, Zitrone
150 g Weizenpuder
250 g Eier (5)
60 g Eigelb (3)
150 g Mehl W700 oder 480
4 g Backpulver

Zum Bestreichen:
Marillenkonfitüre

Zum Glasieren:
Fondant (S. 101)

Zubereitung

- Die Sandmasse nach einer der beschriebenen Methoden herstellen.
- Wannenform mit Dehnfolie oder Backtrennpapier auslegen, Masse einfüllen und bei 210 °C und geschlossenem Zug anbacken.
- Nach kurzer Backzeit (ca. zehn Minuten), wenn sich bereits eine Haut gebildet hat, diese mit einem nassen oder in Öl getauchten Messer (Teigkarte, Spachtel) der Länge nach einschneiden, damit sich die Masse während des Backens noch weiter heben kann.
  Die Masse, die sich während des Backens an der Schnittstelle nach oben ausdehnt, wird als **„Ausbund"** bezeichnet.
- Bei 180 °C und offenem Zug fertig backen.
- In der Form kurz überkühlen lassen, auf ein Gitter stürzen, sofort wieder umdrehen und auskühlen lassen.
- Aprikotieren und mit Fondant glasieren.

Tipps

- Anstelle des Einschneidens kann bereits zu Beginn des Backprozesses etwas Öl in die Mitte der Massenoberfläche eingeträufelt werden, damit sich die Krustenbildung verzögert.
- Statt der Wannenform kann für den Sandkuchen ein spezieller Backkarton verwendet werden. Vorteile sind längere Frischhaltung und leichtere Handhabung.

Sandmasse mit Mandeln, Nüssen oder Kakao

Sandmasse mit Mandeln oder Nüssen

500 g Butter
500 g Puderzucker
Salz, Vanille, Zitrone
550 g Eier (11)
200 g Mehl W700 oder 480
100 g Weizenpuder
15 g Backpulver
350 g fein geriebene Kerne
Zimt

Sandmasse mit Kakao

500 g Butter
500 g Puderzucker
Salz, Vanille
500 g Eier (10)
300 g Mehl W700 oder 480
200 g Weizenpuder
10 g Backpulver
60–80 g Kakaopulver
Rum

Aufgabenstellung

- Oft hört und liest man die Bezeichnungen „Marmorgugelhupf, Sandgugelhupf" oder Ähnliches. Aber als der „Echte" gilt der „Wiener Gugelhupf"! Um welches Gebäck handelt es sich hierbei? Tauschen Sie sich in der Gruppe aus.

Sachertorte

1 Tortenring mit Ø 220 mm, Höhe 50 mm
Backtemperatur: 180 °C
Backzeit: 60 Minuten

130 g Butter (20 °C)
130 g flüssige Kuvertüre
110 g Puderzucker
Vanille
120 g Eigelb (6)
180 g Eiklar (6)
110 g Zucker
Salz
130 g Mehl W700 oder 480

Zum Füllen und Bestreichen:
Marillenkonfitüre

Zum Glasieren:
Schokoladenkonservglasur (Sacherglasur, S. 102)

Zweikesselmethode:
- Eiklar, Zucker und Salz zu zähsteifem Schnee schlagen.
- Butter, Kuvertüre, Puderzucker und Vanille schaumig rühren.
- Eigelb nach und nach einrühren.
- Eischnee unterheben und Mehl melieren.
- Masse in die Tortenringe füllen, dabei von der Mitte zum Rand hochstreichen.
- Die Torte bei 180 °C ins Backrohr geben, die Hitze auf 160 °C reduzieren und die Torte ca. 55 Minuten backen. Backprobe mit Druck oder Holzspieß durchführen.

- Die oberen Kanten der Tortenböden nach dem Auskühlen leicht abrunden.
- Böden evtl. ein- bis zweimal durchschneiden, mit Rum-Läuterzucker tränken und mit Marillenkonfitüre füllen.
- Die Torten heiß oder kalt aprikotieren.
- Nachdem die Aprikotur ausreichend abgetrocknet ist (Hautbildung), die Torten auf ein Gitter stellen und mit Schokoladenkonservglasur rasch und mit wenigen Strichen überziehen.
- Glasierte Torten sofort auf eine steife Unterlage wegsetzen und die Glasur erstarren lassen.
- Glasurrückstände mit wenig Wasser verrühren und beim Kochen der nächsten Glasur mitverarbeiten.

- Die Sachertorte wird temperiert und mit leicht gesüßtem, geschlagenem Obers serviert.

Tränken = benetzen, anfeuchten.

Rehrücken

1 Rehrückenform
Backtemperatur: 190–170 °C fallend
Backzeit: ca. 50 Minuten

125 g Butter
180 g Puderzucker
Vanille
100 g Eigelb (5)
50 g flüssige Kuvertüre
50 g Eiklar (5)
70 g Zucker
Salz
100 g geriebene Mandeln
50 g Mehl W700 oder 480

Zubereitung
- Die Sandmasse nach der Zweikesselmethode herstellen, dabei die Kuvertüre (20 °C) nach dem Eigelb in den Abtrieb rühren.

- Die Masse in die befetteten, bestaubten Formen füllen.
- Bei geschlossenem Zug backen.

- In der Form kurz überkühlen lassen, auf ein Gitter stürzen, auskühlen lassen.

- Aprikotieren und mit Schokoladenfondant (S. 102) glasieren.

- Oberseiten mit gestiftelten, leicht gerösteten Mandeln spicken.

Mohnkuchen

2 Wannenformen
Backtemperatur: 190–170 °C fallend
Backzeit: ca. 45 Minuten

140 g Butter	150 g Eiklar (5)
80 g Puderzucker	100 g Zucker
10 g Rum	Salz
15 g geriebene Zitronenschale	180 g gemahlener Mohn
100 g Eigelb (5)	100 g geriebene Mandeln
	Zimt

Zubereitung

- Die Mohnmasse nach der Zweikesselmethode herstellen.
- Die Masse in die befetteten, bestaubten Formen füllen.
- Bei geschlossenem Zug backen.
- In der Form kurz überkühlen lassen, auf ein Gitter stürzen, auskühlen lassen.
- Mit Puderzucker anzuckern oder mit heißer Ribiselkonfitüre bestreichen und anschließend mit Zitronenglasur (S. 101) glasieren.

Mohnkuchenmassen können auch in Form von Torten oder Schnitten hergestellt werden. Das Mitbacken von Früchten (z. B. von Birnen, Äpfeln, Marillen) oder das nachträgliche Belegen (z. B. mit Himbeeren, Ribiseln) ergänzen den Geschmack und machen das Mohngebäck noch saftiger.

Aufgabenstellung

- Führen Sie aus, was man unter „Massenausgleich“ versteht.

Gebäckfehler

Gebäckfehler	Ursache und Erklärung
Die Gebäcke sind kompakt, fest und kleinporig.	▪ Abtrieb ist grelliert ▪ Zu wenig oder zu lange gerührt ▪ Beim Melieren zu stark zusammengerührt ▪ Zu wenig Triebmittel
Die Gebäcke sind zusammengefallen und die Krume ist speckig.	▪ Zu hohe Backtemperatur ▪ Zu kurze Backzeit oder während des Backens zu stark bewegt ▪ Zu viel Backpulver
Sandkuchen springen beim Backen nicht auf, haben keinen Ausbund.	▪ Zu rasch gebacken ▪ Zu kurz gebacken ▪ Oberfläche nicht rechtzeitig eingeschnitten
Schnee- bzw. Mehlnester sind im Gebäck.	▪ Schnee überschlagen und zu wenig untergerührt ▪ Mehl nicht gesiebt bzw. schlecht meliert
Früchte, gehackte Kerne und Schokoladenstücke sinken beim Backen zu Boden.	▪ Diese Zutaten wurden nicht mit dem Mehl vermischt

Aufgabenstellungen – „Schwere Massen“

1. Nennen Sie Gebäcke, die aus schweren Massen hergestellt werden.
2. Zählen Sie die benötigten Zutaten auf.
3. Beschreiben Sie, wie Sandmassen hergestellt werden können.
4. Erklären Sie, welche Auswirkungen die unterschiedlichen Herstellungsweisen auf Masse und Gebäck haben.
5. Analysieren Sie, was beim Backprozess im Inneren der Masse geschieht.
6. Beschreiben Sie die Herstellung einer Sachermasse.
7. Überlegen Sie mögliche Fehler, die bei der Herstellung von Sandmassen auftreten könnten. Schlagen Sie Maßnahmen vor, wie diese vermieden bzw. behoben werden können.

2.3 Spezielle Massen (Spezialmassen)

Schaummassen

Sie werden auch als **Baiser-, Meringue- oder Windmassen** bezeichnet. Schaummassen bestehen vorwiegend aus Eiklar und Zucker. Es können Geschmacksstoffe, Lebensmittelfarben, Weizenpuder, Mehl oder geriebene Kerne beigemengt werden.

Weizenpuder = Stärke.

Man unterscheidet **leichte** und **schwere** sowie **kalt** und **warm hergestellte** Schaummassen.

Die „Schwere“ der Masse hängt vom Zuckergehalt ab. Er kann bis zu 110 g auf ein Eiklar betragen. Da ein Eiklar (30 g) maximal 50 g Zucker lösen kann, muss der restliche Zucker durch einen Herstellungsprozess gelöst werden oder in Form von Puderzucker in die Masse eingerührt werden.

Wussten Sie, dass ...
die heiß hergestellte Schaummasse international auch als „Italienische Meringuemasse“ bezeichnet wird?

Übersicht und Einteilung der Schaummassen

Arten	Zusammensetzung	Herstellung	Verwendung
Warm hergestellte Schaummasse	Schwere Schaummasse 50–110 g Zucker pro Eiklar (evtl. pasteurisiert)	Im Wasserbad warm gerührt	▪ Schaumfiguren ▪ Christbaumbehang ▪ Mandelbögen
Kalt hergestellte Schaummasse (Baiser- oder Meringuemasse)	Schwere Schaummasse 50–110 g Zucker pro Eiklar	Zuckermenge wird in Feinkristall- und Puderzucker halbiert	▪ Baiserschalen ▪ Kardinalschnitten ▪ Windringerl, -stangerl ▪ Eisgebäck ...
Heiß hergestellte Schaummasse	Schwere Schaummasse 50–110 g Zucker pro Eiklar	Mit gekochtem Zucker hergestellt	▪ Schaumfiguren ▪ Christbaumbehang ▪ Schaumrollen ▪ Windbäckerei ▪ Windbiskotten ...
Pastamasse	Leichte Schaummasse 30–40 g Zucker pro Eiklar	Heiße (frisches Eiklar) oder kalte Herstellung (pasteurisiertes Eiklar)	▪ Schaumrollen ▪ Beimasse für Cremen ▪ Zum Abflämmen

Patiencemasse	Schwere Schaummasse mit Kaffeezusatz und Mehl	Heiße Herstellung	■ Patiencen ■ ABC-Brot oder Russisches Brot ■ Windbiskotten
Esterházymasse (Japonaismasse)	Schaummasse mit Kerngut-, Mehl- bzw. Stärkezusatz und typischen Gewürzen	Kalte, warme oder heiße Herstellung	■ Esterházytorten, -schnitten ■ Unterböden für Aufschnitt-Torten
Macarons (Mandelbaiser)	Schwere Schaummasse mit feinem Mandelmehl	Kalte, warme oder heiße Herstellung	■ Teegebäcke ■ Petits Fours ■ Tortendekor

- Kalt hergestellte Schaummassen ergeben poröse, mürbe und glanzlose Gebäcke.

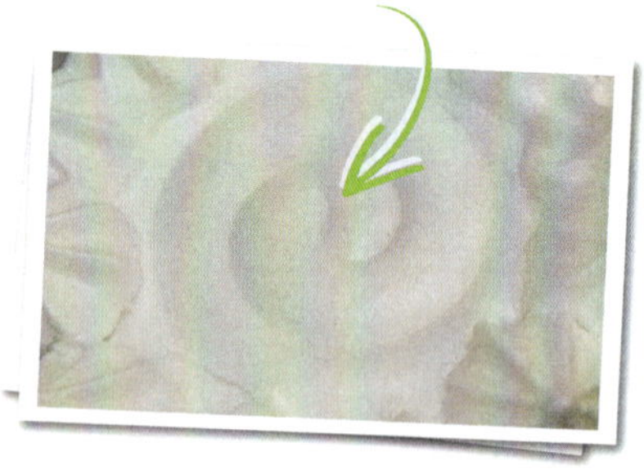

- Hingegen sind warm bzw. heiß hergestellte Schaummassegebäcke kompakter, eher fest und haben eine glatte, glänzende Oberfläche.

Herstellungsmethoden

Warme Herstellung (im Wasserbad)

- Eiklar mit der gesamten Zuckermenge, einer Prise Salz und Aromen im heißen Wasserbad rühren, bis sich der Zucker gelöst hat (ca. 40 °C).
- In der Maschine kalt schlagen.

Kalte Herstellung (z. B. für Baisermasse)

- Eiklar mit der halben Zuckermenge (Kristallzucker), einer Prise Salz und Aromen zu Schnee schlagen.
- Die zweite Zuckerhälfte wird als Puderzucker in den Schnee meliert.

Heiße Herstellung (mit gekochtem Zucker)

- Zwei Drittel des Zuckers mit Wasser (350 g Wasser pro 1 000 g Zucker) bis zum Kettenflug (119 °C) kochen.
- Ab dem Zeitpunkt, an dem der Zucker zu kochen beginnt, Eiklar mit einem Drittel des Zuckers, einer Prise Salz und Aromen zu Schnee schlagen.
- Zuckerlösung vorsichtig nach und nach in den Schnee einschlagen.
- Die Masse langsam weiterrühren, bis sie ca. 20 °C erreicht hat.

Einfluss der Rohstoffe

Eiklar

- bindet Luft, dadurch werden Schaummasseprodukte (gebacken, getrocknet) sowie Cremen (Vanillecreme, italienische Buttercreme) gelockert,
- kann durch Zugabe von etwas Salz oder Säure besser schaumig geschlagen werden,
- ist mit Zucker oder Stärke versetzt standfester,
- ist durch die Gerinnung des Eiklars beim Trocknen bzw. Backen für die Gebäckverfestigung verantwortlich,
- ist für die trockene Beschaffenheit der Erzeugnisse verantwortlich.

Zucker

- Er beeinflusst das Lockerungsverhalten: Je „schwerer", umso kompakter wird die Schaummasse.
- Er erfordert eine trockene Lagerung der fertigen Erzeugnisse.

Mehl

- wird nur für gebackene Produkte eingesetzt und
- gibt zusätzliche Stabilität und Bindung.

Stärke (Weizenpuder)

- kann mitgeschlagen werden, um die Bindung des Eischnees zu verbessern,
- sorgt für mehr Stabilität beim Einfärben von Schaummassen mit flüssigen Lebensmittelfarben (z. B. für Schaumfiguren, Christbaumbehang).

Zum Aromatisieren sollte nur echte Vanille verwendet werden, da künstliches Vanillin die Schaummassengebäcke gelblich verfärben würde!

Weitere Zutaten

wie Salz, Gewürze, Aromen, Kakao, Kaffee, Couleur, fein geriebenes Kerngut verändern den Geschmack und die Charakteristik der verschiedenen Produkte.

Back- bzw. Trockenprozess

- Schaummassen werden eher getrocknet als gebacken. Ausnahmen sind Schaummassen, denen Mehl, Kakaopulver oder reichlich geriebene Kerne beigemischt werden.
- Das Backrohr oder der Trockenschrank soll schwadenfrei sein.
- Für Gebäcke, die Mehl, Stärke, Kerne etc. enthalten, werden Anfangstemperaturen zwischen 140 und 180 °C gewählt. Zur besseren Lockerung und Ausdehnung der Masse kann am Anfang des Backens der Zug geschlossen bleiben.
- Getrocknete Produkte hingegen (wenig Ausdehnung erwünscht) werden bei 70 bis 110 °C und offenem Zug in den Ofen geschoben. Eventuell kann die Backraumtür zusätzlich eingehängt werden.

Rezeptbeispiele

Esterházymasse

10 Tortenblätter à Ø 220 mm oder 1 Blatt für Schnitten, 660 x 450 mm
Backtemperatur: 200 °C
Backzeit: 10 Minuten

- 450 g Eiklar (15)
- 370 g Zucker
- Prise Salz
- Vanille, Zitrone
- 370 g geröstete, geriebene Haselnüsse
- 150 g Mehl W700 oder 480
- Zimt

Zubereitung

- Eiklar, Zucker, Salz und Aromen zu Schnee schlagen.
- Haselnuss-Mehl-Zimt-Mischung melieren.

- Für **Tortenblätter** im Tortendurchmesser,
- für **Schnitten** in Blechgröße auf mit Backtrennpapier belegte oder geschmierte und bestaubte Bleche streichen.
- Backen, nach halber Backzeit Zug öffnen und ausbacken.
- Die Blätter von den geschmierten Blechen noch im heißen Zustand abnehmen!

§ **Die Bezeichnung „Esterházy“** ist im Codex geregelt.

- Ersetzt man den Mehlanteil im Rezept durch Stärke, erhält man ein glutenfreies Produkt.
- Die Estherházymasse wird auch als Japonaismasse (*Japonais* [franz.] = Japaner) bezeichnet.

Windmasse zum Abflämmen

Backtemperatur:
240 °C Oberhitze

- 125 g Eiklar
- 50 g Zucker
- Prise Salz, Vanille
- 150 g Zucker
- 50 g Wasser

Zubereitung

- Die Schaummasse nach der **heißen Methode** herstellen.

- Die Masse auf ein Konditorerzeugnis (Baisertorte, Zitronentarte ...) aufstreichen oder dekorativ aufdressieren.
- Abflämmen.

Schaumrollenfüllung

- 150 g Eiklar (5)
- 100 g Zucker
- 200 g Zucker
- 80 g Wasser

Zubereitung

- Die Schaummasse nach der **heißen Methode** herstellen.

Pastamasse

150 g Eiklar (5)
50 g Zucker
Vanille
200 g Zucker
65 g Wasser

Zubereitung

- Die Schaummasse nach der **heißen Methode** herstellen.

Verwendung

- Zum Auflockern von Vanillecremen (z. B. für Bienenstich, Cremeschnitten), als Beimasse für Cremen (z. B. italienische Buttercreme), zum Abdecken bzw. Abflämmen von Obstkuchen, Aufläufen usw.

Macarons – Grundrezept (Mandelbaiser)

Stückzahl je nach Größe
Backtemperatur: 140 °C
Backzeit: ca. 16–18 Minuten

200 g geschälte und fein ausgesiebte Mandeln
200 g Puderzucker
75 g Eiklar
75 g Eiklar
10 g Zucker
180 g Zucker
40 g Wasser

Zubereitung (heiße Methode)

- Mandeln, Puderzucker und Eiklar pastös anrühren und evtl. färben.
- Bleche, Macaronsmatten und Dressiersack mit Lochtülle (Ø 8 mm) vorbereiten.
- Eiklar mit 30 g Zucker zähsteif aufschlagen.
- 270 g Zucker und Wasser auf 119 °C kochen und der Schaummasse bei langsamer Geschwindigkeit nach und nach beigeben.
- Masse fertig schlagen.
- Circa die Hälfte der Schaummasse in das Mandel-Zucker-Gemisch einrühren.
- Restliche Masse nach Bedarf (Konsistenz beachten!) einarbeiten und vorsichtig zusammenrühren (glatte, glänzende Oberfläche).
- In der gewünschten Größe aufdressieren und gut trocknen lassen (Hautbildung!).
- Bei geöffnetem Zug backen.
- Mit Buttercreme oder Canache doublieren.

Verwendung

- Teegebäck, Petits Fours, Dekor.

Doublieren = Zusammensetzen von zwei Gebäckstücken.

Gebäckfehler

Gebäckfehler	Ursache und Erklärung
Die Schaummasse lässt sich schlecht aufschlagen.	■ Fettes Geschirr und/oder fette Geräte ■ Der Zucker wurde zu rasch eingeschlagen ■ Eigelbreste im Eiklar
Die Schaummasse wird schmierig.	■ Gekochter Zucker wurde zu früh oder zu rasch eingerührt; die Masse wurde zu lange geschlagen
Die Windbäckerei ist außen braun und innen weich.	■ Die Backtemperatur war zu hoch
Die Schaumrollenfüllung fließt aus oder zieht sich zusammen.	■ Zu niedriger Zuckeranteil ■ Zucker zu niedrig gekocht ■ Masse zu wenig kalt geschlagen
Die Oberfläche der Macarons ist glanzlos und reißt auf.	■ Zu feste Masse, zu wenig glatt gerührt, zu kurze Trockenzeit
Die Macarons fließen in die Breite, sind zu flach.	■ Zu weiche Masse, zu stark zusammengerührt, Zug geschlossen

Aufgabenstellungen – „Schaummassen“

1. Nennen Sie Grundrezepte für leichte und schwere Schaummassen.
2. Zählen Sie die verschiedenen Schaummassen und ihre Verwendungen auf.
3. Erläutern Sie, welche Eigenschaften bzw. Aufgaben die einzelnen Rohstoffe in Schaummassen haben.
4. Beschreiben Sie die unterschiedlichen Herstellungsmethoden von Schaummassen.
5. Analysieren Sie, welche Auswirkungen die kalte Herstellungsweise auf Masse und Gebäck hat.
6. Erläutern Sie, worauf beim Backen bzw. Trocknen und Lagern von Schaummassegebäcken zu achten ist.
7. Überlegen Sie mögliche Fehler, die beim Herstellen von Schaumgebäcken auftreten können. Schlagen Sie Maßnahmen vor, wie Sie diese vermeiden bzw. beheben.
8. Beschreiben Sie die einzelnen Herstellungs- und Verarbeitungsschritte von Macarons bis zum fertig gefüllten Endprodukt.

Hippenmassen

Das sind weiche, glatte, streichfähige Massen ohne Lufteinschluss. Sie werden mithilfe von Schablonen aus Gummi, Kunststoff oder Metall auf gewachste Backbleche oder Silpatmatten sehr dünn aufgestrichen. Entsprechend ihrer Verwendung werden sie ausgehend von Marzipan, Vollei oder Eiklar hergestellt.

Arten/Einteilung

Bezeichnung	Zusammensetzung	Verwendung
Marzipanhippenmasse (echte Hippenmasse)	Aus Marzipanrohmasse, Puderzucker, Eiklar, Mehl, Milch oder Obers	Für Tee- und Stückgebäcke, Eisgebäcke, Desserts und Dekorteile in Form von: Rollen, Stanitzeln, Blüten, Blättern, Schüsserln, Gittern, Schleifen, Hippensplittern (Streumaterial) usw.
Volleihippenmasse (falsche Hippenmasse)	Aus Vollei, Puderzucker und Mehl (Gleichschwermasse)	
Eiklarhippenmasse	Aus Eiklar, Zucker, Mehl und evtl. fein geriebenen Haselnüssen oder Mandeln	
Butterhippenmasse	Butter, Puderzucker, Eiklar und Mehl zu gleichen Teilen	

Ermitteln Sie, wie die mengenmäßige Zusammensetzung einer Volleihippenmasse lautet, die aus drei ganzen Eiern hergestellt wird.

Herstellung

- Alle Zutaten glatt rühren (nicht schaumig!) und passieren.
- Wird Marzipan verwendet, dieses zuerst anwärmen, mit Milch oder Obers geschmeidig machen und anschließend mit den restlichen Zutaten mit dem Mixstab glatt verrühren.
- Die Masse mindestens eine halbe Stunde ruhen lassen.
- Bei der Herstellung sollte Puderzucker verwendet werden, es wird dadurch die Ruhezeit verkürzt.

Aufgabenstellung

- Hippenmassen sollten nach der Herstellung ausreichend rasten. Finden Sie Begründungen dafür.

Aufarbeitung

- Die Masse mithilfe von Schablonen und einer Palette gleichmäßig dünn auf vorbereitete Bleche (gewachst, mit Teflon- oder Silikonmatten belegt) aufstreichen.
- Sie kann auch aufgespritzt (Vorlagen z. B. „Gitter") oder aufgestrichen werden.

Hippenmassen können mit Kakaopulver (evtl. mit ein paar Tropfen Obers vermischt) eingefärbt und die Gebäcke dadurch kontrastreich dekoriert werden. Auch Caroben-, Kürbiskern-, Kastanien- oder Kletzenmehl u. Ä. können zum Abschmecken oder zum Einfärben verwendet werden. Der Kreativität sind hier (beinahe) keine Grenzen gesetzt.

Einfluss der Rohstoffe

Rohmarzipan

- fördert die Bindung der Zutaten und wirkt sich positiv auf die Formbarkeit aus,
- erhöht die Mürbheit und Rösche der Hippengebäcke,
- verbessert den Geschmack und unterstützt die Bräunung.

Zucker

- ermöglicht die Formgebung im heißen Zustand und lässt die fertigen Gebäcke rasch erstarren,
- hilft bei der Bräunung und gibt Geschmack.

Mehl (W700/W480)

- ist wichtig für die Bindung und die streichfähige Konsistenz (Masse vor der Aufarbeitung evtl. mit etwas Milch verdünnen),
- ist für die Gebäckverfestigung und Stabilität beim Backen verantwortlich.

Ei

- Die Eimenge bestimmt die Konsistenz der Masse. Daher gibt man die Eier nach und nach bei, so kann die Konsistenz kontrolliert werden.
- Das Eigelb dient außerdem als Emulgator und gibt der Brandmasse seine glatte, bindige Beschaffenheit.

Weitere Zutaten

Honig, Gewürze, Aromen, Obers, Milch, Mandeln, Haselnüsse, Kakao und Schokolade sowie diverse Mehlalternativen wirken sich auf die Konsistenz, Beschaffenheit, den Geschmack und die Charakteristik der erzeugten Hippen aus.

Hippengebäcke

Backtrennpapier sollte nicht als Unterlage bei Hippenmassen verwendet werden! Haben Sie eine Erklärung dafür?

Schmetterlinge

Backen

- Zur Erzielung einer durchgehend gleichmäßigen goldbraunen Farbe die Masse bei 180 bis 200 °C und offenem Zug backen.
- Für Hippengebäcke mit abgestufter Backfarbe (außen goldbraun, nach innen heller werdend) die Masse bei 210 bis 220 °C so lange backen, bis das Wasser ausgedampft ist und sie eine Haut bekommt.
- Aus dem Backrohr nehmen, kurz auskühlen lassen und mit einer Palette lösen. Bei Bedarf können die Hippen in dieser Phase zugeschnitten oder ausgestochen werden.
- In einem zweiten Backvorgang goldbraun fertig backen.

Wenn die Hippen nicht geformt werden, können sie auch in einem Vorgang gebacken werden.

Dekor

Ausfertigung

- Hippengebäcke lassen sich nur im heißen Zustand unmittelbar nach Entnahme aus dem Backrohr formen. Sollte die Masse während des Formens zu stark abkühlen, kann man sie durch nochmaliges Erwärmen im Backrohr wieder geschmeidig machen.
- Hippen können mit Nougat, Canachen sowie Oberscremen gefüllt werden.
- Vor dem Füllen mit wasserhaltigen Füllungen (z. B. Obers) sollten die Hippen mit temperierter Kuvertüre ausgestrichen werden. Dadurch kann die Feuchtigkeit nicht in die Gebäcke eindringen und sie behalten ihre knusprige Beschaffenheit.
- Hippengebäcke müssen unbedingt trocken gelagert werden.

Rezeptbeispiele

Marzipanhippenmasse (echte Hippenmasse)

Backtemperatur:
ca. 200–220 °C
Backzeit: je nach Farbe

175 g Marzipanrohmasse
125 g Puderzucker
125 g Eiklar (ca. 4)
60 g Mehl W700 oder 480
80 g Milch oder Obers
Vanille, Zimt

Zubereitung
- Die Hippenmasse herstellen.

Rollen
- Masse großflächig aufstreichen, anbacken.
- Rechteckige Stücke schneiden und vorsichtig mit einer Spachtel vom Blech heben.
- Die Gebäckstücke nach und nach fertig backen und sofort über ein rundes Holz (Ø ca. 30 mm) rollen.
- Schluss zusammenpressen und auf diesen wegsetzen. Auskühlen lassen.

- Für **Schlotfeger** die Hippenrollen mit temperierter Kuvertüre überziehen.
- Unmittelbar vor dem Verzehr mit leicht gesüßtem, geschlagenem Obers füllen.

Schlotfeger werden auch als „Prager Rollen" bezeichnet.

- Bei der echten Hippenmasse muss Marzipan (Mandeln) verwendet werden. Wird Persipan statt Marzipan verwendet, so muss die Hippenmasse anders bezeichnet werden.
- Marzipanhippenmasse kann auf Vorrat hergestellt und bei Temperaturen von +4 bis +6 °C mehrere Tage gelagert werden.

Man kann auch aus je 50 g Eiklar, flüssiger Butter, Mehl und Puderzucker eine **Eiweißhippenmasse** herstellen.

Volleihippenmasse (falsche Hippenmasse)

Backtemperatur:
ca. 200–220 °C
Backzeit: je nach Farbe

100 g	Eier (2)
100 g	Puderzucker
100 g	Mehl W700 oder 480

Zubereitung
- Die Hippenmasse herstellen.
- Eisgebäck oder dekorative Ornamente mithilfe von Schablonen herstellen.

Blumen oder Blätter
- Hippenmasse mit (selbst gefertigten) Schablonen aufstreichen, eventuell mit einer Kontrastfarbe dekorieren.
- Anbacken und vorsichtig mit einer Spachtel vom Blech heben.
- Nun immer einige Stücke fertig backen und sofort formen.

Stanitzel oder Schüsserl
- Hippenmasse mit einer Schablone im entsprechenden Durchmesser aufstreichen und eventuell ausdekorieren.
- Anbacken und vorsichtig mit einer Palette vom Blech lösen.
- Stücke fertig backen und sofort mit dem Cornet- bzw. Stanitzelholz formen bzw. in oder über Schüsserln formen.

Gitter
- Masse mit einer Spritztüte auf Silpatmatten (Vorlage unterlegen!) aufspritzen.
- Anbacken, lösen, fertig backen und sofort mithilfe von erwärmten Metallmessbechern formen.
- Mit ihnen lassen sich Tellerdesserts (gestürzte Cremen, Parfaits, Puddings ...) dekorativ anrichten.

Gebäckfehler

Gebäckfehler	Ursache und Erklärung
Die Hippenmasse hat an der Oberfläche keine gleichmäßige Bräunung.	■ Ungleichmäßig dünn aufgestrichen ■ Zucker war nicht gelöst
Die Hippen ziehen sich beim Backen zusammen, halten die vorgegebene Form nicht.	■ Kleberbildung beim Herstellen, zu kurze Ruhezeit
Die Hippenmasse wirft Blasen.	■ Zu kurze Stehzeit der Masse
Das Hippengebäck wird zäh und weich.	■ Zu hell bzw. zu kurz gebacken, zu wenig trocken gelagert
Das Hippengebäck ist brüchig und dunkel.	■ Zu viel gebacken, Zucker ist zu stark karamellisiert

Aufgabenstellungen – „Hippenmassen"

1. Zählen Sie Hippenmassen und deren Zusammensetzung auf.
2. Nennen Sie verschiedene Hippengebäcke, deren Verwendung und wie diese ausgefertigt werden können.
3. Erläutern Sie, welche Eigenschaften bzw. Aufgaben die einzelnen Rohstoffe in Hippenmassen haben.
4. Beschreiben Sie die Herstellung von Hippenmassen und was Sie dabei beachten müssen.
5. Begründen Sie, warum eine Ruhezeit der Masse vor der Verarbeitung erfolgen sollte.
6. Erläutern Sie die Verarbeitung der Hippenmasse und welche Beachtungspunkte beim Backen sowie Formen von Hippen gelten.
7. Überlegen Sie mögliche Fehler, die beim Herstellen, Verarbeiten, Backen und Lagern von Hippen auftreten können. Schlagen Sie Maßnahmen vor, wie diese zu vermeiden sind.

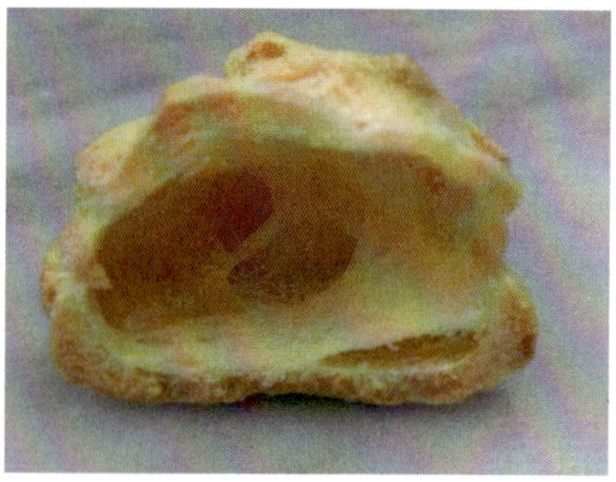
Typische große Porung

Cremekrapferl

Brand- oder Brühmassen

Sie unterscheiden sich von anderen Massen vor allem durch ihre Herstellung. Hierbei findet die Verkleisterung der Stärke und die Gerinnung der Mehleiweißstoffe bereits durch den Brühvorgang statt, also schon vor dem Backprozess.

Gelockert wird die Masse physikalisch durch Wasserdampf. Eine herkömmliche Krumenbildung ist wegen der vorzeitigen Verkleisterung und Klebergerinnung nicht möglich.

Die Gebäcke sind leicht, großporig und weisen ein großes Volumen auf. Sie können im Rohr oder in heißem Fett gebacken oder in Wasser gekocht werden.

In Fett gebackene Brandmasse sollte mit Milch anstelle von Wasser abgebrüht werden. Dadurch wird ein ruhigeres Backverhalten im heißen Fett erreicht und der enthaltene Milchzucker (Laktose) trägt zusätzlich zu einer schönen Bräunung des Backgutes bei.

Brandmassearten

Im Rohr gebacken	In Fett gebacken	In Wasser gekocht (Brandteig)

Stückware, wie Windbeutel (Cremekrapferl), Eclairs (Liebesknochen), Cremeringe, Profiterolen, Tortenböden, Petits Fours oder Käsefours	Spritzkrapfen (Spritzkuchen), Spritzstrauben, Beignets	Fruchtknödel und Tascherl (siehe S. 149)

Grundrezept – Brandmasse zum Backen im Rohr

- 250 g Wasser
- 100 g Fett
- 4 g Salz
- 8 g Zucker (Prise)
- 230 g Mehl
- 250 g Eier (ca. 5)

Herstellung

- Flüssigkeit (Wasser, Milch), Fett (Butter, Margarine), Salz und Zucker aufkochen.
- Gesiebtes Weizenmehl flott einrühren.
- Masse abbrühen (abbrennen), bis sie sich ballenartig von der Kesselwand löst und sich am Kesselboden ein weißer Belag (geronnene Eiweißstoffe) bildet.
- Den Kessel wechseln und die Masse auf ca. 40 °C abkühlen lassen.
- Eier verquirlen, nach und nach in die Masse einrühren.

- Je besser die Masse abgebrüht ist, desto mehr Bindevermögen wird durch die vorverkleisterte Stärke erreicht, d. h., die Masse kann mehr Eier (Flüssigkeit) aufnehmen und beim Backprozess dadurch optimal lockern.
- Eier sollen nach und nach bis zu einer glatten Textur eingerührt werden, so kann man die Konsistenz der Masse besser kontrollieren.
- Durch die langsame Zugabe kann das Eigelb seine Emulgierfähigkeit besser entwickeln, dies gibt der Brandmasse die glatte, bindige Beschaffenheit.

Einfluss der Rohstoffe

Wasser/Milch

- wird durch die verkleisternde Stärke gebunden, dies ist Grundvoraussetzung für die physikalische Lockerung beim Backprozess.
- Milch anstatt Wasser für in Fett gebackene Produkte ermöglicht ein ruhigeres Backverhalten und eine schönere Bräunung.

Vergleichen Sie: Wie verhält sich das Backgut während des Backens im Fett, wenn der Teig
a) mit Milch
b) mit Wasser
hergestellt wurde?

Butter, Margarine

- bricht die Zähigkeit der Masse und macht sie dadurch geschmeidiger bzw. dressierbarer,
- erhöht die Mürbung und verbessert den Geschmack.

Mehl (W700/W480)

- übernimmt durch die Stärkeverkleisterung und Eiweißgerinnung (beim Abbrühen) die Bindung der flüssigen/sich verflüssigenden Zutaten,
- schafft dadurch die Lockerungsvoraussetzungen – durch das verdampfende Wasser – beim Backen.

Ei/Eigelb

- bestimmt die Verarbeitungskonsistenz der Masse, je mehr Eiflüssigkeit aufgenommen werden kann, umso idealer für die spätere Lockerung,
- sorgt durch das enthaltene Lezithin für eine glatte, bindige Beschaffenheit,
- ist durch die Gerinnung der Eiweißstoffe beim Backen für die schlussendliche Gebäckverfestigung verantwortlich.

Salz

in ausreichender Menge, zur Geschmacksintensivierung, ist eine unbedingte Zutat – ungesalzene Gebäcke schmecken fade.

Gewürze

Nur für pikante Gebäcke (Käsefours, Suppeneinlagen) zur geschmacklichen Abrundung (z. B. Muskatnuss).

Aufarbeitung

- **Backprobe durchführen:** Vor dem Backen sollte man eine Backprobe durchführen, um die Konsistenz zu überprüfen.
- Die Masse mithilfe von Loch- oder Sterntüllen nicht zu eng in der gewünschten Größe auf vorbereitete Bleche (mit Backtrennpapier, Teflon- oder Silikonmatten belegt, gewachst ...) nicht zu eng aufdressieren. Die Bleche evtl. benetzen (Dampfentwicklung).
- Dekorteile und Ornamente mit Spritztüten und vorbereiteten Vorlagen auf eigene Bleche garnieren!

Benetzen = mit Wasser bespritzen bzw. besprühen.

Backen

- **Backen im Backrohr:** Die Gebäcke bei 210 bis 220 °C und geschlossenem Zug (mit viel Schwaden oder benetzten Blechen) backen. Die Feuchtigkeit verhindert eine zu schnelle Krustenbildung (Gebäckoberfläche bleibt länger dehnbar) und fördert dadurch die Volumenentwicklung. Erst im letzten Drittel der Backzeit – ausreichende Backfarbe vorausgesetzt – den Zug öffnen und die Temperatur senken, um eine stabilere Kruste und ein standfestes Gebäck zu erreichen. Ornamente (Dekorteile) ohne Schwaden bei ca. 160 °C und offenem Zug backen.

Dekorative Brandmassegebäcke

Für dekorative Ornamente und Dekorteile (Schwan, Schmetterling ...) wird die Masse etwas weicher (mit Eiflüssigkeit) angerührt und anschließend durch ein Haarsieb passiert. Sie kann auch gefärbt werden, darf jedoch nicht zu weich sein, sonst laufen die Dekorteile breit und werden blasig. Die Ornamente sollten ausschließlich auf Teflon-, Silpatmatten oder backfestes Glas gespritzt werden.

- **Backen in heißem Fett:** Die Backtemperatur des Siedefetts soll 160 bis 170 °C betragen. Die Krustenbildung lässt sich durch Abdecken des Fettbackgeräts zu Beginn des Backens verzögern. Die Gebäcke unter zwei- bis dreimaligem Wenden goldbraun backen, damit sie nach dem Backen die Form behalten und nicht in sich zusammenfallen.
- **Kochen in Wasser (Brandteig).**

Aufgabenstellung

- Erläutern Sie, was Sie beim Backen mit dem Fettbackgerät beachten müssen.

Rezeptbeispiele

Windbeutel, Cremeringe, Eclairs

Ca. 25 Stück
Backtemperatur: 210–220 °C
Backzeit: ca. 20–25 Minuten

250 g	Wasser
125 g	Butter
4 g	Salz
200 g	Mehl W700 oder 480
250 g	Eier (ca. 5)

Zum Bestreichen:
Marillenkonfitüre

Zum Glasieren:
Fondant (S. 101)

Zum Füllen:
Vanilleoberscreme (S. 98)

Profiterolen eignen sich ungefüllt auch als Suppeneinlage.

Zubereitung
- Die Brandmasse herstellen.

Windbeutel 1, Cremeringe 2 und Eclairs 3
- Die Masse mit einer Sterntülle (Ø 12 mm) der Form entsprechend (Ringe oder für Windbeutel Krapfen, für Eclairs 60–80 mm lange Stangen) auf mit Backtrennpapier belegte Bleche dressieren.
- Mit ausreichendem Schwaden und bei geschlossenem Zug backen. Im letzten Drittel der Backzeit den Zug öffnen.
- Auskühlen lassen, aprikotieren und mit Fondant glasieren.
- Horizontal durchschneiden und mit Oberscreme füllen.
- Es können auch Früchte (z. B. gebundene Kirschen, Beeren, Kompottfrüchte) als Einlage verarbeitet werden.

Variante
- Vanilleoberscreme mit Kaffee, Schokolade oder Preiselbeerkonfitüre abschmecken.
- Fondant in Farbe und Geschmack passend dazu abstimmen.

1

2

3

Eclairs werden auch als Liebesknochen bezeichnet.

Profiterolen
- Mit einer Lochtülle (Ø 10 mm) kleine Krapferl dressieren.
- Nach dem Auskühlen an der Unterseite anstechen, mit leicht gesüßtem, geschlagenem Obers füllen und mit Schokoladensauce (S. 164) nappieren.

Petits Fours
- Kleine Gebäcke in üblichen Formen dressieren.
- Petits Fours wie große Brandmassegebäckstücke ausfertigen.

Aufgabenstellung

- Was sind Churros? Recherchieren Sie im Internet.

Spritzkrapfen, Spritzstrauben

Ca. 30 Stück à Ø 50 mm
Siedefetttemperatur: 160–170 C
Backzeit: je nach Farbe

125 g	Milch
100 g	Butter
4 g	Salz
10 g	Zucker
230 g	Mehl
350 g	Eier (ca. 7)

Zubereitung

- Die Brandmasse herstellen.
- Für **Spritzkrapfen** (Spritzkuchen) Backtrennpapierstreifen vorbereiten.
- Die Masse mit einer Sterntülle (Ø 10 mm) ringförmig (Ø 50 mm) aufdressieren.
- Das Papier mit den dressierten Teilen nach unten in das Siedefett legen.
- Ringe anbacken, Papier abziehen, unter 2–3maligem Wenden goldbraun backen.
- Für **Spritzstrauben** 80 mm lange Teilchen in das Fettbad dressieren und backen.
- Herausnehmen und auf einem Küchenkrepppapier abtropfen lassen.
- Mit Puderzucker bestauben oder in Zimtzucker panieren. Portionieren und noch warm mit Vanillesauce (S. 164) oder Fruchtsaucen servieren.

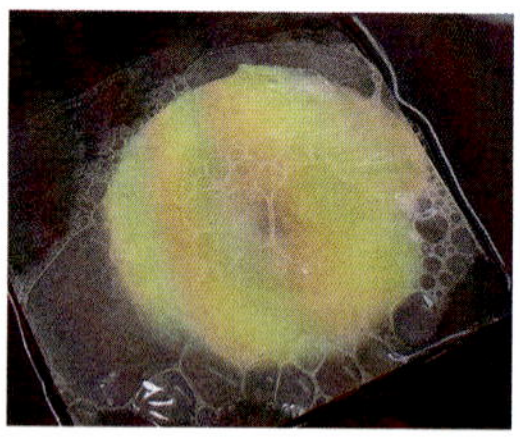

Gebäckfehler

Gebäckfehler	Ursache und Erklärung
Die Gebäcke haben ein zu kleines Volumen, ziehen beim Backen hoch und reißen zu stark auf.	■ Masse zu lange abgebrüht ■ Zu feste Masse ■ Backtemperatur zu hoch ■ Zu wenig Feuchtigkeit im Backrohr
Die Gebäcke laufen breit, sind zu flach und bodenhohl.	■ Zu weiche Masse ■ Zu kühles Backrohr ■ Zu kühles Siedefett ■ Backrohr zu früh geöffnet
Die Gebäcke fallen nach dem Backen ein.	■ Siedefett zu heiß ■ Zu wenig durchgebacken ■ Zu kurze Backzeit ■ Zu kalter Ofen

Aufgabenstellungen – „Brand- oder Brühmassen“

1. Zählen Sie Brandmassearten und deren Verwendungszwecke auf.
2. Nennen Sie Gebäcke aus Brandmasse und schildern Sie, wie diese gefüllt bzw. ausgefertigt werden können.
3. Erläutern Sie, welche Eigenschaften bzw. Aufgaben die einzelnen Rohstoffe in Brandmassen haben.
4. Beschreiben Sie die Herstellung einer Brandmasse und was Sie dabei beachten müssen.
5. Erklären Sie den Backprozess von Brandmassegebäcken und was dabei zu beachten ist.
6. Begründen Sie, warum Milch zur Herstellung von Spritzkrapfen verwendet werden sollte.
7. Zeigen Sie Unfallgefahren beim Backen mit heißem Fett auf und eruieren Sie geltende Sicherheitsvorschriften.

3 Torten, Schnitten, Rouladen, Stückdesserts, Petits Fours und vegane Torten und Kuchen

Beachtenswertes bei der Herstellung von Torten, Schnitten, Rouladen und Stückdesserts

- **Tränken** dürfen nicht zu süß und zu alkoholreich sein und sind dem Erzeugnis entsprechend abzuschmecken. Das Tränken der Böden dient der Geschmacksverbesserung, der Saftigkeit und der länger anhaltenden Frische.
- **Spirituosen** sollen den Eigengeschmack der Produkte unterstreichen, aber nicht zu stark in den Vordergrund treten.
- **Füllungen** sollen in ihrer Zusammensetzung eine feine Geschmackskomposition ergeben.
- **Geschlagenes Obers** für Oberscremen sollte schwächer aufgeschlagen werden, da es beim Mischen noch bearbeitet wird und weniger ausgeschlagen ein größeres Volumen behält und der Creme eine leichtere, schönere Struktur gibt.
- Zur Bindung von Oberscremen ist nur wenig **Gelatine** zu verwenden. Ein zu hoher Anteil an Gelatine lässt die Creme zu fest werden (gummiartige Konsistenz) und beeinträchtigt den Eigengeschmack.
- Eine dünne **Konfitürenschicht** unter der Cremefüllung rundet den Geschmack ab.
- Beim **Dekor** sollten Arbeitsaufwand und optische Wirkung in einem ausgewogenen Verhältnis stehen.

Torten, Schnitten, Rouladen, Kuchen ... die Vielfalt ist enorm

Bevor wir uns der Herstellung und Zusammensetzung von Torten, Schnitten, Rouladen und Stückdesserts widmen, schauen wir uns noch im Folgenden die dazugehörigen Füllcremen, Glasuren und Überzugsmassen an.

3.1 Füllcremen

Vorzüge verschiedener Cremen

- Cremen liefern Frische und Geschmack.
- Sie bestimmen die Beschaffenheit und Haltbarkeit der einzelnen Produkte.
- Cremen sind Füllungen und Dekor zugleich.
- Sie sollten locker, luftig und schaumig sein.

Einteilung der Füllcremen

Gerührte Cremen	Gekochte bzw. erhitzte Cremen	Geschlagene Cremen

▪ Buttercremen	▪ Vanillecreme ▪ Fruchtcreme ▪ Pariser Creme ▪ Canachecreme ▪ Bayerische Creme	▪ Oberscreme ▪ Schlagcreme ▪ Mousses (Schaumcremen, siehe „Kalte Desserts“, S. 158)

„Wir stellen unsere Buttercremen mit Margarine her, weil das kostengünstiger ist.“ Was sagen Sie dazu?

Gerührte Cremen

Buttercremen

Sie werden je nach Verwendung abgeschmeckt. Dazu eignen sich Spirituosen, Kakaomasse oder Kuvertüre, Haselnussmark oder Nougat usw.

Das **Litergewicht** hängt vom Aufschlagvolumen ab, also davon, wie viel Luft das verwendete Fett beim Aufschlagen einschließen kann. Ein Liter aufgeschlagene Crememargarine wiegt z. B. ca. 280 g. Im Vergleich dazu wiegt ein Liter aufgeschlagene Butter ca. 480 g.

Aufgabenstellungen

1. Fügen Sie die Buttercremearten ein:

   - Deutschland: ______
   - Frankreich: ______
   - Italien: ______

2. Diskutieren Sie, weshalb bei Verwendung von rohen Eiern diese mit Zucker auf 75 °C erhitzt werden müssen – am besten in einem Geschirr aus Kupfer. Anschließend sollte die Eiermasse sofort in einen Stahlkessel geleert werden. Warum macht man das so?

Beicreme (Beimasse)

Deutsche	Französische	Italienische
↓	↓	↓
Vanillecreme	**Eiermasse** ⚠ Pasteurisieren!	**Schaummasse**

Beimassen machen die Cremen weniger üppig, geschmackvoller und lockerer.

Rezept mit 250 g Butter

Deutsche

- 20 g Cremepulver
- 250 ml Milch
- 150 g Zucker
- 50 g Ei (1)
- 20 g Eigelb (1)

Französische

- 100 g Zucker
- 50 g Ei (1)
- 80 g Eigelb (4)
- Vanille
- Kleine Prise Salz

Italienische

- 90 g Eiklar (3)
- 180 g Zucker
- (Methode mit gekochtem Zucker)

Herstellungsarten für Buttercremen

Entweder	Oder
Butter gut **schaumig** rühren. ■ Glatt gerührte Vanillecreme, ■ Eiermasse oder ■ Schaummasse langsam in die Butter einrühren.	**Butter** in die ■ kühle **Vanillecreme** oder ■ geschlagene **Eiermasse** beigeben, ■ gut **schaumig rühren, kühlen** und bei Bedarf wieder schaumig rühren.

Dauercremen – was bedeutet der Begriff?

Die Dauercremen sind fast wasserfrei. Deshalb sind damit hergestellte Produkte (Waffeln, Kokoskuppeln etc.) viele Wochen haltbar.

Rezept

- 100 g Margarine
- 50–100 g Zucker oder Fondant
- Geschmackszutaten nach Bedarf

Aufgabenstellungen

1. Finden Sie heraus, weshalb italienische Buttercremen einen guten Stand haben.
2. Legen Sie dar, was Sie unternehmen, wenn Buttercremen zu kühl sind oder grellieren und was Sie gegen zu weiche Cremen machen.

Gekochte bzw. erhitzte Cremen

Vanillecreme

- Als Bindemittel für gekochte Cremen dienen Cremepulver und Weizenpuder. Cremepulver enthält geschmacksgebende Zusätze (Vanillearoma) und ist eventuell gefärbt. Weizenpuder ist reine Stärke und geschmacksneutral. Es wird daher meist zum Binden von Frucht- und Weincremen sowie Grützen verwendet.
- Vanillecremen können durch verschiedene Zusätze, wie z. B. Schokolade, geschmacklich abgewandelt werden.
- Die Flüssigkeit kann durch Fruchtsaft oder Wein ersetzt werden. Bei reinen Fruchtcremen wird kein Eigelb verwendet.
- Kalte Vanillecreme wird durch Verrühren von Kaltcremepulver und kalter Flüssigkeit hergestellt. Sie enthält bereits modifizierte Stärke, die beim Einrühren der Flüssigkeit ihr Bindevermögen entwickelt.

Vanillecreme (Grundcreme)

Modifizierte Stärke = vorverkleisterte Stärke.

Vanillecreme (Grundrezept), Konditorcreme, Patisseriecreme

250 ml Milch
50 g Zucker
25 g Cremepulver oder Weizenpuder
20 g Eigelb (1)
Evtl. Vanille von der Vanilleschote

Zubereitung

- 200 ml Milch mit Zucker aufkochen.
- Restliche Milch, Cremepulver (Weizenpuder), Eigelb und eventuell Vanille glatt rühren.
- In die kochende Milch rühren und unter ständigem Rühren durchkochen lassen. Mit Dehnfolie abdecken oder mit Puderzucker bestreuen.

Verwendung

- Für Torten, Schnitten und Desserts, Plunder- und Blätterteiggebäck.
- Als Beimischung für die Buttercreme.

Tiefgekühlte Vanillecreme schmeckt durch die Rückkristallisation der Stärke „mehlig“ bzw. „grießig“. Wenn sie erneut erhitzt und glatt gerührt wird, kann sie wieder verwendet werden. Die Creme kann mit geschlagenem Eischnee (120 g Eiklar (4)), den man zügig in die noch kochende Creme unterhebt, gelockert werden und ist dann leichter.

Bayerische Creme, gesulzte Creme, Crème bavaroise

8 Darioleformen
à Ø 60 mm, 60 mm Höhe

250 g Milch
Vanille
50 g Eigelb (2–3)
50 g Zucker
3 Blatt Gelatine
250 g geschlagenes Obers

Zubereitung
- Gelatine quellen lassen (werden Cremen nicht gestürzt, sondern im Glas serviert, einfach die Gelatinemenge halbieren).
- Milch und Zucker auf 85 °C erhitzen.
- Eigelb und Vanille in die heiße Milch rühren und bis ca. 82 °C abziehen.
- Gequollene, ausgedrückte Gelatine beigeben, abkühlen.
- Nicht zu steif geschlagenes Obers unterziehen.
- Die Creme in Formen füllen, glatt klopfen und im Kühlbereich abstocken lassen.
- Stürzen, mit Früchten oder Fruchtmark anrichten und mit leicht gesüßtem, geschlagenem Obers garnieren.

Durch das Abziehen wird die Creme sämig, vollmundig und keimarm.

Bayerische Creme kann wie Oberscreme abgeschmeckt werden, z. B. mit Spirituosen, Pistazienmark oder Nougat.

Aufgabenstellung

- Erarbeiten Sie den Begriff „Abziehen“.

Vanillecreme mit Obers, Vanilleoberscreme

500 g Vanillecreme
3 Blatt aufgelöste Gelatine
500 g geschlagenes Obers

Zubereitung
- Gelatine in die Vanillecreme rühren. Geschlagenes Obers unterziehen.

Verwendung
Für Torten, Schnitten, Desserts, Petits Fours usw.

Fruchtcreme

250 g Fruchtsaft
25–50 g Zucker
20–25 g Weizenpuder

Zubereitung
- Herstellung und Verwendung wie Vanillecreme.

Canachecremen

Je nach Zusammensetzung werden sie auch als Pariser Cremen bzw. Trüffelcremen (siehe S. 131) bezeichnet. Verwendet werden sie bei der Herstellung von Torten, Schnitten, Konfekt.

Canachecreme

500 g Obers
500 g gehackte Kuvertüre
Evtl. 50–100 g Butter

Zubereitung

- Obers auf mindestens 85 °C erhitzen.
- Darin die Kuvertüre auflösen, homogenisieren und kühlen.
- Vor der Verarbeitung die Canache mit der Butter (20–24 °C) schaumig rühren.
- Die Creme kann mit Löskaffee, Spirituosen, Haselnussmark, Aromen u. Ä. abgeschmeckt werden.

- Der Anteil und die Art der Kuvertüre bestimmen die Festigkeit der Creme.
- Der Zusatz von Butter bewirkt eine cremige Konsistenz.
- Werden die Cremen vor der Verarbeitung zu schaumig gerührt, werden sie rasch wieder fest; daher schnell verarbeiten und nicht so stark rühren.
- Für Konfekt, Lebkuchen, Teegebäck o. Ä. sollte die Creme nicht schaumig gerührt werden, dadurch bleibt sie länger haltbar bzw. hat einen zarteren Schmelz.
- Flüssige Canachecremen eignen sich auch zum Glasieren.
- **Pariser Creme** wird laut Codex grundsätzlich aus Obers (Rahm) und Schokolade im Verhältnis 1 : 1 hergestellt. Dieses Verhältnis kann variieren – 1 Teil Obers : mindestens 0,8 bzw. höchstens 1,5 Teile Schokolade.
- **Kalte Pariser Creme (Crème d'Or):** In 1 l geschlagenes Obers werden 800 g gelöste Kuvertüre mit einer Temperatur von 32 °C gemengt. Dabei geht man wie folgt vor: Zuerst in die gelöste Kuvertüre ca. ein Drittel des geschlagenen Obers einrühren, bei Bedarf vorsichtig nachwärmen und dann erst das restliche Obers vorsichtig unterheben.

Homogenisieren = mit einem Stabmixer ca. 30 Sekunden lang mixen, dabei möglichst wenig Luft einmixen.

Aufgabenstellungen

1. Diskutieren Sie, welche Auswirkung das Homogenisieren bei der Herstellung von Canachecremen hat.
2. Führen Sie aus, was Sie machen, wenn die Canachecreme zu fest geworden ist.

Geschlagene Cremen

Oberscremen

- Sie werden zur Herstellung von Torten, Desserts und Dessertcremen verwendet.
- Die Vorbereitung der Gelatine und das Einkühlen des Aufschlagkessels sollten bei der Herstellung immer die ersten Arbeitsschritte sein.
- Bei Verwendung von Convenienceprodukten, z. B. Obersfonds, sind die Angaben des Herstellers zu beachten.

Erläutern Sie, weshalb es notwendig ist, geschmolzene Gelatine oder Kuvertüre rasch in das geschlagene Obers einzurühren.

Vorbereitung der Gelatine

- Gelatineblätter in kaltem Wasser quellen lassen, bis sie weich sind. Ausdrücken und im Mikrowellenherd oder im warmen Wasserbad bei einer Temperatur von 40–50 °C schmelzen lassen oder in der heißen Flüssigkeit auflösen.
- Gelatinepulver in kaltem Wasser (vier- bis fünffache Menge des Eigengewichts) aufquellen lassen. Im warmen Wasserbad oder in der heißen Creme auflösen.
- **Instantgelatinepulver** kann direkt mit den Zutaten verrührt werden.

! Die Gelatinemenge wird in Rezepten oft anstelle von „Gramm" in „Blatt" angegeben. Da verschiedene Blattgrößen gehandelt werden, empfiehlt es sich, das Blattgewicht zu ermitteln und in Gramm umzurechnen.

Rezeptbeispiele

Topfen-Joghurt-Oberscreme

- 3 Blatt Gelatine
- 125 g Joghurt
- 125 g Topfen
- 25 g Weißwein
- Evtl. Zitronenaroma
- 250 g Obers
- 65 g Zucker

Zubereitung

- Gelatine quellen lassen.
- Joghurt und Topfen glatt rühren.
- Weißwein mit der ausgedrückten Gelatine erwärmen.
- Obers und Zucker aufschlagen (90 %).
- Mit den restlichen Zutaten rasch vermengen.

Erdbeer-Joghurt-Oberscreme

- 3–4 Blatt Gelatine
- 140 g Erdbeeren
- 160 g Joghurt
- Evtl. Zitronensaft
- 200 g Obers
- 75 g Zucker

Zubereitung

- Gelatine quellen lassen.
- Früchte pürieren.
- Fruchtmark, etwas Obers, Joghurt, Zitronensaft, Zucker und erwärmte Gelatine vermengen.
- Restliches Obers rasch unterziehen.

Die Creme kann auch mit Himbeeren zubereitet werden.

Schokoladen-Oberscreme

- 300 g dunkle Kuvertüre
- 1 000 g Obers
- 50 g Rum oder Cognac

Zubereitung

- Kuvertüre, Rum und etwas geschlagenes Obers leicht erwärmen und vermengen.
- Restliches Obers rasch unterziehen.
- Creme rasch verarbeiten.

Variante

- Obers auf mindestens 85 °C erhitzen.
- Die Kuvertüre darin auflösen, homogenisieren. Rasch abkühlen und zwölf Stunden bei +4 °C reifen lassen.
- Zur Weiterverarbeitung wie Obers aufschlagen.

3.2 Glasuren und Überzugsmassen

Einteilung

Glasuren	Überzugsmassen

Sie bestehen größtenteils aus Zucker und werden meist selbst hergestellt.	Das sind überwiegend Convenienceprodukte, die nur noch geringfügig bearbeitet werden müssen.
Beispiele ■ Spritzglasur ■ Zitronenglasur ■ Fadenzuckerglasur ■ Fondant ■ Sacherglasur ■ Canacheglasur	**Beispiele** ■ Kuvertüre ■ Fettglasurmasse ■ Dextringlasur ■ Gelees und Konfitüren ■ Nappage

Spritzglasuren

Eiweißspritzglasur (Glace royale, Royal Icing)

100–150 g Puderzucker
20 g pasteurisiertes Eiklar
Zitronensäure

Zubereitung
- Feinst gesiebten Puderzucker mit Eiklar erwärmen.
- In der Maschine schlagen und zuletzt etwas Zitronensäure beigeben.

Dieser Spritzglasur können auch am Schluss noch 3 Blatt aufgelöste Gelatine beigegeben werden.

Zitronen- oder Wasserglasur

Puderzucker
Zitronensaft oder Wasser

Zubereitung
- Zutaten dickflüssig anrühren.
- Wie Fondant erwärmen und verarbeiten.

Fondant

1 000 g Zucker
350 g Wasser
100–150 g Glukosesirup

Zubereitung
- Zutaten kochen (114–117 °C).
- Etwas abkühlen, evtl. Tisch benetzen und Masse tablieren, bis die Masse milchig weiß und starr wird.
- Kurze Zeit mit einem feuchten Tuch abdecken, weich kneten, verschlossen und kühl lagern.

Fondant kauft man am besten als Fertigprodukt.

- Die zu glasierenden Gebäcke vorher aprikotieren. Dadurch wird verhindert, dass die Glasur durch Feuchtigkeitsentzug abstirbt und dass die Gebäckkruste absplittert. Auch werden Geschmack und Frischhaltung verbessert.
- Zum Glasieren den Fondant erwärmen (40 °C), evtl. verdünnen, abschmecken oder färben.

Schokoladenfondant

15 g Kakao
75–100 g Wasser
500 g Fondant
250 g geschmolzene Kuvertüre

Zubereitung
- Kakao und Wasser erwärmen.
- Fondant und geschmolzene Kuvertüre einrühren, auf 50–60 °C erwärmen, evtl. verdünnen, zum Glasieren verwenden.

Fondant mit Zusatz von 30 bis 50 % Kuvertüre oder ca. 10 % Kakaomasse.

Sacherglasur, Schokoladenkonservglasur

300 g Zucker
125 ml Wasser
250 g dunkle Kuvertüre

Bei Sacherglasur (Schokoladenkonservglasur) beträgt das Verhältnis von Zucker zu Schokolade 1 : 0,75.

Zubereitung
- Zucker und Wasser kochen.
- Kuvertüre einrühren, bis 109 °C kochen.
- Circa ein Drittel der Masse am Marmortisch tablieren und wieder mit dem Rest verrühren.
- Diesen Vorgang zwei- bis dreimal wiederholen.
- Zuletzt die Glasur evtl. homogenisieren (siehe S. 240), bei Bedarf verdünnen, zum Glasieren (50–60 °C) verwenden.

Damit die Sacherglasur schöner glänzt und sich leichter schneiden lässt, kann etwas Speiseöl oder Butter zugesetzt werden.

Canacheglasuren

- Canacheglasuren sind gekühlt oder tiefgekühlt mehrere Wochen lagerfähig.
- Die Glasur sollte zur Verarbeitung auf ca. 30 °C erwärmt und glatt gemixt werden. Dabei ist die Bildung von Luftblasen zu vermeiden.
- Die zu glasierenden Produkte sollten gut gekühlt sein.

Dunkle Canacheglasur

5 Blatt Gelatine
100 g Wasser
120 g Obers
30 g Kokosfett
150 g Zucker
60 g Kakao
250 g dunkle Kuvertüre

Zubereitung
- Gelatine quellen lassen.
- Wasser, Obers und Kokosfett kochen.
- Zucker und Kakao vermischen, einrühren, nochmals etwas erhitzen.
- Ausgedrückte Gelatine und geschmolzene Kuvertüre einrühren.
- Glasur gut homogenisieren, abkühlen.

Weiße Canacheglasur – Mirror Glaze

- 17 g Pulvergelatine
- 96 g Wasser
- 120 g Wasser
- 240 g Zucker
- 240 g Sirup
- 100 g Obers
- 60 g Milch
- 240 g weiße Kuvertüre

Zubereitung

- Pulvergelatine und Wasser quellen lassen.
- Wasser, Zucker und Sirup kochen (103 °C).
- Restliche Zutaten einrühren, homogenisieren und kühlen.

Färben

Lebensmittelfarben für weiße Glasuren verwenden.

Abschmecken

12 g Löskaffee, in 20 g heißem Wasser angerührt, oder andere Aromen beimengen.

Fettglasurmasse

Sie wird vom Handel in verschiedenen Farben und Geschmacksrichtungen angeboten und darf aufgrund ihrer Zusammensetzung nicht als Schokolade bezeichnet werden (siehe „Kakao- und Schokoladenerzeugnisse“, S. 120). Fettglasurmassen

- werden nicht temperiert, sondern nur geschmolzen,
- werden mit Öl und – in der warmen Jahreszeit – mit Kokosfett verdünnt,
- bleiben nach dem Erstarren schnittfähig.

Kuvertüre siehe Kakao- und Schokoladenverarbeitung, S. 118.

Gelees und Konfitüren

Agar-Agar-Gelee

- 600 g Wasser
- 5 g Agar-Agar-Pulver
- 300 g Zucker
- 200 g Fruchtmark (passiert und ohne Kerne)
- Evtl. Zitronensaft

Zubereitung

- Wasser, Agar-Agar-Pulver und Zucker kochen.
- Fruchtmark und evtl. Zitronensaft beigeben und zum Gelieren verwenden.

Fruchtspiegel

- 500 g passiertes Fruchtmark
- 100 –150 g Zucker
- 6–8 Blatt eingeweichte Gelatine
- Zitronensaft

Zubereitung

- Fruchtmark mit Zucker erhitzen.
- Gelatine einrühren, mit Zitronensaft abschmecken und etwas abkühlen.
- Gut gekühlte Torten oder Desserts glasieren.

Konfitüren

Sie können passiert und erhitzt ebenfalls als dünne Oberflächenglasur verwendet werden.

3.3 Torten

Torten werden in verschiedenen Formen und mit unterschiedlichsten Füllungen hergestellt. Die Böden, meist Biskuit-, Wiener- oder Sandmasseböden, werden mit Creme gefüllt, eingestrichen, eingestreut, glasiert oder entsprechend belegt.

Einteilung	
Nach der Form	■ **Runde Torten**: Sie werden im Ganzen als Anlasstorten (für Hochzeiten, Geburtstage, Taufen, Firmungen, Weihnachten usw.) oder für den Verkauf im Geschäft stückweise dekoriert und in Stücke geschnitten angeboten (Aufschnitttorten). ■ **Fassontorten:** Das sind Torten, die nicht in der klassischen runden Form für verschiedene Anlässe hergestellt werden. ■ **Kuppeltorten:** Sie sind bombiert und bieten eine willkommene Abwechslung im Tortensortiment. ■ **Etagen- und Aufsatztorten:** Sie finden vor allem als Hochzeitstorten Verwendung.
Nach der Füllung	Vanillecreme-, Buttercreme-, Oberscremetorten, Torten mit Konfitüre oder Pariser Creme.
Nach dem Geschmack	Schokoladen-, Nuss-, Kaffee-, Topfen-, Joghurt-, Frucht-, Weintorten usw.
Nach dem Belag	Erdbeer-, Himbeer-, Ananas-, Bananen-, Mehrfruchttorten.
Nach der Art des Bodens	Biskuit-, Schaum-(Baiser-), Schokoladen-, Nuss-, Baum-kuchen-, Makronen-, Brandmasse-, Florentiner Torten usw.
Nach dem Thema	Hochzeitstorten, Tauftorten usw.

Der Trend geht Richtung Kleintorten: Hatten Torten früher einen Durchmesser von 24 bis 26 cm, so werden sie heute oft in Größen von 18 bis 22 cm Durchmesser ausgeführt.

Oberstorten

Sie verdrängen immer mehr die früher üblichen Buttercremetorten. Die Cremen werden aus Obers hergestellt und sind im Sinne moderner Ernährungsgewohnheiten wesentlich bekömmlicher als die sättigenden und schweren Buttercremen.

Vorteile von Oberstorten

- Fruchtoberstorten sind erfrischend, da die Geschmacksträger hauptsächlich Früchte und Fruchtmark sind.
- Sie lassen sich wesentlich dekorativer und verlockender präsentieren als die herkömmlichen Buttercremetorten.
- Sie eignen sich hervorragend zum Tiefkühlen und können deswegen rationell auf Vorrat hergestellt werden.

Aufbau von Oberscremetorten

- Einen Mürbteigboden dünn mit passender Konfitüre bestreichen.
- Einen 10 mm hohen Boden (aus Biskuit- oder Wiener Masse) darauflegen und mit einem Tortenring umstellen. Oder den Innenrand der Tortenringe mit einem Streifen Dekorbiskuit (siehe S. 179) oder mit einem mit temperierter Kuvertüre bestrichenen Dekorfolienstreifen (siehe S. 182) auslegen und die Böden einlegen.
- Oberscreme 10 mm hoch einfüllen und einen weiteren Boden darauflegen.
- Wieder Oberscreme einfüllen und mit einem Boden abdecken.
- Im Kühlbereich einige Stunden absteifen lassen.
- Tortenringe entfernen und die Torte ausfertigen.

Aufbau von Oberstorten

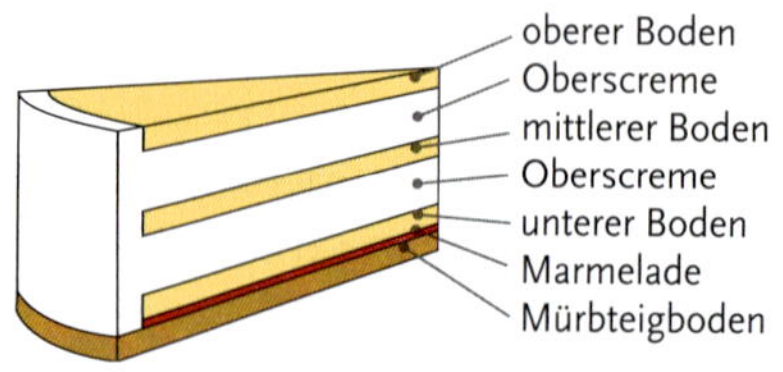

Beachtenswertes beim Einsetzen von Oberscremetorten

- Für Torten, die rationell vorbereitet (tiefgekühlt) werden, werden die Tortenringe vor dem Einsetzen mit Folienstreifen ausgelegt. Zum Abziehen der Folienstreifen müssen die Torten noch gefroren sein. Dadurch bleibt der Tortenrand vollkommen glatt und kann als Teil des Gesamtdekors eventuell auch unbedeckt bleiben.

- Tortenböden, die am Tortenrand nicht sichtbar sein sollen, müssen einen um 10–15 mm kleineren Durchmesser als der Tortenring haben. Den Zwischenraum eventuell mit einem Dressiersack und einer kleinen Lochtülle exakt mit Creme füllen.
- Tiefgekühlte Oberscremetorten sollten erst bei Fertigstellung auf einen Mürbteigboden gesetzt werden, da Mürbteig frisch am besten schmeckt. Der Mürbteigboden verleiht der Torte eine bessere Stabilität und verhindert, dass sie auf der Unterlage festklebt.

Charlotten

Ihr Ursprung liegt in der Patisserie. Von den Torten unterscheiden sie sich durch einen geringeren Biskuitanteil. Die Creme ist meist eine mit Gelatine gebundene Oberscreme. Sie werden in Tortenringen, Kuppelformen, Flexipanformen oder Schüsseln gefertigt.

Bomben

Bomben werden meist in mit Biskuit ausgelegte halbrunde Formen eingesetzt, mit Oberscreme gefüllt, mit einem Biskuitboden abgedeckt, gekühlt und anschließend gestürzt.

Buttercremetorten

Buttercremetorten haben gegenüber den Oberscremetorten den Vorteil, dass sie zwei bis drei Tage im Kühlbereich frisch gehalten werden können. Die Technik des Torteneinsetzens gleicht jener der Oberscremetorten.

Im Codex geregelte Torten

Dobostorte

- Dünne Blätter aus Biskuit- oder Wiener Masse werden mit Schokoladenbuttercreme zusammengesetzt.
- Sie werden mit dem typischen Dobosdeckel aus dünnem Biskuit abgedeckt. Er ist mit hell- bis mittelbraunem Karamellzucker (Doboszucker) glasiert.
- Diese Bestimmungen gelten für alle Erzeugnisse, in deren Bezeichnung das Wort „Dobos“ enthalten ist.

Esterházytorte

- Sie besteht aus dünnen Esterházymasseblättern.
- Die Füllung, mit der die Blätter zusammengesetzt sind, enthält kein anderes Fett als Milchfett.
- Die Glasur weist das typische Esterházymuster auf.
- Diese Bestimmungen gelten für alle Erzeugnisse, in deren Bezeichnung das Wort „Esterházy“ enthalten ist.

Malakofftorte

- Sie besteht aus Biskuitbiskotten oder Biskuit.
- Die Füllung und die Garnierung enthalten nur Milchfett.
- Aromatisiert wird üblicherweise mit Teerum oder Rum.

Sachertorte

- Die Sachertorte kann, muss aber nicht gefüllt werden. Zum Füllen und Aprikotieren wird ausschließlich reine Marillenkonfitüre verwendet.
- Sachertortenglasur (tabliert) hat ein Verhältnis von Zucker zu Schokolade von 1 : 0,75. Für einen schönen Glanz kann der Glasur etwas Speiseöl zugesetzt werden.
- Der Schokoladenfondant wird aus 1 000 g Fondant und mindestens 300 g Schokolade hergestellt.
- Der Kuvertüre kann Butter (Milchfett) oder Nougat zugesetzt werden, dann lässt sie sich besser schneiden.
- Diese Bestimmungen gelten für alle Erzeugnisse, in deren Bezeichnung das Wort „Sacher“ (mit hervorhebender Bezeichnung) enthalten ist.

Schwarzwälder Kirschtorte

- Sie ist schichtweise aufgebaut; überwiegend aus Schokoladen- oder Kakaobiskuit, Schokoladensandmasse oder Sachermasse.
- Cremige Bestandteile sind geschlagenes Obers, Oberscreme, Buttercreme oder Pariser Creme.
- Sauerkirschen oder Kirschen in verschiedener Verarbeitung (nicht kandiert) sowie die Spirituose Kirschwasser werden in geschmacksbestimmendem Ausmaß verwendet. Anstelle von Kirschwasser ist die Verwendung von Kirschwasserkonzentrat, Kirschwasserpaste oder mit Zucker versetztem Kirschwasser zulässig, sofern die oben angeführten Anforderungen eingehalten werden.
- Damit sich die Flüssigkeit nicht absetzt, kann als unterste Schicht ein dünner Mürbteigboden verwendet werden.

Topfenoberstorte

- Für die Füllcreme wird grundsätzlich Topfen verwendet.
- Es darf nur Milchfett (Butter) in der Füllung enthalten sein.

Weitere Torten

Mohntorte, Linzer Torte, Obsttorte, Nusstorte, Kaffeetorte, Kakaotorte, Fruchtoberstorte, Punschtorte, Trüffeltorte.

3.4 Schnitten

Sie werden nach denselben Rezepten hergestellt wie Torten. Die Produktion ist jedoch rationeller. Die Basis ist meist eine Biskuit- oder Wiener Masse, die in einem Kapselrahmen oder als Blätter auf Backblechen gebacken und dann in Streifen geschnitten wird. Auch Blätter- und Mürbteige, Schaummassen oder eine Kombination aus Masse und Teig eignen sich zur Herstellung.

Der Aufbau erfolgt durch das Zusammensetzen der in Streifen geschnittenen Blätter mit Creme oder durch Einsetzen in einen Kapselrahmen. Anschließend werden sie gekühlt, ausgefertigt und nach Entfernen des Kapselrahmens in die gewünschte Stückgröße geschnitten. Schnitten werden auch in dreieckige, tortenähnliche Stücke geteilt. Dies ist rationeller.

Im Codex geregelte Schnitten

- Dobosschnitten
- Esterházyschnitten
- Pariser Schnitten (Füllcreme: Pariser Creme)
- Sacherschnitten

§ Es gelten dieselben Codexbestimmungen wie für die unter dieser Bezeichnung angeführten Torten.

Weitere Schnitten

- Obstschnitten
- Schaumschnitten mit Früchten
- Punschschnitten
- Bananenschnitten
- Kardinalschnitten
- Pyramiden

Obstschnitte

Schneiden von Schnitten

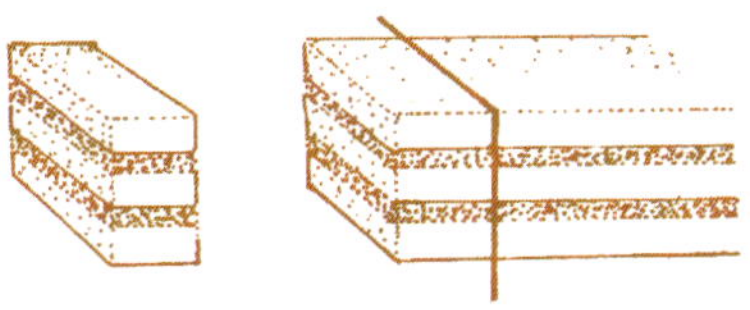

So werden aus einem Gastronormblech ca. 60 Stk. geschnitten

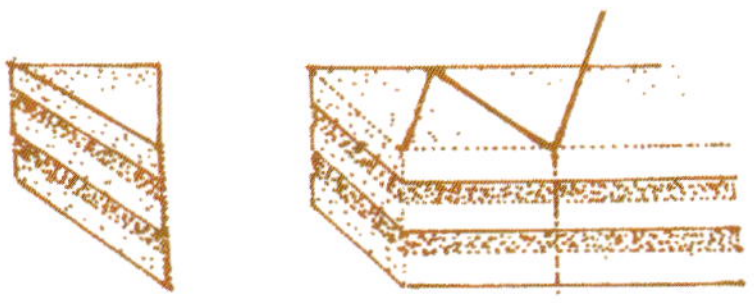

So werden aus einem Gastronormblech ca. 80 Stück geschnitten – wirtschaftlicher und aus ernährungsphysiologischer Sicht auch sinnvoller

3.5 Rouladen

Rouladen sind wie Schnitten in ihrer Zusammensetzung – Masse, Creme, Früchte etc. – den Torten sehr ähnlich. Meist handelt es sich um eine Biskuit- oder Wiener Masse, die wie folgt verarbeitet wird:

- Die Masse auf ein mit Backtrennpapier belegtes Blech 10 bis 15 mm hoch streichen und bei 200 bis 220 °C und geschlossenem Zug rasch und saftig backen, damit die Roulade beim Rollen nicht bricht.
- Mit Konfitüre gefüllte Rouladen gleich nach dem Backen mit (evtl. heißer) Marillenmarmelade füllen, aufrollen und in Papier straff einrollen.
- Mit Creme gefüllte Rouladen nach dem Auskühlen dünn mit passender Konfitüre bestreichen, Butter- oder Oberscreme darüberstreichen, aufrollen, in Papier straff einrollen und kühl stellen. Für eine kompakte runde Form das übergeschlagene Papier beim Einrollen mit einem Lineal und leichtem Druck unter die Roulade schieben.
- Ausfertigen: anzuckern, einstreichen, einstreuen, dekorieren. In Stücke schneiden.

Arten von Rouladen

- Biskuitroulade
- Fruchtobersroulade
- Nougatroulade
- Kaffeecremeroulade
- Schokoladenroulade
- Topfenobersroulade
- Weincremeroulade

Verschiedene Rouladen

Stückdesserts

3.6 Stückdesserts

Darunter versteht man rationell hergestellte Portionsspeisen aus Massen oder Teigen, Füllungen und Glasuren. Ihre Form erhalten sie entweder durch Dressieren der Masse, durch Backen in Formen, durch Schneiden oder durch Ausstechen vor ihrer Ausfertigung. Sie werden zum Teil im Voraus hergestellt, gekühlt oder tiefgekühlt gelagert und bei Bedarf vollendet.

Einteilung	
Nach der Form	Törtchen, Krapferl, Würfel, Stanitzel, Röllchen, Bomben, Herzen, Stangerl usw.
Nach der Füllung	Oberscreme-, Joghurtcreme-, Vanillecremedesserts usw.
Nach dem Geschmack	Vanille-, Schokoladen-, Mandel-, Fruchtdesserts usw.
Nach der Masse	Brandmasse-, Schaum-, Makronen-, Baumkuchen-, Hippendesserts. Stückdesserts für bestimmte Anlässe, wie Muttertag, Ostern, Halloween usw., werden meist aus Indianermasse (Hülsenmasse) dressiert.

Obers- und Joghurtdesserts

Sie werden großteils in mit Folienstreifen und/oder Dekorbiskuit oder mit Kuvertüreschmuckbändern ausgelegte Ringe, Ovale, Herzen, Tropfen u. Ä. eingesetzt. Rationeller ist es, vom Fachhandel angebotene Stückdessertformen (mit Gegenstück zum Herausdrücken) oder Flexipanformen zu verwenden.

Herstellung

- Die Creme einfüllen und mit einem dünnen Masseboden abdecken. Oder den Masseboden einlegen und anschließend die Creme einfüllen.
- Im Kühlbereich absteifen lassen oder tiefkühlen.
- Formen und Folienstreifen entfernen (am besten in leicht gefrorenem Zustand) und Desserts ausfertigen (z. B. mit Früchten belegen und gelieren).

Typische Stückdesserts

- Cremeringe, Eclairs, Brandteigkrapfen
- Obstschüsserl, Schiffchen, Torteletts
- Punschkrapfen, Punschwürfel
- Kleine Rouladen (Ø 40 mm), kleine Schnitten
- Indianer(krapfen)
- Marzipankartoffeln
- Ischler Törtchen
- Baumkuchendesserts
- Pariser Spitz
- Bananenmakronen
- Biskuitomeletten
- Schlotfeger

Weiters gehören individuell kreierte Desserts dazu.

Erarbeiten Sie in Kleingruppen jeweils die Herstellung eines der links angeführten Stückdesserts sowie eines individuell kreierten Stückdesserts und präsentieren Sie diese der Klasse als Kurzreferat.

3.7 Petits Fours

Petits Fours sind klein und mundgerecht. Sie werden vorwiegend bei Empfängen, Partys oder Buffets angeboten.

Einteilung	
In Formen hergestellte, eingesetzte Petits Fours	■ Kleine Formen (Schüsserl, Schiffchen, Tortelettformen) mit Mürbteig auslegen, blind backen und auskühlen lassen. ■ Für weiche Füllungen die gebackenen Teile mit Kuvertüre auspinseln, damit der Mürbteig nicht durchweicht wird. ■ Füllen und ausfertigen.
Obersfours	■ Sie können wie Stückdesserts in speziellen Petits-Fours-Formen aus Kunststoff (mit Gegenstück zum Herausdrücken) oder in Flexipanformen hergestellt werden. Rationeller ist jedoch das Einsetzen in Parfaitformen in entsprechender Größe. ■ Die Formen mit Biskuit oder Dekorbiskuit auslegen. ■ Mit Oberscreme füllen, mit einem Masseblatt abdecken und kühl stellen. ■ Stürzen, ausfertigen, schneiden und garnieren.
Geschnittene und ausgestochene Petits Fours	■ Dünne Blätter aus verschiedenen Massen (Biskuit-, Mandelmassen u. Ä.) mit Creme (meist Buttercreme) in einem Kapselrahmen zusammensetzen (maximal 30 mm hoch), dabei die Creme nicht zu dick auftragen. ■ Dünn mit Marzipan abdecken, pressen und gut durchkühlen lassen, damit beim Ausstechen scharfe Schnittkanten entstehen. ■ Oberfläche eventuell mit Kakaobutter besprühen oder bestreichen. ■ Schneiden oder mit Petits-Fours-Ausstechern ausstechen und ausfertigen.
Dressierte Petits Fours	■ Aus Biskotten-, Indianer- oder Brandmasse kleine Formen dressieren. Indianerhülsen nach dem Backen aushöhlen. ■ Mit Creme füllen bzw. doublieren und ausfertigen.

Petits Fours

Indianermasse = Biskuitmasse aus 300 g Eiklar, 90 g Zucker, 50 g Weizenpuder, Salz, 120 g Eigelb, Vanille und 90 g Mehl. Sie werden mit einer Lochtülle dressiert und nach dem Backen z. B. gefüllt und glasiert.

Formen für Petits Fours

Anrichten in Gläsern

Der Vorteil vom Anrichten in Gläsern anstatt in großen Schüsseln ist, dass das Buffet immer ordentlich und sauber aussieht und keine Reste entsorgt werden müssen. Das ist nicht zuletzt ökonomisch sinnvoll. Große Schüsseln schauen schnell unappetitlich aus, sobald etwas entnommen wurde, und die Reste, die in einer Schüssel verbleiben, müssen entsorgt werden.

Eine optisch ansprechende Präsentation ist das Anrichten von Petits Fours in Gläsern.

3.8 Vegane Torten und Kuchen

Bei veganen Varianten geht es darum, klassische Teige und Massen geschickt zu adaptieren, sodass man ihrer speziellen Beschaffenheit möglichst nahekommt.

Wichtig ist die Herstellung einer **backfähigen Konsistenz** ohne Ei und Milchprodukte, die sich zum Backen eignet **und** auch gut schmeckt.

Vegane Ersatzprodukte für die Patisserie

Ersatzprodukte für Eier

- Ein Ei kann durch 2 EL heißes Wasser ersetzt werden; aber nicht mehr als ein Ei ersetzen!
- Apfelmus
- Leinsamen als Bindemittel für Puddings und Cremen
- Aquafaba (Abtropfwasser von Kichererbsen aus der Dose); lässt sich mit dem Mixer in 2–3 Minuten aufschlagen
- Sojamilch
- Natron, Backpulver zum Lockern
- Kurkuma als Farbgeber
- Maisstärke, Getreidestärke als Bindemittel

Wie und mit welchem Anteil Eier genau ersetzt werden, entnehmen Sie am besten dem jeweiligen Rezept.

Ersatzprodukte für Milch

- Sojadrink
- Getreidedrink (Hafermilch, Reismilch, Dinkelmilch o. Ä.)
- Nussdrink (Mandelmilch, Kokosmilch, Haselnussmilch)

Die Milchalternativen gibt es meist gesüßt oder ungesüßt. Dies ist beim Zuckeranteil in den Rezepten zu berücksichtigen.

Ersatzprodukte für Joghurt

- Haferjoghurt
- Sojajoghurt
- Lupinenjoghurt
- Kokosjoghurt
- Mandeljoghurt

Ersatzprodukte für Schlagobers

- Soja Cuisine (zum Kochen)
- Soja-Schlagsahne (gesüßt)
- Reis(schlag)sahne
- Hafersahne

Lesen Sie immer auf der Verpackung nach, ob sich die Obersalternative aufschlagen lässt!

Ersatzprodukte für Butter

- Pflanzliche Margarine auf Basis von Rapsöl
- Soja-Margarine
- Pflanzliches Speiseöl (neutral, z. B. Rapsöl)

Hier ein paar Anregungen für Rezepte, die sich auch geschmacklich und nach Jahreszeiten bzw. Verfügbarkeit der Zutaten beliebig variieren lassen.

Rezeptbeispiele für vegane Torten

Vegane Marillen-Mandel-Törtchen

4 Stk.
Backtemperatur: 185 °C
Backzeit: ca. 15 Minuten

Mandelmasse:

- 360 g Weizenmehl
- 100 g gemahlene Mandeln
- 2 TL Backpulver
- ½ TL Salz
- 200 g Zucker
- 320 ml Pflanzenmilch
- 120 ml Orangensaft
- 1 EL Orangenzeste
- 60 g Apfelmus
- 120 ml neutrales Speiseöl
- 1 Pkg. Vanillezucker
- 1 Röhrchen Bittermandelextrakt

Füllcreme:

- 80 g weiße Kuvertüre
- 200 g vegane Schlagsahne
- 1 Prise Salz
- 50 g Staubzucker
- 3 EL Sahnesteif
- 100 ml Schaumwein
- 70 g gehackte, geröstete Haselnüsse

Garnierung:

- Weiße Kuvertürespäne
- 200 g Marillenkompott (Früchte im Ganzen als Dekor und püriert als Sauce)

Zubereitung

- **Für die Mandelmasse** das Backrohr vorheizen und ein Backblech mit Backtrennpapier belegen.
- Mehl, geriebene Mandeln, Backpulver und Salz in einer großen Schüssel vermischen.
- In einem Messbecher Zucker, Pflanzenmilch, Orangensaft und Orangenzeste, Apfelmus, Öl, Vanillezucker und Bittermandelextrakt verrühren.
- Diese Mischung über die trockenen Zutaten leeren und kurz verrühren.
- Masse auf das vorbereitete Backblech gleichmäßig dick aufstreichen.
- Backen und auskühlen lassen.

- **Für die Füllcreme** Kuvertüre im Wasserbad schmelzen und anschließend überkühlen lassen.
- Sahnesteif mit Staubzucker mischen.
- Schlagsahne mit einer Prise Salz unter Zugabe der Staubzuckermischung aufschlagen.
- In das fest geschlagene Obers Schaumwein und geschmolzene, überkühlte Kuvertüre einrühren.
- Ca. 1 Stunde lang kalt stellen.
- Vor dem Füllen noch einmal kurz aufschlagen.

- Aus dem ausgekühlten Mandelboden Lagen ausstechen (siehe Bilder), in kleine, mit Plastikfolie ausgelegte Ringe einlegen und diese füllen.
- Kalt stellen.

- Vor dem Servieren Törtchen aus den Ringen nehmen, auf Desserttellern platzieren und mit Kuvertürespänen, Marillen bzw. Marillensauce anrichten und dekorieren.

Vegane Zitronen-Mohn-Heidelbeer-Torte

Backtemperatur: 175 °C
Backzeit: ca. 35 Minuten

Tortenboden:

- 360 g Dinkelvollkornmehl
- 120 ml Zitronensaft
- 2 EL Zitronenzeste
- 2 TL Backpulver
- 185 g brauner Zucker
- 2 Pkg. Vanillezucker
- 1 TL Salz
- 120 ml neutrales Speiseöl
- 360 ml Pflanzenmilch (Soja)
- 6 EL Mohn

Füllcreme:

- 150 g veganer Frischkäse (z. B. Creme vega)
- 200 ml vegane Schlagsahne
- 70 g Staubzucker (je nach Geschmack mehr oder weniger)
- Saft und Zeste einer Zitrone
- Sahnesteif (Menge lt. Packungsangabe)

- 400 g Heidelbeeren
- Minzeblätter
- Pistazien

Zubereitung

- **Für den Tortenboden** Backrohr vorheizen, Tortenring eindrehen oder den Boden der Tortenform mit Backtrennpapier auslegen.
- Pflanzenmilch und Zitronensaft verrühren und 5 Minuten stehen lassen, damit es wie Buttermilch gerinnen kann.
- Mehl, Backpulver, Zucker, Vanillezucker und Salz in einer großen Schüssel vermischen.
- Geronnene Pflanzenmilch, Öl, Zitronenzeste und Mohn hinzugeben, kurz verrühren, in den vorbereiteten Tortenring füllen und backen.
- Nach dem Backen den Tortenboden in der Form ca. 15 Minuten überkühlen lassen, aus der Form schneiden und am Tortengitter vollständig auskühlen lassen.

- **Für die Füllcreme** Frischkäse, Staubzucker, Zitronensaft und -zeste zu einer cremigen Konsistenz verrühren.
- Schlagsahne mit Sahnesteif aufschlagen und in die Frischkäsecreme unterheben.

- Tortenboden einmal durchschneiden (für zwei Lagen). Einen Tortenboden mit der Creme bestreichen und mit Heidelbeeren bestreuen.
- Zweite Lage aufsetzen, mit der restlichen Creme bestreichen und mit Heidelbeeren, Minzeblättern und Pistazien dekorieren.

Vegane Schoko-Himbeer-Torte

Backtemperatur: 175 °C
Backzeit: ca. 35 Minuten

Tortenboden:

300 g Vollkorndinkelmehl
140 g Zucker
40 g Kakaopulver, ungesüßt
40 g Speisestärke
1 Pkg. Backpulver
1 Prise Salz
1 Prise Zimt
1 TL gemahlener Kaffee
1 TL Vanillezucker
80 g Pflanzenöl
360 ml kaltes Wasser oder Mineralwasser
2 EL Weißweinessig

Füllcreme:

200 ml vegane Schlagsahne
100 g dunkle Kuvertüre
1 Prise Salz
1 Pkg. Sahnesteif

Himbeergelee:

400 ml Himbeersauce (nach Belieben gesüßt)
1 TL Agar-Agar (Menge je nach Packungsangabe anpassen)

Zubereitung

- **Für die Füllcreme** die Kuvertüre hacken.
- Schlagsahne aufkochen, vom Herd nehmen, Salz und Kuvertüre einrühren und so lange rühren, bis diese geschmolzen ist.
- Creme über Nacht kalt stellen.

Die Füllcreme am Tag zuvor vorbereiten und dann erst aufschlagen. Das ist wichtig für einen guten Geschmack!

- **Für den Tortenboden** Tortenring vorbereiten und Backrohr vorheizen.
- Mehl, Kakao, Speisestärke, Zucker, Backpulver und Gewürze in einer Schüssel verrühren.
- Öl, Wasser und Essig rasch in die trockenen Zutaten einrühren, Masse in den vorbereiteten Ring füllen und backen.
- Auskühlen lassen und aus dem Ring schneiden.

- **Für die Füllcreme** die gereifte, gekühlte Creme mit Sahnesteif aufschlagen, drei Ringe auf den Tortenboden dressieren und kalt stellen.

- **Für das Himbeergelee** die Himbeersauce mit Agar-Agar aufkochen, überkühlen lassen und kurz vor dem Erstarren zwischen die Schokocremeringe gießen und nochmals kühl stellen.

- Restliches Himbeergelee auf ein mit Plastikfolie ausgelegtes Backblech gießen, kalt stellen und für die Dekoration in beliebige Formen ausstechen.

Tipp
Vegane Massen nur kurz verrühren, sonst werden sie sehr fest! Luftiger bleiben sie, wenn man sie – im Gegensatz zu klassischen Massen – nicht schaumig aufrührt!

Aufgabenstellungen – „Torten, Schnitten, Rouladen, Stückdesserts, Petits Fours …"

1. Zählen Sie verschiedene Tortenformen auf.
2. Beschreiben Sie den Aufbau von Oberscremetorten.
3. Beschreiben Sie drei Torten (Masse, Füllung, Dekor).
4. Beschreiben Sie je zwei Schnitten und Rouladen (Masse, Füllung, Dekor).
5. Erklären Sie die Herstellung von Obers- und Joghurtdesserts.
6. Stellen Sie eine Auswahl an passenden Petits Fours für eine Hochzeitsfeier zusammen und beschreiben Sie, wie Sie diese ausgestalten.
7. Machen Sie Vorschläge, wie Sie einen klassischen Tortenboden aus Biskuit durch vegane Varianten ersetzen können.

4 Schokoladenverarbeitung – Pralinen

4.1 Kakao- und Schokoladenerzeugnisse

Kakaofrüchte am Kakaobaum

Die wichtigsten Kulturpflanzen des Kakaos heißen:

- Forastero (80 % der Welternte),
- Trinitario (15 %),
- Criollo (2 %),
- „Pure nacional" 1–2 %.

Kakao

Herkunft

Kakaobäume gedeihen in den Tropen in einem geografischen Bereich zwischen 20 Grad nördlicher und südlicher Breite, bei hoher Luftfeuchtigkeit und im Schatten größerer tropischer Bäume.

Kakaobohnen produzierende Länder weltweit

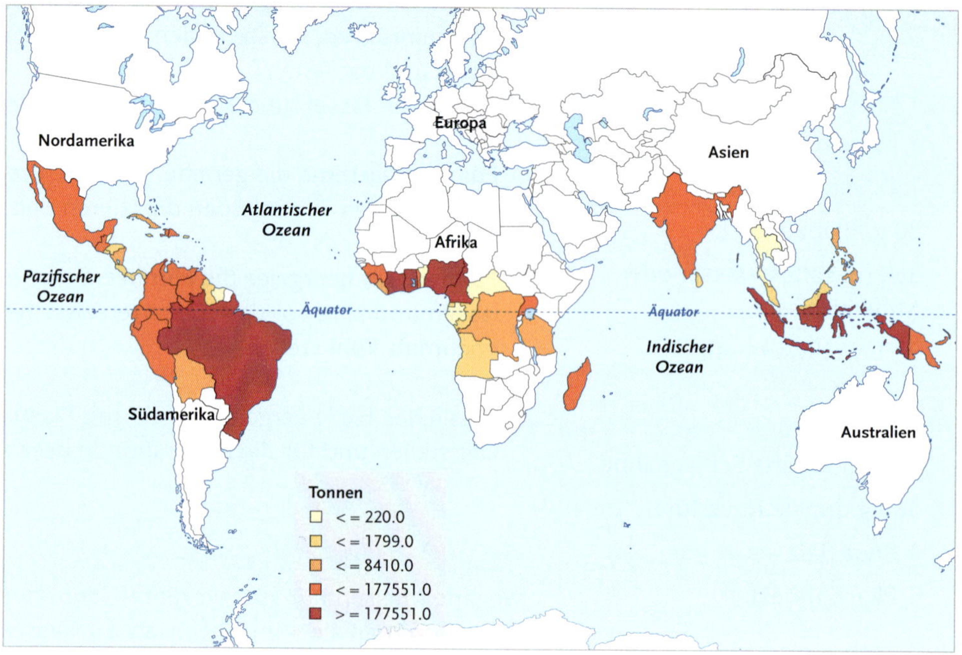

Ernte und Aufbereitung

Schritt 1

Die reifen Früchte werden händisch mit äußerster Sorgfalt vom Stamm abgenommen.

Schritt 2

Die Früchte werden aufgeschlagen, das Fruchtfleisch mit den Kakaosamen herausgelöst.

Schritt 3

Die Samen werden vor der Fermentierung im süßlich schmeckenden Fruchtfleisch auf Bananenblättern ausgebreitet.

Schritt 4

Die Fermentierung (der Gärungsprozess) findet in mit Bananenblättern ausgelegten Holztrögen statt. Einmal pro Tag werden die Samen umgeschaufelt. Der Gärungsprozess dauert fünf bis zehn Tage.

Schritt 5

Erst die fermentierten Samen werden als Kakaobohnen bezeichnet. Sie bestehen aus der Schale, dem Keimling und dem Kern.

Schritt 6

Fünf bis zehn Tage werden die Bohnen in der Sonne getrocknet, dabei mehrmals händisch gewendet. Durch das Trocknen erhöht sich ebenfalls das Aroma. Dann werden sie in Jutesäcke verpackt.

Schritt 7

Die Kakaobohnen werden in den Fabriken der Verbraucherländer gereinigt. In speziellen Anlagen wird der Rohkakao mit stark saugenden Luftströmen, Sieben, Bürsten und Magneten gereinigt – Fremdkörper, wie Steinchen oder Holzteile, werden entfernt.

Was bewirkt die Fermentation?

- Bildung von Aroma- und Farbstoffen,
- das noch anhaftende Fruchtfleisch wird gelöst,
- Bohnen werden keimunfähig,
- Gerbsäure wird abgebaut und
- die Gerbstoffe (Flavonoide) werden entbittert.

Produkte aus Rohkakao sind Erzeugnisse, die direkt aus Kakaobohnen – ohne Röstung – hergestellt werden.

Kakaoerzeugnisse

Kakao

Sie ist das Ergebnis der Vermahlung der gerösteten und geschälten Kakaobohnen. Ihr darf nichts zugesetzt oder entzogen werden. Sie ist das Ausgangsprodukt für alle Kakaoerzeugnisse (z. B. Kuvertüre, Schokolade, Kakaopulver).

Kakaokernbruch – Nibs genannt

Von der Qualität der Kakaomasse hängt letztendlich auch die Qualität der daraus hergestellten Schokolade ab.

FILM AB!

Sehen und verstehen
www.trauner.at/Kakaogewinnung

Kakaobutter

Zusammensetzung

50–58 %	40–45 %	ca. 1 %
Kakaobutter	Kakaotrockenbestandteile (Eiweiß, Stärke, Mineralstoffe, Gerbstoffe, Theobromin, Koffein)	Wasser

Eigenschaften und Verwendung

- Sehr bitter, aber geschmacksintensiv
- In zerlassenem Zustand zähflüssig, in erstarrtem Zustand hart und spröde
- Zum Abschmecken von Cremen, Glasuren, Speiseeis, Fondants etc.
- Als Beigabe zu Nougat, um ihn dunkel oder schnittfest zu machen

Kakaopulver

Zusammensetzung

Kakaopulver besteht vor allem aus den fettfreien Kakaobestandteilen, enthält aber auch noch Kakaobutter. Nach dem Fettanteil unterscheidet man:

- **Kakaopulver (Kakao):** enthält mindestens 20 % Kakaobutter, bezogen auf die Trockenmasse, und höchstens 9 % Wasser.
- **Fettarmes, mageres oder stark entöltes Kakaopulver (fettarmer, magerer oder stark entölter Kakao):** wird umgangssprachlich als „Magerkakao“ bezeichnet; enthält weniger als 20 % Kakaobutter, bezogen auf die Trockenmasse.

Verwendung

- Zur Herstellung von Trinkkakao
- Als Dekormittel
- Als Lebensmittelzutat, die Massen, Teigen und Speiseeis Geschmack und Farbe verleiht

Die Farbe von Kakaoerzeugnissen (Kakaopulver, Schokolade) wird von mehreren Faktoren beeinflusst:

- Fermentation der Kakaobohnen
- Röstung der Kakaobohnen
- Alkalisieren: Der Kakaokernbruch oder die Kakaomasse werden vor dem Abpressen der Kakaobutter mit Kalium- oder Natriumcarbonat behandelt. Dabei entsteht besonders farb- und geschmacksintensiver Kakao.

Kakaobutter

Kakaobutter ist das Fett, das beim Pressen der warmen Kakaomasse austritt. Sie ist für die Schmelzeigenschaften aller Kakaoerzeugnisse verantwortlich. Sie besteht aus langkettigen Fettsäuren, vor allem Stearin-, Öl- und Palmitinsäure.

Kakaobutter und alle daraus hergestellten Erzeugnisse erfordern eine äußerst exakte Verarbeitung. Der Grund liegt in der Besonderheit, dass sich in der geschmolzenen Kakaobutter beim Erstarren bis zu sechs verschiedene Kristallformen bilden können.

Davon ergibt aber nur eine, die sogenannte **Betakristallform,** die angestrebte Qualität hinsichtlich Schmelzverhalten und matt glänzender Oberfläche der Schokoladenerzeugnisse.

Eigenschaften

- Bei Raumtemperatur hart und spröde
- Muscheliger Bruch und blassgelbe Farbe
- Charakteristischer Geruch und Geschmack

Verwendung

- Als Zusatz bei der Herstellung von Kuvertüren, Schokoladen usw.
- Zum Verdünnen von Kuvertüren
- Zum Besprühen von Marzipanprodukten (Schutz vor Austrocknung)

Der Schmelzpunkt der Kakaobutter liegt bei ca. 37°C, also Körpertemperatur. Darum schmilzt sie auf der Zunge, was für den Genuss von Schokolade einfach perfekt ist.

Kakaobutter enthält keine kurzkettige Laurinsäure, sie wird daher von Chocolatières/Chocolatiers als „Non-Lauric"-Fett bezeichnet.

Schokoladen und Schokoladenerzeugnisse

Schokoladen

Sie werden aus Kakaomasse, Kakaopulver, Kakaobutter, Zucker- und Zuckerarten hergestellt. Als Emulgator wird Lezithin zugesetzt und meist das Aroma Vanillin. Es dürfen jedoch keine Aromen verwendet werden, die Kakao, Schokolade oder Milcherzeugnisse vortäuschen könnten.

Schokoladen sind der Kuvertüre sehr ähnlich. Sie haben aber meistens einen höheren Zuckergehalt und weniger Gesamtkakaotrockenmasse. Aufgrund ihres geringeren Anteils an Kakaobutter sind Schokoladen zum Überziehen und Tunken nicht geeignet.

Ein kleiner Rückblick in die Geschichte

16. Jahrhundert

„Xocolatl" (xoco: sauer, herb, würzig, atl: Wasser) hieß jenes Getränk, das spanische Eroberer im 16. Jahrhundert in Süd- und Mittelamerika kennenlernten und nach Europa brachten. Sie mischten es mit Zucker und bezeichneten es als „chocolate".

17. Jahrhundert

Zu Beginn des 17. Jahrhunderts wurde die Schokolade in Deutschland bekannt, wo sie zunächst nur als Heilmittel in Apotheken verkauft wurde. Nach und nach entwickelte sich aus dem Getränk die feste Schokolade.

Je nach Rezept und weiteren zugesetzten Zutaten unterscheidet man folgende Schokoladen:

Schokoladenarten	Mindestgehalt der Zutaten
Schokolade	■ 35 % Gesamtkakaotrockenmasse ■ 18 % Kakaobutter
Schokoladenkuvertüre	■ 35 % Gesamtkakaotrockenmasse ■ 31 % Kakaobutter
Milchschokolade	■ 25 % Gesamtkakaotrockenmasse ■ 14 % Gesamtmilchtrockenmasse ■ 3,5 % Milchfett ■ 25 % Gesamtfett (inklusive Kakaobutter)
Milchschokoladen-kuvertüre	■ 31 % Gesamtfettgehalt, sonst wie Milchschokolade
Weiße Schokolade	■ 20 % Kakaobutter ■ 14 % Gesamtmilchtrockenmasse ■ 3,5 % Milchfett
Gianduja-Haselnuss-schokolade	■ 32 % Gesamtkakaotrockenmasse ■ 8 % fettfreie Kakaotrockenmasse ■ 20–40 % fein gemahlene Haselnüsse
Schokoladen mit anderen Lebensmittelzutaten	■ Zum Beispiel Haselnüsse, Mandeln, Rosinen im Ausmaß von höchstens 40 % des Erzeugnisses ■ Keinesfalls dürfen Mehl, andere Mahlprodukte und Stärke zugesetzt werden.

Schokolade mit Haselnüssen

Schokoladenerzeugnisse

Sie unterscheiden sich in ihrer Zusammensetzung

Schokoladenstreusel und Schokoladenflocken

- 32 % Gesamtkakaotrockenmasse
- 12 % Kakaobutter

Gefüllte Schokoladen

- Schokoladenaußenschicht: 25 % des Gewichts des Erzeugnisses
- Fülle besteht nicht aus Backerzeugnissen oder Speiseeis, z. B. Schokowaffel ist ein Backerzeugnis und keine Schokolade.

Schokoladenkuvertüre (Schokoladenüberzugsmasse)

Die Kuvertüre ist eine spezielle Schokolade mit einem besonders hohen Anteil an Kakaobutter. Sie wird im gewerblichen Bereich vor allem zum Überziehen von Back- und Konditorwaren verwendet.

Der in Österreich früher gebräuchliche Begriff „Tunkmasse" wird nicht mehr verwendet.

Zusammensetzung

Inhaltsstoffe

Dunkle Kuvertüre

- Fettfreie Kakao-trockenmasse
- Kakaobutter
- Zucker

Milchkuvertüre

- Fettfreie Kakao-trockenmasse
- Kakaobutter
- Zucker
- Milchtrockenmasse
- Milchfett

Weiße Kuvertüre

- Kakaobutter
- Zucker
- Milchtrockenmasse
- Milchfett

Dunkle Kuvertüre hat einen Mindestfettgehalt von 31 % Kakaobutter, Milchkuvertüre und weiße Kuvertüre von 31 % Kakaobutter und Milchfett.

Eigenschaften

- Zarter Schmelz
- Muscheliger Bruch
- Dunkle Kuvertüre enthält als einziges Fett Kakaobutter, Milchkuvertüre und weiße Kuvertüre auch Milchfett. Die Temperiertemperatur wird von der Kakaobutter bestimmt, Milchfett senkt die Temperatur um 1–2 °C (Angaben des Herstellbetriebs beachten).

Verwendung

- Zum Überziehen von Torten, Konfekt, Teegebäck, Lebkuchen usw.
- Zur Herstellung von Cremen und Massen
- Für Dekors und Schaustücke aus Kuvertüre

Stellen Sie sich folgende Situation vor: Zuhause bittet Sie Ihre Mutter, mit der übrig gebliebenen Nikolaus-Schokolade einige Kekse zu tunken. Was sagen Sie dazu?

Was bewirken die Inhaltsstoffe der Schokolade nach dem Verzehr?

- Theobromin ist ein Alkaloid, welches das Nervensystem anregt, ohne den Kreislauf zu belasten.
- Kakao beinhaltet **Flavonoide** – dies sind sekundäre Pflanzenstoffe, welche die Gefäßwände entspannen und somit das Herz-Kreislauf-System positiv beeinflussen.
- **Serotonin,** ein Glückshormon (vermittelt Ruhe und Ausgeglichenheit), wird vermehrt im Körper ausgeschüttet.
- Auch **Endorphine** werden vermehrt produziert, sie wirken beruhigend, Angst lösend und Schmerz hemmend.
- Der Gerbstoff **Polyphenol** fängt freie Radikale und beugt somit Krebs vor.

Kakaohaltige Fettglasuren

Sie enthalten nur geringe Mengen an Kakaobutter (aus dem verwendeten Magerkakao), hauptsächlich jedoch andere, zum Teil gehärtete Pflanzenfette (z. B. Kokosfett). Sie werden in verschiedener Qualität angeboten, und zwar in Abhängigkeit von der Qualität der verwendeten Fette. Neben den kakaohaltigen Fettglasuren gibt es auch Fettglasuren ohne Kakao in verschiedenen Geschmacksrichtungen und Farben (z. B. in Rosa für Punschkrapfen) im Handel.

Eigenschaften

- Fettglasuren müssen nicht temperiert werden.
- Sie sind je nach Art der eingesetzten Rohstoffe Fett und Kakao in verschiedener Qualität, in unterschiedlichen Geschmacksrichtungen, Farben und Härten erhältlich.
- Sie eignen sich zum Überziehen und Dekorieren von Feinen Backwaren. Ihre Verwendung ist durch die Bestimmungen des Österreichischen Lebensmittelbuchs geregelt.

⚠ Kakaohaltige Fettglasur darf keinesfalls Schokolade vortäuschen. Ihre Verwendung ist daher deutlich zu kennzeichnen.

FILM AB!

Sehen und verstehen
www.trauner.at/Schokoladenlagerung

Lagerung von Kakao- und Schokoladenerzeugnissen

- Ideal ist eine Lagertemperatur von 15 bis 18 °C. Bei höheren Temperaturen (26 °C) kann sich Fettreif bilden.
- Verschlossen aufbewahren, um sie vor Schädlingsbefall zu schützen.
- Kakaopulver immer trocken, licht- und geruchsgeschützt bei Temperaturen bis maximal 20 °C lagern.
- Kakaobutter kann bei 15 bis 18 °C lange aufbewahrt werden.

Fehler durch falsche Lagerung

Fettreif	Zuckerreif
▪ Beim Schmelzen der Schokolade und Wiedererstarren ohne Temperierung setzt sich Kakaobutter an der Oberfläche ab und bildet einen grauen Film. ▪ Der Fettreif verschwindet wieder, wenn man die Schokolade oder Kuvertüre schmilzt und temperiert.	▪ Bei feuchter oder zu kühler Lagerung kann sich an der Oberfläche zuckerhaltiger Schokoladenprodukte der Zucker durch Kondenswasser lösen. Beim Wiederauskristallisieren dieses gelösten Zuckers durch Wasserverdunstung entstehen feine, weiße Punkte (Zuckerreif). ▪ Zuckerreif löst sich durch Schmelzen nicht mehr auf. Es bleiben Klümpchen zurück, die die Verarbeitungsfähigkeit beeinträchtigen.

Fett- und Zuckerreif sehen ähnlich aus, haben jedoch unterschiedliche Ursachen

Aufgabenstellungen – „Kakao- und Schokoladenerzeugnisse“

1. Bringen Sie die Gewinnung der Kakaobohne in die richtige Reihenfolge und erklären Sie kurz die einzelnen Schritte.

   Aufschlagen und Auslösen: ______________________________

   Trocknen: ______________________________

   Verpacken: ______________________________

   Ernten: ______________________________

   Fermentieren: ______________________________

2. Zählen Sie Eigenschaften der Kakaobutter auf und erklären Sie ihre Gewinnung.
3. Unterscheiden Sie die Kuvertüren aufgrund ihrer Inhaltstoffe.
4. Nennen Sie die Unterschiede zwischen kakaohaltigen Fettglasuren und Kuvertüren.
5. Beschreiben Sie, wie Fett- und Zuckerreif bei Schokoladen entsteht.
6. Zählen Sie die Lagerbedingungen von Kakao- und Schokoladenerzeugnissen auf.

4.2 Nougatmassen

Nougatmassen sind Halbfabrikate aus Haselnüssen, Walnüssen oder Mandeln, Zucker und Kakaoerzeugnissen. Es können auch Aromen, Früchte, Gewürze, Milchprodukte, Kaffee, Honig etc. beigemengt werden.

Je nach Art der Kerne, Beigabe des Zuckers sowie Art und Menge der zugesetzten Kakaoerzeugnisse können verschiedene Nougatmassen erzeugt werden. Sie unterscheiden sich in Farbe, Konsistenz und Geschmack.

Zusammensetzung von Nougatmassen und Nougat

Nougatmassen

Bei schnittfesten Massen liegt das mengenmäßige Verhältnis von Kernen zu Zucker und zu Kakaoerzeugnissen bei ca. 1 : 1 : 1. Es dürfen auch andere Zusätze (z. B. Kaffee) beigegeben werden.

- Nougatmassen enthalten höchstens 50 % Zucker und Zuckerarten,
- Nussnougatmassen mindestens 30 % Fett aus Nüssen und Kakao,
- Mandelnougatmassen mindestens 28 % Fett aus Mandeln und Kakao.

Hell oder dunkel, süß oder leicht herb, weich oder fest – überlegen Sie, welche Anteile die Art der Nougatmassen bestimmen.

Nougat

Es besteht aus zwei Teilen Nougatmasse und höchstens einem Teil Zucker.

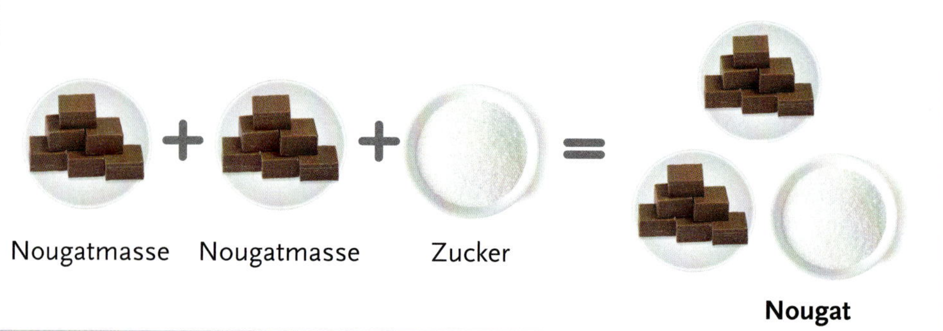

Mandeln müssen blanchiert werden, damit sie sich schälen lassen.

Herstellung von Nougatmassen

Kerne reinigen, rösten und schälen

Das Rösten der Kerne dient

- der Lösung der Schale (z. B. von Haselnüssen),
- der Entwicklung von Geschmacks- und Aromastoffen,
- der Erzielung einer dunkleren Farbe und
- der Verdampfung des Wassers (längere Haltbarkeit).

Weshalb ist zum Kochen oder Schmelzen von Zucker ein Kupfergeschirr ideal?

Zucker vorbereiten

Der Zucker wird gekocht (125 °C) oder geschmolzen (brauner Karamell), mit den unzerkleinerten Kernen vermengt und abgekühlt.

Reiben und melangieren

- Nach dem Erkalten wird die Masse grob gerieben und stufenweise melangiert, bis aus den Kernen Öl austritt. Das Öl der Kerne hat einen sehr niedrigen Schmelzpunkt (bestimmt die Weichheit der Nougatmasse).
- Während des Melangierens werden die Kakaoerzeugnisse (Kakaokerne, Kakaomasse, Kakaobutter, Kakaopulver und Kuvertüren) untergemischt. Dadurch entsteht eine bindige Masse, die beim Erkalten erstarrt. Die Kakaobutter verleiht der Nougatmasse Schnittfestigkeit, die Kakaoerzeugnisse beeinflussen Aussehen, Geschmack und Festigkeit der Nougatmasse.
- Für eine gute Struktur der Nougatmasse muss sie temperiert werden.

Melangieren

Zucker, + Kerne

Kakao-erzeugnisse

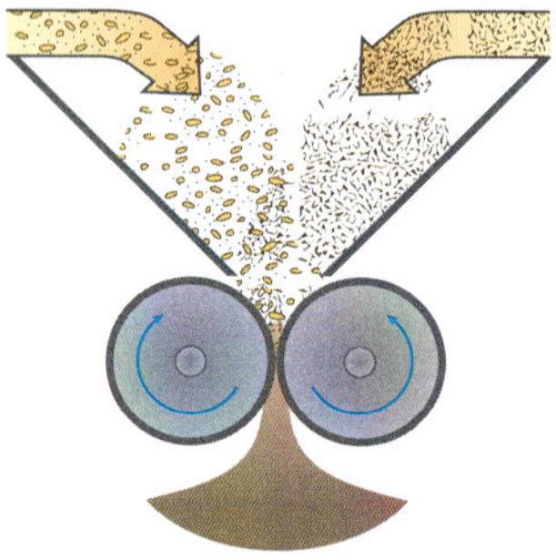

Arten	Zutaten
Helle Nougatmassen	■ Mandeln oder hell geröstete Kerne, ■ gekochter Zucker und ■ helle Kakaoerzeugnisse.
Dunkle Nougatmassen	■ Mandeln oder dunkel geröstete Kerne, ■ geschmolzener Zucker und ■ dunkle Kakaoerzeugnisse.
Gianduja-Nougatmassen	■ Geriebene Kerne, ■ Puderzucker und ■ Kakaoerzeugnisse.

Lagerung von Nougatmassen und Erzeugnissen aus Nougatmassen

- Trocken, dunkel und kühl (15–18 °C) lagern. Bei zu feuchter Lagerung (z. B. im Kühlschrank) besteht Schimmelgefahr.
- Verschlossen aufbewahren, um sie vor Fremdgerüchen, Austrocknung und Schädlingsbefall zu schützen.

Aufgabenstellungen – „Nougatmassen“

1. Zählen Sie die Rohstoffe zur Herstellung von Nougatmassen auf.
2. Erklären Sie, welche Eigenschaften die Kakaoerzeugnisse der Nougatmasse verleihen.
3. Beschreiben Sie die Herstellung einer dunklen Nougatmasse.
4. Unterscheiden Sie die Charakteristika von hellen und dunklen Nougatmassen.
5. Nennen Sie die Besonderheit von Gianduja-Nougatmassen.

4.3 Schokoladenverarbeitung

Das Arbeiten mit Kuvertüre ist eine kreative Herausforderung. Es gibt sogar Weltmeisterschaften, bei denen man sein Können unter Beweis stellen kann. Exaktheit, Statik, Ideen, Ausdauer und ein Gefühl für Formen sind die Voraussetzungen. Was würden Sie gerne gestalten? Wie könnten Ihre Ideen in die Tat umgesetzt werden?

Schokoladen und Kuvertüren sind Mischungen aus Kakaomasse und Kakaobutter, Zucker und anderen erlaubten Zusätzen. Die Zusammensetzung entscheidet über Qualität, Preis, Farbe, Geschmack, Konsistenz und Verwendungszweck der Schokolade.

Was ist der Unterschied zwischen Kuvertüre und Schokolade?
Kuvertüre hat einen wesentlich höheren Fettgehalt (Kakaobutteranteil) als Schokolade, wie sie für Tafelware und andere industrielle Schokoladenartikel verwendet wird. Dadurch wird sie beim Schmelzen dünnflüssiger als herkömmliche Schokolade und nach dem Abkühlen fester.

Überlegen Sie gemeinsam, warum sich Kuvertüre viel besser zum Ausgießen von Formen, zum Überziehen und Tunken eignet als herkömmliche Schokolade. Woran könnte das liegen?

Temperieren

Schmelzen

Die Kuvertüre wird auf 45 bis maximal 50 °C erwärmt. Das ist jene Temperatur, bei der alle Kakaobutterkristalle schmelzen und die Kuvertüre ihre Bindung verliert (die Kakaobutter steigt als spezifisch leichtere Substanz an die Oberfläche).

FILM AB!
Sehen und verstehen
www.trauner.at/Temperieren

Die Kuvertürelinsen wurden ursprünglich zum Impfen (siehe nächste Seite) erzeugt.

Trempierapparat siehe S. 23.

Überlegen Sie, woran es liegen könnte, dass weiße und Milchkuvertüre nicht so hoch erhitzt werden müssen wie dunkle Kuvertüre.

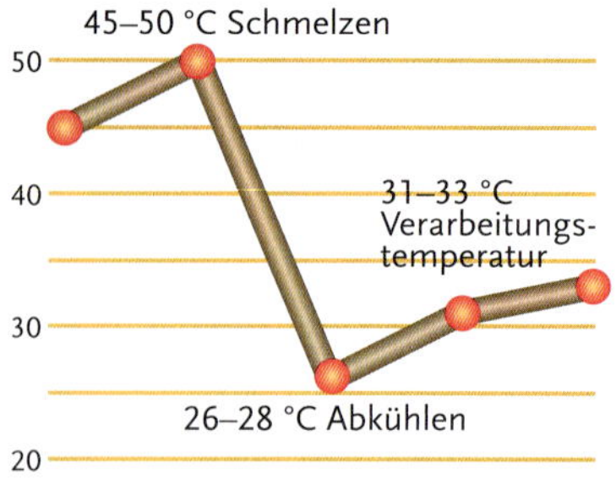

Anstatt fein gehackter Kuvertüre können Sie Kuvertürelinsen zum Impfen verwenden.

Um negative Geschmacksveränderungen und Klümpchenbildung zu vermeiden, sollte Kuvertüre nicht über 50 °C bzw. Milchkuvertüre und weiße Kuvertüre sollten nicht über 45 °C erwärmt werden.
Es gilt:
- Je heller die Kuvertüre, desto weniger hoch darf sie erhitzt werden.
- Je heller die Kuvertüre, desto kühler ist die Verarbeitungstemperatur.

Die Verwendung von zerkleinerter Kuvertüre (gehackt oder in Tropfen- oder Linsenform) beschleunigt den Schmelzvorgang.

Möglichkeiten des Schmelzens

- Trempierapparat
- Temperiermaschine
- Wärmeschrank
- Wasserbad
- Mikrowellenherd

Der Trempierapparat wird meist zum Warmhalten der temperierten Kuvertüre verwendet (z. B. beim Einsatz der Impfmethode). Er hat sich auch in der Praxis besonders zum Tunken von Pralinen und zur Herstellung von kleineren Schaustücken bewährt, da nicht immer neu temperiert werden muss.

Nach dem Schmelzen wird die Kuvertüre wiederum abgekühlt, damit sich die Schokoladenbestandteile wieder binden. Dabei entstehen wieder feine Kakaobutterkristalle, die beim Erstarren – in der Masse gleichmäßig verteilt – eine matt glänzende Oberfläche bilden.

Temperiermethoden am Beispiel dunkler Kuvertüre

Tabliermethode

- Zwei Drittel der geschmolzenen Kuvertüre mit einer Temperatur von 45–50 °C auf einen Marmortisch ausgießen und mit einer Spachtel bis zur dickflüssigen Konsistenz (26–28 °C) tablieren.
- Sofort mit der noch flüssigen Kuvertüre mischen und gut durchrühren.
- Sollte die Kuvertüre insgesamt noch nicht kalt genug sein, den Vorgang wiederholen. Die abgekühlte Kuvertüre vorsichtig erwärmen, bis sie die Verarbeitungstemperatur von 31–33 °C erreicht hat.

Impfmethode

- Geriebene oder fein gehackte Kuvertüre in kleinen Portionen in die geschmolzene Kuvertüre (45–50 °C) rühren (impfen), bis die Kuvertüre deutlich dickflüssig wird und sich die Stückchen nur noch langsam auflösen.
- Anschließend durch leichtes Nachwärmen im warmen Backrohr oder durch Zugabe von warmer Kuvertüre auf die Verarbeitungstemperatur von 31–33 °C bringen (eventuell kurz homogenisieren).

Temperieren im Wasserbad

- Die geschmolzene Kuvertüre mit einer Temperatur von 45–50 °C wird im kalten Wasserbad mit Eiswürfeln bis zum Erstarrungspunkt (ca. 26 °C) kalt gerührt und anschließend sofort im heißen Wasserbad oder in der Mikrowelle wieder auf die Verarbeitungstemperatur von 31–33 °C erwärmt.
- Nach einer Probe mit der Metallspachtel kann sie verarbeitet werden.

Beim Temperieren im Wasserbad müssen Sie darauf achten, dass kein Wasser in die Kuvertüre gelangt. Warum? Finden Sie eine Erklärung, was dabei passieren würde. Das Thema „Fetthärtung" im Ernährungslehrebuch könnte Ihnen dabei eine Hilfe sein.

Temperieren im Mikrowellenherd

- Die zerkleinerte Kuvertüre oder Kuvertüretropfen (Pellets) oder -plättchen in einem mikrowellengeeigneten Geschirr in Intervallen von ca. 30 Sekunden schmelzen, nach jedem Intervall gut durchrühren, bis nur noch kleine Kuvertürestückchen erkennbar sind.
- Die Kuvertüre kurz stehen lassen, gut durchrühren und die Temperatur kontrollieren.

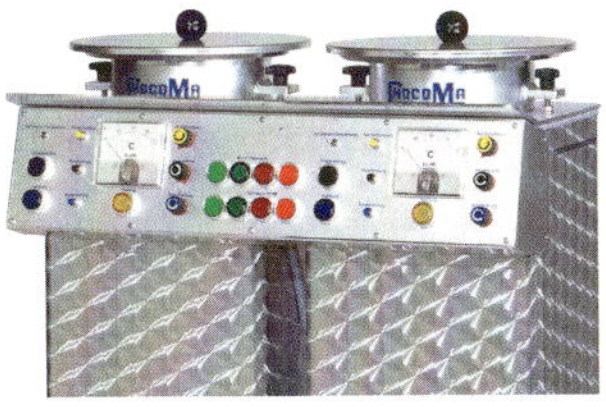

Temperieren in der Temperiermaschine

- Temperiert wird vollautomatisch: Die Kuvertüre wird geschmolzen, abgekühlt und anschließend auf die richtige Verarbeitungstemperatur gebracht.

Das Temperieren in der Mikrowelle ist für kleine Mengen sehr gut geeignet.

Fehler, die beim Temperieren auftreten können

- Wird Kuvertüre nach dem Schmelzvorgang **nicht temperiert,** so bleibt die Kakaobutter an der Oberfläche und ist nach dem langsamen Erstarren der Kuvertüre als grauer Schleier **(Fettreif)** sichtbar.
- **Graue Streifen** können sich bilden, wenn nach dem Temperieren die abgekühlte und die warme Masse nur ungenügend verrührt werden. Die untemperierte Kuvertüre bildet nach dem Erstarren die grauen Streifen.
- Kühlt die gesamte Kuvertüre ab, so **dickt sie ein.** Durch nochmaliges vorsichtiges Erwärmen kann sie wieder auf die richtige Verarbeitungstemperatur gebracht werden. Vorsicht: Der Behälter kann **nachwärmen,** die Masse wird wieder zu warm und es muss wiederum temperiert werden.

Bevor Sie temperierte Kuvertüre verarbeiten, ziehen Sie immer eine Probe: Dazu tauchen Sie eine Metallspachtel oder Palette in die temperierte Kuvertüre und legen sie auf eine mit Pergaminpapier belegte Marmorplatte. Die Kuvertüre erstarrt sehr schnell und Fehler sind gut sichtbar.

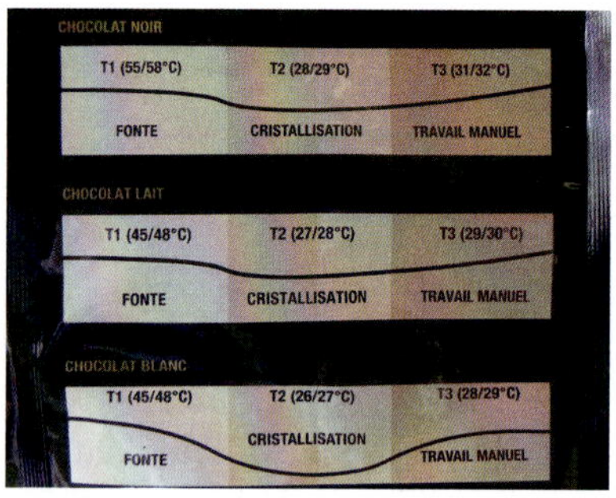

Am besten beachtet man zum Temperieren der Kuvertüre die Angaben der Hersteller. Sonst gelten folgende Richtwerte:

Weiße Kuvertüre	28–29 °C
Milchkuvertüre	29–30 °C
Dunkle Kuvertüre	31–33 °C

FILM AB!

Sehen und verstehen
www.trauner.at/Glasieren

Richtlinien für die Verarbeitung

- Nur sorgfältig temperierte Kuvertüre verwenden.
- Vor der Verarbeitung der Kuvertüre eine Probe machen.
- Nach dem Wiedererwärmen immer gut durchrühren.
- Dickflüssige Kuvertüre nicht zu stark rühren, damit die Fließfähigkeit nicht verloren geht und um Lufteinschlüsse zu verhindern. Durch Lufteinschlüsse entsteht eine schaumige Konsistenz und die Kuvertüre lässt sich nicht weiterverarbeiten.
- Keine warmen Geräte (Messer, Tunkgabeln, Formen, Kämme usw.) verwenden.
- Feuchtigkeit und Flüssigkeiten von der Kuvertüre fernhalten.

Verdünnen

Die Kuvertüre schmelzen und vor dem Temperieren mit flüssiger Kakaobutter bis zur gewünschten Konsistenz verdünnen. Der Kakaobutteranteil ist je nach Kuvertüre (dunkle Kuvertüre, Milchkuvertüre oder weiße Kuvertüre) unterschiedlich.

Tunken, Glasieren

Ein optimaler Glanz eines Kuvertüreüberzugs lässt sich durch eine **Temperaturdifferenz von ca. 11–12 °C** zwischen dem zu überziehenden Produkt und der temperierten Kuvertüre erreichen.

- Der **Körper** hat **20 °C** und
- die **Kuvertüretemperatur** beträgt **31–33 °C.**
- Die **Raumtemperatur** sollte 22 °C nicht übersteigen, da sonst der Abkühlvorgang zu lange dauert und die Kuvertüre grau wird. Tipp: Nach dem Tunken die Körper für ein paar Minuten kühl stellen.

Aufgepasst beim Tunken von Pralinen
Bei der Pralinenherstellung bewirken zu kalte Füllungen ein zu rasches Erstarren der Kuvertüre von innen heraus. Zu warme Korpusse lassen die Kuvertüre lange Zeit nicht erstarren, es kommt zu einer falschen Kristallbildung. Die Pralinen erscheinen rötlich grau und haben Punkte oder Striche.

4.4 Herstellung von Pralinen (Konfekt)

„Die handwerkliche Pralinenherstellung ist viel zu aufwendig und unrentabel!“ Was sagen Sie zu dieser Aussage? Was spricht für und was gegen die handwerksmäßige Pralinenerzeugung? Diskutieren Sie darüber mit Ihren Klassenkolleginnen und -kollegen.

Selbst gemachte Pralinen zeigen das herausragende Können von Jungpatissiers. Hierbei müssen sie ihr fachliches Wissen, praktisches Können und gewissenhaftes Arbeiten mit den verschiedenen Materialien unter Beweis stellen.

Die deutsche Bezeichnung „Praline“ geht auf den Namen von MARSCHALL DE PLESSIS-PRASLIN zurück, der im 17. Jahrhundert in Frankreich lebte. Einer Anekdote nach ließ der Küchenjunge im Hause Duc de Plessis-Praslin eine Schüssel mit Mandeln auf den Boden fallen und erntete dafür vom Küchenchef eine Ohrfeige, wobei seine Schüssel mit gebranntem Zucker auf die Mandeln fiel. Mit Schokolade verfeinert, ergab das die beliebte Praline, der der Koch den Namen seines Herrn gab.

Pralinen zählen zu den Halbdauerwaren. Bei korrekter Herstellung und richtiger Lagerung sind sie mehrere Wochen haltbar. Hierbei spielen auch die verwendeten Rohstoffe eine entscheidende Rolle. Grundsätzlich muss bei der Pralinenherstellung auf die Hygiene besonders geachtet werden:

- Qualitativ hochwertige, einwandfreie und frische Materialien verwenden.
- Vorsicht bei Kerngut – Hasel-, Walnüsse, Mandeln, Pistazien und Halbfabrikate aus Kernen – genaue Kontrolle!
- Schimmelgefahr droht bei Canache- und Trüffelmassen, daher müssen diese ausreichend erhitzt und ohne Lufteinschluss verarbeitet werden.
- Hände, Arbeitsflächen, Werkzeuge und Geräte sauber und frei von Mehlstaub und Puder halten, um ein Gären und Platzen zu vermeiden (Ausnahme: Likörpralinen mit Kruste).
- Pralinen müssen kühl, trocken und dunkel gelagert werden.

Einteilung nach der Herstellung

Ausgestochene oder geschnittene Pralinen

Feste und halbfeste Massen aufstreichen oder ausrollen und schneiden oder ausstechen. Rationelle Herstellungsmethode, große Mengen in kurzer Zeit, bei geschnittenen Formen entsteht fast kein Abfall.

Für
- Marzipan-,
- Canache- und
- Nougatpralinen,
- Weich- und Blätterkrokantpralinen,
- Nougat Montélimar.

Dressierte Pralinen

Halbfeste, dressierfähige Massen in gewünschter Form auf vorbereitete Unterlagen (Streifen, Böden) aus Marzipan, Tunkmasse, Hartkrokant u. Ä. dressieren.

Für
- Marzipan-,
- Canache-,
- Trüffel- und
- Nougatpralinen.

Hohlformen-Pralinen (Hohlkörper)

Flüssige und halbfeste Massen mit einem Gießtrichter oder Dressiersack in Hohlformen aus Schokolade füllen und verschließen. Es können verschiedene Schminktechniken (Hohlkörper) angewendet werden.

Für
- Likörpralinen ohne Kruste,
- Trüffel- und Canachepralinen,
- Nougatpralinen (weich),
- Fondant- bzw. Cremepralinen.

Ein dünner Tunkmasseboden erleichtert die Verarbeitung von ausgestochenen oder geschnittenen Marzipan-, Nougat- und Canachepralinen.

Beachten Sie die unterschiedlichen Qualitätskriterien von Nougat je nach Herstellbetrieb.

Die Qualität der Zutaten bestimmt die Qualität der Pralinen

Rohstoffe

Rohstoffe	Verwendung
Marzipan	Marzipanrohmasse wird mit verschiedenen Geschmacksgebern verarbeitet.
Nougat/ Nougatmassen	Es werden dunkle, helle, weiche oder schnittfeste sowie Gianduja-Nougatmassen verwendet.
Obers	Zur Herstellung von Trüffel-, Canache-, Weichkrokant- und Weichkaramellpralinen.
Butter	Für Canache- und Trüffelfüllungen, Nougat- und Weichkrokantmassen.
Kuvertüre	Für Canache- und Trüffelfüllungen, z. B. zum Absteifen von Nougat, zum Tunken und Überziehen usw. Es werden dunkle, weiße und Milchkuvertüren sowie geschmacklich abgewandelte Kuvertüren verwendet.
Kakaobutter	Zum Verdünnen von Kuvertüre, zum Erzielen der Schnittfähigkeit bei verschiedenen Pralinenmassen, mit fettlöslichen Lebensmittelfarben zum Dekorieren/ Schminken von Hohlformen.
Kerne	Für verschiedene Pralinenmassen, als Einlage, als Dekor werden Mandeln, Nüsse, Pistazien usw. verwendet.
Zucker	Für Likörpralinen mit Kruste, Fondant-, Karamell-, Krokantpralinen und Nougat Montélimar.
Glukosesirup	Verzögert das Auskristallisieren von Zucker, fördert die Geschmeidigkeit und Bindung von Pralinenfüllungen.
Honig	Zur Geschmacksverbesserung, Bindung und Weichhaltung.
Invertzucker (Trimolin)	Wirkt der Zuckerkristallisation entgegen und verbessert die Weichhaltung von Füllungen (z. B. Canache-, Trüffelcremen).
Agar-Agar	Für schnittfeste und gegossene Geleepralinen.
Pektin	Damit können Geleepralinen und fruchtige Geleefüllungen für Hohlformen hergestellt werden.
Spirituosen	Zum Aromatisieren von Pralinenmassen oder als geschmacksbestimmende Zutat (z. B. Likörpralinen, Rumtrüffel ...) und um die Haltbarkeit zu verlängern, z. B. von Marzipanpralinen.
Trockenfrüchte, Dickzuckerfrüchte	Zur Herstellung von Rohkostpralinen, Nougat Montélimar usw., als Geschmacksgeber für Pralinenmassen.
Kräuter und Gewürze	Zum Würzen und Abschmecken von Canache- und Trüffelmassen.

Es können auch weitere Zutaten, wie Karamell-, Kaffee-, Fruchtpasten, Zucker- und Invertaseprodukte u. Ä., verwendet werden. Sie sollen sich jedenfalls positiv auf Geschmack, Konsistenz, Bindung und Haltbarkeit der Pralinen auswirken.

Allgemeine Verarbeitungstechniken

Tunken

Siehe S. 126.

Füllen und Verschließen von Hohlformen für Pralinen

- Bei **Hohlkugeln** passende Lochplatte aufsetzen.
- Die gewünschte Pralinenfüllung mit einem Gießtrichter oder Einwegdressiersack bis ca. 1 bis 1,5 mm unter den Rand einfüllen und etwas klopfen (Luftbläschen).
- Füllung bis zur Hautbildung abstocken lassen.
- Kuvertüre darauf verteilen und mit einer Palette sauber abziehen.
- Bevor die Kuvertüre erstarrt, wird die Lochplatte abgenommen.

Rezeptbeispiele

Marzipanpralinen

Pralinen aus Marzipan können je nach Festigkeit der Masse ausgestochen, geschnitten oder dressiert werden.

- Marzipan bzw. die Marzipanrohmasse wird mit den restlichen Zutaten angewirkt. Spirituosen dienen hierbei nicht nur geschmacks- und konsistenzbestimmend, sondern wirken vor allem haltbarkeitsverlängernd.
- Mit etwas Puderzucker zwischen Distanzschienen auf die gewünschte Stärke ausrollen, ausstechen oder zuschneiden (Pralinenschneideapparat) und wegsetzen.
- Vor dem Tunken müssen Marzipanpralinen etwas abstehen und antrocknen, um ein späteres Platzen (Reaktion – Alkohol) des Überzugs zu vermeiden.
- Sie müssen vollständig überzogen werden, damit sie nicht austrocknen.

FILM AB!

Sehen und verstehen

www.trauner.at/Pralinen_tunken

Orangenmarzipan

200 g Marzipanrohmasse
30 g feinst gehacktes Orangeat
30 g Puderzucker
Grand Marnier

Zum Bestreichen:

Flüssige Kuvertüre

Zum Tunken:

Temperierte Milchkuvertüre

Zubereitung

- Alle Zutaten zu ausrollbarer Konsistenz anwirken. Die Festigkeit der Masse kann durch die Alkoholmenge reguliert werden.
- Zwischen zwei Distanzschienen oder in einem Konfektrahmen zwischen zwei Silpatmatten ausrollen. Kurz übertrocknen lassen.
- Boden dünn mit Kuvertüre bestreichen, Kuvertüre stocken lassen.
- Mit einem konischen Ausstecher ausstechen oder mit der Schneidewalze schneiden. Ausstecher zwischendurch in hochprozentigen Alkohol tauchen.
- Die Stücke trennen und antrocknen lassen.
- In Milchkuvertüre tunken und ausgarnieren, z. B. Gabeldekor mit Trempiergabeln.

Tunkgabeln werden auch als Trempiergabeln bezeichnet.

Pistazienmarzipan

- 200 g Marzipanrohmasse
- 30 g gemahlene Pistazien
- 30 g Puderzucker
- Maraschino

Zum Bestreichen:

Flüssige dunkle Kuvertüre

Zum Tunken:

Temperierte dunkle Kuvertüre

Zubereitung

- Herstellung und Verarbeitung wie bei Orangenmarzipan.
- In dunkle Kuvertüre tunken, anziehen lassen und ausfertigen.

Wussten Sie, dass ...
Nougatmassen ihre Schnittfestigkeit über die mitverarbeiteten oder zugesetzten Kakaoprodukte erhalten? Daher müssen sie wie Kuvertüre temperiert werden.

Nougatpralinen

- Sie können ausgestochen, geschnitten oder dressiert werden.
- Sehr weiche, kakaobutterarme Nougatmassen müssen in Hohlformen aus Kuvertüre gefüllt werden.
- Nougatpralinen müssen nicht immer vollständig mit Kuvertüre überzogen werden, da die wasserarmen, fettreichen Nougatmassen kaum austrocknen können.

Nougatschichtpralinen

- 500 g dunkle Nougatmasse
- 50 g Kakaobutter
- 500 g helle Nougatmasse
- 50 g Kakaobutter

Zum Abstreichen:

Verdünnte, temperierte Kuvertüre

Zubereitung

- Dunkle und helle Nougatmasse getrennt mit Kakaobutter mischen und temperieren.
- Abwechselnd mit einer Stapelschablone helle und dunkle Masse auf Pergaminpapier streichen, dabei nach jeder Schicht die Masse wieder anziehen lassen, bis sie wachsartig ist.
- Kurz kühl stellen.
- Oberfläche mit Kuvertüre abstreichen.
- Wenden, zweite Seite abstreichen und strukturieren (Kammmuster).
- Noch vor dem Erstarren einteilen und in die gewünschte Größe schneiden.

Mandelnougatpralinen

- 500 g weiße Nougatmasse
- 50 g feinst geriebener Mandelkrokant
- 50 g Kakaobutter
- Tonkabohne
- Ovale weiße Tunkmasseblättchen
- Ganze, abgezogene geröstete Mandeln

Zum Tunken:

Weiße Kuvertüre (z. B. Ivoire)

Zubereitung

- Nougatmasse mit Tonakbohne, Grillage und anschließend mit Kakaobutter mischen bzw. temperieren.
- Die Masse mit einem Einwegdressiersack auf die Kuvertüreblättchen aufdressieren.
- Je zwei Mandeln mit den Spitzen nach außen versetzt eindrücken.
- Nougat anziehen lassen.
- Mit temperierter weißer Kuvertüre überziehen und eventuell mit eingefärbter Tunkmasse ausgarnieren.

Grillage = Hartkrokant, fein gerieben (siehe S. 188).

Canache- und Trüffelpralinen

- Canache- und Trüffelfüllungen werden aus Obers und/oder Butter und Kuvertüre hergestellt.
- Die Konsistenz von Canache- und Trüffelcremen hängt vom Verhältnis Obers bzw. Butter zu Kuvertüre ab.
- Die Verarbeitungsweise richtet sich nach der Festigkeit der Cremen (geschnitten, ausgestochen, dressiert, handgeformt oder in Hohlformen gefüllt).
- Geschmacksgebende Zusätze oder Spirituosen und weiche Butter werden meist erst nach dem Unterrühren der Kuvertüre beigegeben.

⚠ Canache- und Trüffelcremen dürfen nicht schaumig gerührt werden, da Luft das Wachstum der Bakterien fördert.

Oberscanachen

Bezeichnung/ Verhältnis	Obers : dunkler Kuvertüre	Obers : Milch-kuvertüre	Obers : weißer Kuvertüre	Verwendung
Leichte Oberscanache	1 : 1,25	1 : 1,5	1 : 1,5	Zum Füllen von Hohlformen und Trüffelkugeln
Mittlere Oberscanache	1 : 1,75	1 : 2	1 : 2,5	Für handgeformte und dressierte Canachepralinen
Schwere Oberscanache	1 : 2	1 : 2,5	1 : 3	Für geschnittene oder ausgestochene Canachepralinen

Herstellung

- Obers eventuell mit Gewürzen auf mindestens 85 °C erhitzen (= Keimabtötung!).
- Nach und nach das heiße Obers in die bereits verflüssigte Kuvertüre so lange einspateln, bis eine glatte, bindige Emulsion entstanden ist.
- Eventuell mit dem Stabmixer homogenisieren.
- Zur Geschmacks- und Konsistenzverbesserung können Gewürze, Spirituosen, Zuckerprodukte (Glukosesirup, Fondant, Invertzucker ...), Fruchtpasten und Ähnliches beigegeben werden.
- Die Beigaben dürfen die Haltbarkeit der Canache nicht vermindern!

Kleine Geschichte der Canache (Ganache)

Der Name der Creme ist auf einen Fehler eines Lehrlings zurückzuführen, der irrtümlicherweise heiße Milch über Schokolade gegossen hat. Daraufhin beschimpfte ihn der Meister als „Ganache" (franz. „Esel, Schafskopf"). Das daraus entstandene Produkt war aber durchaus genießbar und bekam daher den Namen, der bei seiner Entstehung gerufen worden war.

Aufgabenstellung

- Erläutern Sie, was Sie bei der Herstellung und Verarbeitung von Canachen unbedingt beachten sollten.

  Bei der Herstellung: ______________________

  Bei der Verarbeitung: ______________________

Buttercanachen dienen – wie Oberscanachen – der Geschmacks- und Konsistenzverbesserung.

Buttercanachen, französische Canache				
Bezeichnung/ Verhältnis	**Butter : dunkler Kuvertüre**	**Butter : Milchkuvertüre**	**Butter : weißer Kuvertüre**	**Verwendung**
Leichte Buttercanache	1 : 1,5	1 : 1,75	1 : 1,75	Zum Füllen von Hohlformen und Trüffelkugeln
Mittlere Buttercanache	1 : 2	1 : 2,5	1 : 2,75	Für handgeformte und dressierte Canachepralinen
Schwere Buttercanache	1 : 2,5	1 : 3	1 : 3,5	Für geschnittene oder ausgestochene Canachepralinen

Herstellung
- Die Butter glatt und geschmeidig rühren (nicht aufkochen!).
- Die temperierte Kuvertüre dazugeben und glatt rühren.

Trüffelmassen

Sind laut Codex weiche, leicht schmelzende Zubereitungen aus Zuckerarten, Kakaoerzeugnissen und Schokolade sowie aus Milchprodukten. Trüffelmassen dürfen nur Fette aus Milch und Milchprodukten, Kakao und Nougatmassen enthalten. Sie werden je nach Fettgehalt in Milch-, Rahm- oder Buttertrüffelmassen eingeteilt.

Recherchieren Sie, wovon die Bezeichnung „Trüffel" abgeleitet wird.

Eine Besonderheit stellen die **Trüffelkugeln** dar. Dabei handelt es sich entweder um von Hand kugelig geformte Trüffelmassen oder um kugelige Schokoladenhohlkörper, die mit Trüffelmassen befüllt werden.

Trüffelcremen sind oft nur „verfeinerte" Canachen und werden wie diese hergestellt. Sie haben einen höheren Feuchtigkeitsanteil und enthalten weniger Tunkmasse als Canachen. Daher sind sie weicher in der Konsistenz und zarter im Schmelz, aber auch weniger lange haltbar.

Vanillecanachepralinen (Hohlkörper)

240 g Obers
350 g weiße Kuvertüre (z. B. Ivoire von Valrhona)
30 g Milchkuvertüre (z. B. Jivara von Valrhona)
15 g Glukosesirup
1 Vanilleschote

Zum Füllen:
Vorgegossene Hohlformen

Dekor:
Eingefärbte weiße Kuvertüre oder Kakaobutter

Zubereitung
- Obers und Vanilleschoten erhitzen und ziehen lassen. Abseihen und Glukosesirup beigeben.
- Das heiße Obers in die flüssigen Kuvertüren einrühren (Bindung beachten).
- Bei Raumtemperatur auf ca. 26 °C abkühlen lassen.
- Canache mit einem Einwegdressiersack in die vorbereiteten Hohlformen ohne Lufteinschluss füllen, etwas klopfen und bis zur Hautbildung abstehen lassen.
- Hohlformen verschließen (siehe S. 129).
- Am nächsten Tag vorsichtig ausklopfen.

Orangencanachepralinen (dressiert)

- 250 g Obers
- 400 g Milchkuvertüre (z. B. Orizaba von Valhrona)
- 140 g dunkle Kuvertüre (z. B. Bahibe von Valrhona)
- 50 g Orangenlikör (Cointreau)
- Runde Kuvertüreblättchen (Ø 20 mm)

Zum Tunken:

Dunkle Kuvertüre (Bahibe)

Zum Garnieren:

Eingefärbte, weiße Kuvertüre

Zubereitung

- Aus Obers und den Kuvertüren eine Canache herstellen, mit dem Stabmixer kurz homogenisieren und den Likör beigeben.
- Canache abdecken und einige Stunden abkühlen lassen.
- Creme leicht anwärmen und mit einem Spatel glatt rühren (= temperieren).
- Die Canache mit einer Lochtülle (Ø 12 mm) halbrund auf Kuvertüreblättchen dressieren, halbierte Blättchen einstecken und absteifen lassen.
- Mit Kuvertüre überziehen und ausgarnieren.

Für einen intensiven Orangengeschmack wenig faschiertes Aranzini einarbeiten oder einen Teil des Obers durch reduzierten Orangensaft ersetzen. Wenn verfügbar, kann auch Orangenkuvertüre verwendet werden.

Mokkacanachepralinen (dressiert)

- 180 g Obers
- 20 g Löskaffee
- 360 g Milchkuvertüre (z. B. Jivara von Valrhona)
- Vanille
- 30 g Kaffeelikör (z. B. Tia Maria)
- Milchkuvertürestreifen, ca. 16 mm breit und 20 cm lang

Zum Tunken:

Milchkuvertüre (Jivara)

Zum Fillieren:

Dunkle Kuvertüre

Zubereitung

- Aus Obers, Löskaffee, Kuvertüre und Vanille eine Canache herstellen.
- Homogenisieren und den Likör beigeben.
- Canache abdecken, kühlen bzw. anziehen lassen.
- Die Creme anwärmen (temperieren) und glatt rühren.
- Mit einem Einwegdressiersack und einer Lochtülle (Ø 8 mm) je 3 Stränge auf vorbereitete Tunkmassestreifen dressieren.
- Canache anziehen lassen.
- In ca. 2 cm breite Stücke einteilen und mit einem erwärmten Messer schneiden.
- Mit Milchkuvertüre überziehen und fillieren.

Grand Marnier-Trüffeln (handgeformt)

250 g Obers
30 g Glukosesirup
550 g weiße Kuvertüre (z. B. Ivoire von Valrhona)
250 g Milchkuvertüre (z. B. Jivara von Valrhona)
30 g Grand Marnier
50 g weiche Butter

Zum Tunken:

Milchkuvertüre (Jivara)

Zubereitung

- Aus Obers, Glukosesirup und Kuvertüren eine Canache herstellen und etwas überkühlen lassen.
- Grand Marnier und Butter einrühren und auf 28 °C abkühlen lassen.
- Die Canache mit einem Einwegdressiersack stangen- oder kugelförmig auf Pergaminpapier dressieren.
- Erstarren lassen.
- Zu Kugeln formen und abstehen lassen.
- Kugeln in Milchkuvertüre tunken und auf ein Gitter wegsetzen. Eventuell ein zweites Mal tunken.
- Nach dem Tunken die Kugeln mit einer Gabel auf dem Trüffelgitter rollen – die Kuvertüre soll dabei schon etwas angezogen haben – und wegsetzen.

Die Kugeln bekommen eine feinere Struktur, wenn sie mit den Händen gerollt werden (Einweghandschuhe verwenden). Bei sehr warmen Händen kann jedoch Fettreif entstehen.

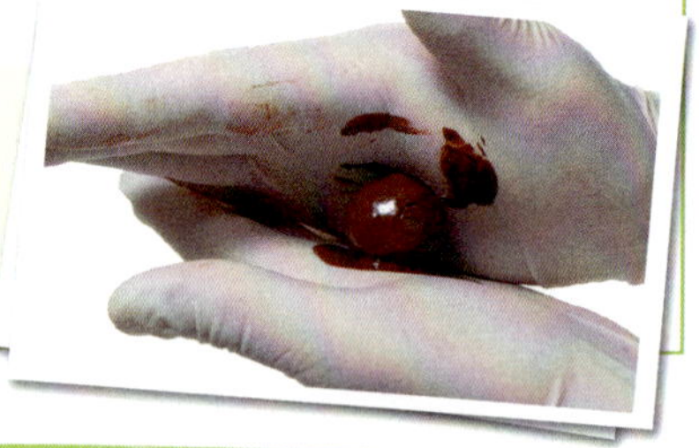

Weiße Trüffeln (Trüffelkugeln)

250 g Obers
40 g Glukosesirup
500 g weiße Kuvertüre (z. B. Ivoire von Valrhona)
15 g Kirschwasser
15 g Invertzucker
50 g weiche Butter
Weiße Schokoladenhohlkugeln

Zum Tunken:

Weiße Kuvertüre (Ivoire)

Zum Garnieren:

Dunkle Kuvertüre (z. B. Bahibe von Valrhona)

Zubereitung

- Aus Obers, Glukosesirup und aufgelöster Kuvertüre eine Canache herstellen, etwas überkühlen lassen.
- Kirschwasser, Butter und Invertzucker einrühren und auf 26–28 °C abkühlen lassen, da bei hohen Temperaturen die Hohlkugeln schmelzen.
- Lochplatte auf die Hohlkugeln legen und die Canache mit einem Einwegdressiersack bis 1 mm unter den Rand einfüllen, klopfen. Es dürfen keine Luftblasen entstehen.
- Bis zur Hautbildung abstehen lassen.
- Hohlkugeln mit temperierter weißer Kuvertüre verschließen. Lochplatte abnehmen und vor dem Erstarren ein Blatt Pergaminpapier darauflegen. Dies gibt den Kugeln nach dem Tunken eine glattere Oberfläche.
- Kugeln mit weißer Kuvertüre überziehen, wegsetzen und mit dunkler Kuvertüre fillieren.

Aufgabenstellung

- Erläutern Sie, wodurch sich Canache- von Trüffelmassen unterscheiden:

Karamellpralinen

Arten

Weichkaramellen	Hartkaramellen
Es wird gekochter (125 °C) oder geschmolzener Zucker verwendet. Je nach Festigkeit werden Obers, Butter oder Honig beigegeben. Diese Massen werden abgekühlt und meist geschnitten oder ausgestochen.	Sie haben wenig Bedeutung. Sie werden als „Zuckerl" meist industriell hergestellt.

Vanillekaramellen

- 250 g Obers
- 225 g Zucker
- 25 g Vanillezucker
- 15 g Glukosesirup

Zum Tunken:

Temperierte Kuvertüre

Zum Belegen:

Leicht geröstete, halbierte weiße Mandeln

Zubereitung

- Silpatmatte mit geölten Distanzschienen umstellen.
- Alle Zutaten auf 125 °C kochen.
- Auf die Silpatmatte gießen und auskühlen lassen.
- Mit einem geölten Messer in Quadrate (20 x 20 mm) schneiden.
- In Kuvertüre tunken und vor dem Erstarren eine Mandelhälfte darauflegen.

Blätterkrokant

- 50 g Glukosesirup
- 500 g Zucker
- 350 g Haselnussnougat
- 150 g Haselnussmark

Zum Tunken:

Temperierte Milchkuvertüre

Zubereitung

- Glukosesirup erwärmen und mit dem Zucker nach und nach hell schmelzen.
- Karamell auf eine Silpatmatte bzw. ein ofenheißes Backblech leeren und rasch mit Haselnussnougat und Haselnussmark (auf ca. 70 °C in der Mikrowelle erwärmt) mit der Gummispachtel vermengen.
- Masse gleichmäßig 10 mm hoch in einem Rahmen verteilen, kühlen, schneiden, tunken.

Blätterkrokant kann auch aus Hartkrokant, dem Nougatmasse eintouriert wird, hergestellt werden.

Rohkostpralinen

Orangettes

Rohkostpralinen

Vorbehandelte Früchte werden mit Kuvertüre überzogen.

- **Dickzuckerfrüchte:** Nur trocken gezogene Früchte können getunkt werden. Sonst bildet der Schokoladenüberzug keine geschlossene Schicht und die Früchte trocknen aus.
- **Trockenfrüchte:** Sorgfältig und vollständig tunken, da sonst die Früchte sehr hart werden.
- **Verschiedene Kerne:** Hasel- oder Walnusskerne, Cashewkerne usw. müssen nicht unbedingt getunkt werden, da sie nicht austrocknen können. Die Kerne können als Auflage auf Schokoladenblättchen oder als Dekor für andere Pralinenarten verwendet werden.
- Rohkostpralinen sind nur bedingt für anspruchsvolle Pralinenmischungen geeignet.
- Meist werden sie gesondert als **„Rohkostpralinenmischung"** angeboten.

Rezeptbeispiele: Orangettes oder Trockenfrüchte in Schokolade

Dick gezogene Orangenstreifen oder Feigen, Marillen, Datteln, Pflaumen (eventuell mit Marzipanrohmasse oder Kernen gefüllt) in temperierte Kuvertüre tunken und auf Pergaminpapier wegsetzen.

Haselnusspralinen

Je drei assortierte, ganze, geröstete Haselnüsse mit abgesteifter Nougatmasse auf vorbereitete Milchkuvertüreplättchen (Ø 15 mm) setzen. Anziehen lassen, in temperierte Milchkuvertüre tunken und sofort mit dunkler Kuvertüre fillieren.

Mandelblättchen

- Gestiftelte weiße Mandeln leicht rösten und auskühlen lassen.
- Mit einer kleinen Lochtülle (Ø 4 mm) Kuvertüretupfen auf Pergaminpapier dressieren.
- Klopfen, sodass die Tupfen auseinanderfließen.
- Auf die noch weichen Kuvertüreblättchen einige Mandelstifte legen, erstarren lassen und vom Papier abnehmen, eventuell noch einmal mit verdünnter Kuvertüre tunken.

Pralinen – Varianten

Von den dargestellten Herstellungsbeispielen lassen sich weitere Rezepturen ableiten. Vor allem die Möglichkeit, verschiedene Füllungen miteinander zu kombinieren, erhöht die Sortenvielfalt (z. B. Himbeergelee mit Orangencanache, Erdbeertrüffelcreme mit Tonkabohnencanache, Weichkaramell mit Marc de Champagne-Trüffelcreme). Hohlkörperformen als Ausgangsprodukt, aber auch aufgestrichene, schnittfeste Canachen eignen sich hierfür besonders gut.

Lagerung von Pralinen

Pralinen können zur Aufbewahrung in eigenen **Pralinenvitrinen, Pralinenkühlschränken oder in Kühlräumen bzw. -fächern** unter folgenden Bedingungen gelagert werden:

- Kühl bei Temperaturen von 16–18 °C, ohne starke Temperaturschwankungen
- Bei geringer Luftfeuchtigkeit (verhindert Zuckerreif)
- Vor Fremdgerüchen geschützt

Die Haltbarkeit ist von der jeweiligen Pralinenart bzw. ihrer Beschaffenheit abhängig. Falsche Lagerung kann zu **Fettreif** oder **Zuckerreif** führen (siehe S. 120).

Aufgabenstellungen – „Schokoladenverarbeitung und Herstellung von Pralinen"

1. Erläutern Sie, wie das Temperieren von Kuvertüre funktioniert.
2. Erklären Sie die Begriffe „Tabliermethode" und „Impfmethode".
3. Nennen Sie die idealen Temperaturen für das Tunken und Glasieren mit Kuvertüre.
4. Legen Sie dar, wie Pralinen eingeteilt werden können.
5. Zählen Sie die Rohstoffe und ihre Verwendung bei der Herstellung von Pralinen auf.
6. Beschreiben Sie das Füllen und Verschließen von Hohlformen für Pralinen.
7. Erklären Sie, was „Canache" und „Trüffel" bedeutet.
8. Beschreiben Sie die Herstellung von Rohkostpralinen.

5 Marzipan

Marzipan ist nicht jedermanns Sache: Die einen lieben es, andere wiederum lehnen es ab. Wie sieht es mit Ihnen aus?

Man unterscheidet je nach Herstellungsmethode und Zusammensetzung folgende Handelsbezeichnungen:
- Marzipanrohmasse (Rohmarzipan) und Marzipan,
- Persipanrohmasse und Persipan.

Marzipanrohmasse (Rohmarzipan)

Das ist eine geröstete, homogene Mischung aus geschälten, enthäuteten und zerkleinerten Mandeln, Zucker, teilweise Zuckerarten (z. B. Glukosesirup) und allenfalls Zusatzstoffen (z. B. Enzym Invertase zur besseren Frischhaltung).

Marzipanrohmasse wird für alle Erzeugnisse mit Mandelgeschmack verwendet. Es besteht aus zwei Teilen Mandeln und einem Teil Zucker.

Der Name Marzipan dürfte sich von „marci panis", dem Brot des Markus aus Venedig, herleiten – ein Hinweis darauf, dass diese süße Köstlichkeit über Venedig nach Mitteleuropa gelangte.

Herstellung von Marzipanrohmasse

Mandeln auslesen, reinigen und schälen

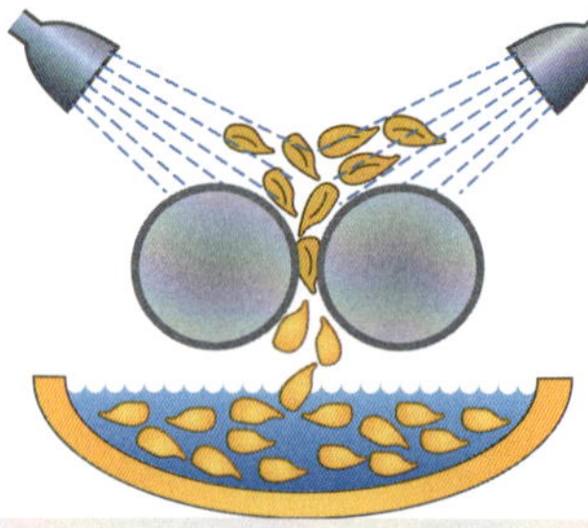

- Fremdkörper, beschädigte Mandeln und Bruchmandeln werden entfernt (händisch und maschinell).
- Die Mandeln werden durch Sieben und im Luftstrom vom Staub befreit, mit heißem Wasser (98 °C) überbrüht und zwischen rotierenden Gummiwalzen geschält.
- Dabei nehmen die Mandeln Wasser auf. Dieser Quellvorgang begünstigt die Lösung des Zuckers, die gewünschte Konsistenz sowie die helle Farbe der Rohmasse.

Mischen und Reiben

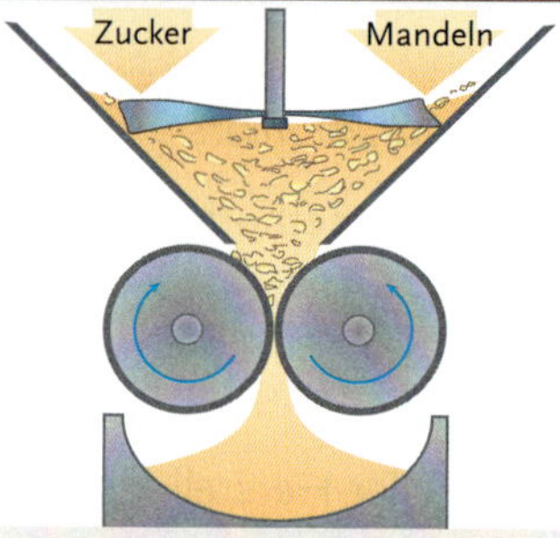

- Die Mandeln werden mit dem entsprechenden Zuckeranteil vermischt, zuerst grob zerrieben, anschließend fein gewalzt, bis die gewünschte Feinheit erreicht ist.
- Dabei darf die Masse nicht zu warm werden, damit das Mandelöl nicht austritt.

Weshalb wird bei der Herstellung von Marzipanrohmasse beim Röstprozess ein Kupferkessel verwendet?

Rösten

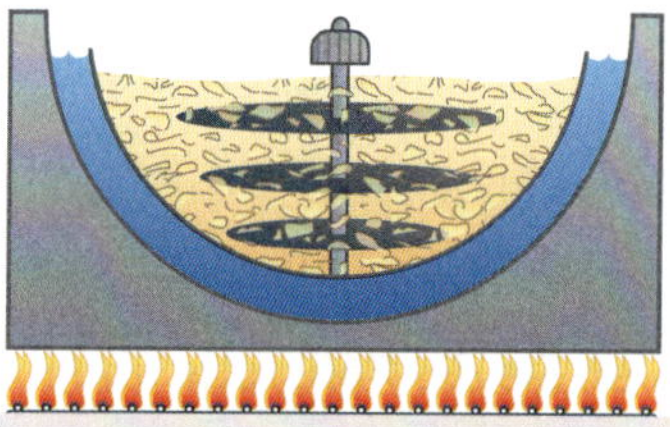

Die Masse wird traditionell bei 90–95 °C im Wasserbad, in modernen Verfahren bei 105 °C mit Dampf unter Rühren geröstet. Dies bewirkt
- die Entwicklung des typischen Geschmacks,
- die Lösung des größten Teils des Zuckers,
- das Verdampfen eines Teils des Wassers (Masse wird haltbarer),
- eine bessere Bindung,
- die Abtötung vorhandener Keime.

Danach wird die Masse durch Zufuhr von keimfreier Luft bzw. Stickstoff gut bzw. rasch abgekühlt und verpackt.

Marzipanrohmasse

Marzipan

Es wird aus Marzipanrohmasse (Rohmarzipan) durch Anwirken mit höchstens derselben Menge Puderzucker hergestellt und eignet sich zum Eindecken von Torten und Schnitten, als Füllung und Dekor.

Zusammensetzung

Bei Marzipan ist der Zuckeranteil höchstens doppelt so hoch wie der Mandelanteil. Mandeln : Zucker = 1 : < 2.

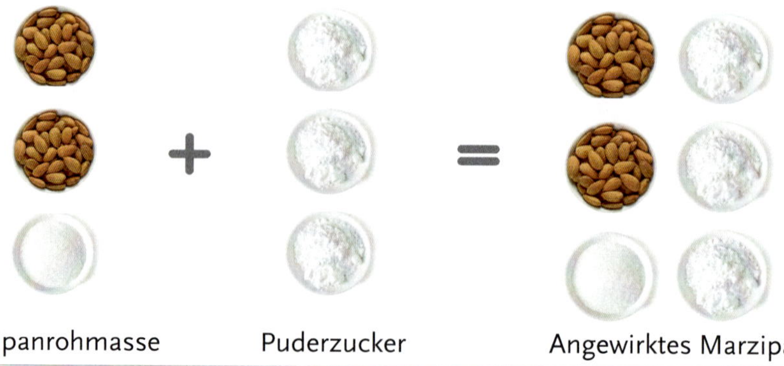

Der Mandelgeschmack zählt

Qualität und Geschmack von Marzipan sind von der eingewirkten Zuckermenge abhängig – je weniger Zucker, desto besser der Geschmack und die Qualität. Für modellierfähiges und haltbares Marzipan beträgt das Verhältnis Marzipanrohmasse zu Puderzucker 1 : 1 – gleichbedeutend mit Mandeln : Zucker = 1 : 2. Zur besseren Modellierbarkeit und Frischhaltung ist ein Teil des Zuckers durch Zuckerarten, z. B. Glukosesirup, ersetzt.

Herstellung

- Marzipanrohmasse, Puderzucker und andere Zutaten, wie Glukosesirup (verhindert die Zuckerkristallisation, fördert Geschmeidigkeit und Bindung) oder Spirituosen (dienen als Geschmacksstoffe, beeinflussen die Konsistenz), zusammenwirken. Dabei den Zucker in den Sirup einarbeiten und anschließend mit der Rohmasse homogen vermengen.
- Kleine Mengen auf einer kühlen Arbeitsfläche mit der Hand anwirken, größere Zutatenmengen langsam und schonend in der Knetmaschine. Wird Marzipan zu stark geknetet, tritt das Mandelöl aus. Das beeinträchtigt die Bindung und die Verarbeitungsfähigkeit der Masse stark.
- Nach Bedarf Lebensmittelfarben oder färbende Lebensmittel (z. B. Kakaopulver) zusetzen. Färben von Marzipan siehe „Modellieren“, S. 189.

Herstellung von Marzipan – Handwerk oder Industrie 4.0? Betrachten Sie dazu die Abbildung bzw. sehen Sie sich folgenden Film an: www.trauner.at/Marzipanherstellung

Modelliermarzipan

Dieses speziell für Modellierarbeiten hergestellte Marzipan wird von diversen Firmen als **Convenienceprodukt** angeboten. Es ist in verschiedenen Farben – mit Farbstoffen oder mit färbenden Lebensmitteln versetzt – erhältlich und kann sofort verarbeitet werden.

Marzipanrosen

Persipan und Persipanrohmasse

- Sie weisen die gleiche Zusammensetzung wie Marzipanrohmasse und Marzipan auf, jedoch werden zur Herstellung anstelle von Mandeln die inneren weichen Kerne von Marillen, teilweise auch von Pfirsichen verwendet.
- Persipanrohmasse und Persipan unterscheiden sich durch den Geschmack (leicht herb-bitter) deutlich von Marzipanrohmasse und Marzipan. Alle anderen Eigenschaften sind identisch.
- Marzipan- und Persipanrohmasse wird zur Herstellung von Feinen Backwaren verwendet. Sie sind beliebte Füllungen für Hefe-, Plunder- und Blätterteiggebäcke oder Geschmack gebende Bestandteile von Massen.

Modellieren von Marzipan siehe S. 189.

- Die Marillen zur Herstellung von Persipanrohmasse werden speziell gezüchtet und sind nicht genießbar.
- Persipan enthält Stärke als Indikator. So kann Persipan von Marzipan mittels **Jodprobe** unterschieden werden. Ist Stärke im Produkt enthalten, wird sie durch das Jod blau-violett verfärbt. Daher **Achtung:** Marzipan nicht mit Stärke, sondern mit Puderzucker oder auf Folie bzw. Teflonmatte ausrollen.

Arbeitsplatz und Hände müssen hygienisch rein sein

Melangieren, was heißt das? Finden Sie es heraus.

Eigenschaften von Marzipan

- Marzipanhaltige Gebäcke und Füllungen bleiben weicher.
- Der Zuckeranteil muss im Rezept berücksichtigt werden, sonst erhält man brüchige Gebäcke durch zu viel Zucker.
- Der hohe Zuckeranteil ergibt nachlassende, in die Breite laufende Teigeigenschaften, deshalb kann etwas Mehl zugegeben werden.

Bearbeitung von Marzipan

- Maßnahmen zur Arbeitsplatz- und Handhygiene beachten.
- Beim Ausrollen nur mit Puderzucker stauben. Kleinere Mengen lassen sich auch auf Folie oder einer Teflonmatte ausrollen.
- Teilweise kristallisierte Marzipanrohmasse vor der Verarbeitung melangieren.

Lagerung von Marzipan

- Trocken, dunkel und vor Wärme geschützt lagern.
- Nach dem Öffnen der Originalverpackung luftdicht aufbewahren (z. B. in einem Plastiksack), um das Marzipan vor dem Austrocknen zu schützen.
- Marzipan ist wegen des hohen Zuckergehalts besser haltbar als Marzipanrohmasse.

Aufgabenstellungen – „Marzipan“

1. Nennen Sie die wesentlichen Arbeitsschritte bei der Herstellung von Marzipanrohmasse.
2. Erklären Sie, wodurch sich Marzipanrohmasse von Marzipan unterscheidet.
3. Erläutern Sie den Begriff „Modelliermarzipan“.
4. Führen Sie die Unterschiede von Marzipan und Persipan an.
5. Erklären Sie, worauf Sie bei der Bearbeitung von Marzipan achten sollten.
6. Erörtern Sie, warum Marzipan trocken gelagert werden soll.
7. Überlegen Sie, weshalb mit Marzipan eingedeckte oder dekorierte Erzeugnisse möglichst nicht im Kühlschrank oder Tiefkühlschrank gelagert werden sollen.
8. Eine Marzipanrose aus Persipan. Überlegen Sie, ob das sein darf.

Ziele erreicht? – „Basics in der Patisserie“

KOMPETENZ-ERWERB

1. Nennen Sie die verschiedenen Hefeteigarten und führen Sie die Unterschiede an.
2. Erklären Sie die Herstellung eines schweren gerührten Hefeteigs.
3. Geben Sie an, zu welcher Hefeteigart der Vorteig des Plunderteigs gehört und beurteilen Sie, warum.
4. Beschreiben Sie Struktur und Aussehen von Blätterteiggebäcken und erläutern Sie, wie sich die Schichten bilden.
5. Fassen Sie die Regeln des Tourierens zusammen und erläutern Sie, welche Fehler dadurch vermieden werden können.
6. Stellen Sie die Schichtenrechnung eines Blätterteigs dar.

7. Analysieren Sie den Unterschied zwischen Blätter- und Plunderteig.
8. Erläutern Sie, wie der Mürbteig noch bezeichnet wird und aus welchen Zutaten und Teilen er sich zusammensetzt.
9. Suchen Sie eine Lösung für brandigen Mürbteig und erklären Sie, was falsch gemacht wurde.
10. Beschreiben Sie die Herstellung einer Nussfüllung. Unterscheiden Sie die gekochte von der kalten Variante (Streufüllung).
11. Erklären Sie, wie eine gebundene Fruchtfüllung hergestellt wird.
12. Teilen Sie die Massen ein und ordnen Sie die Arten von Massen zu.
13. Erläutern Sie die Herstellung von leichten Massen auf drei Arten.
14. Erklären Sie die Herstellung von schweren Massen.
15. Teilen Sie die Schaummassen ein.
16. Vergleichen Sie Hippen-, Brand- und Röstmassen in Bezug auf Zutaten, Herstellung und Verwendungszweck.
17. Zählen Sie verschiedene Torten und ihre Zusammensetzung auf.
18. Stellen Sie Ihre Lieblingstorte zusammen und beschreiben Sie Masse, Füllung, Aufbau und Überzug.
19. Erläutern Sie, welche Massen sich besonders gut für Schnitten und welche sich besonders gut für Rouladen eignen.
20. Charakterisieren Sie die Merkmale von Petits Fours und erläutern Sie, wofür sie sich besonders eignen.
21. Nennen Sie Ersatzprodukte für die Herstellung veganer Kuchen und Torten für Ei, Obers und andere Milchprodukte.
22. Kreieren Sie ein Tortenrezept für Ihren veganen Favoriten auf Basis der Rezepte, die Sie ab Seite 111 kennengelernt haben.
23. Zählen Sie die einzelnen Temperiermethoden von Schokolade auf und vergleichen Sie diese.
24. Reflektieren Sie, was während des Temperierens mit der Kuvertüre geschieht.
25. Erklären Sie, wie die Tabliermethode funktioniert.
26. Unterteilen Sie die Pralinen nach ihrer Herstellung, führen Sie je ein Beispiel an und beschreiben Sie deren charakteristische Merkmale.
27. Greifen Sie ein Pralinenrezept heraus und beschreiben Sie die Herstellung.
28. Nennen Sie verschiedene Früchte, die für Rohkostpralinen verwendet werden können.
29. Kreieren Sie eine Pralinensorte. Beschreiben Sie Aussehen und Herstellung.
30. Nennen Sie den Unterschied zwischen Rohmarzipan, Marzipan und Persipan.
31. Erläutern Sie die Eigenschaften von Marzipan.

Anrichtetechniken und warme, kalte/gefrorene Desserts

In diesem Kapitel erfahren Sie, wie Sie aus den Basics des vorangegangenen Kapitels nun fertige Desserts kreieren. Die Vielfalt ist groß und mit ein bisschen Fantasie und Kreativität schier unendlich. Wenn Sie einen guten Grundstock an Möglichkeiten haben, wie und was Sie produzieren, wie Sie kombinieren, anrichten und garnieren, haben Sie alle Möglichkeiten, Ihrer Kreativität Ausdruck zu verleihen und Ihren Desserts Ihren ganz persönlichen Stil zu geben.

Meine Ziele

Nach Bearbeitung dieses Kapitels kann ich

- benennen, worauf bei der Herstellung von Desserts grundsätzlich zu achten ist;
- Ideen für das Gestalten und Garnieren von Desserts geben;
- Vorschläge für warme und kalte Desserts in der Patisserie machen;
- auf Basis der Rezepte eigene Rezeptvorschläge für die Patisserie entwickeln.

1 Grundlagen zur Herstellung und Gestaltung von Desserts

Das Auge isst mit. Diese Aussage haben Sie bestimmt schon gehört. Und sie stimmt natürlich auch. Darüber hinaus müssen die Produkte aber auch schmecken. Da gilt es, manches zu beachten, das Sie auch schon bei der Herstellung von Torten, Rouladen und Schnitten erfahren haben. Holen Sie sich noch einmal einen Überblick und lernen Sie Neues über die vielen Gestaltungsmöglichkeiten von Desserts.

1.1 Beachtenswertes bei der Herstellung von Desserts

- **Tränken** dürfen nicht zu süß und zu alkoholreich sein und sind dem Erzeugnis entsprechend abzuschmecken. Das Tränken der Böden dient der Geschmacksverbesserung, der Saftigkeit und der länger anhaltenden Frische.
- **Spirituosen** sollen den Eigengeschmack der Produkte unterstreichen, aber nicht zu stark in den Vordergrund treten.
- **Füllungen** sollen in ihrer Zusammensetzung eine feine Geschmackskomposition ergeben.
- **Geschlagenes Obers** für Oberscremen sollte schwächer aufgeschlagen werden, da es beim Mischen noch bearbeitet wird und weniger ausgeschlagen ein größeres Volumen behält und der Creme eine leichtere, schönere Struktur gibt.
- Zur Bindung von Oberscremen ist nur wenig **Gelatine** zu verwenden. Ein zu hoher Anteil an Gelatine lässt die Creme zu fest werden (gummiartige Konsistenz) und beeinträchtigt den Eigengeschmack.
- Eine dünne **Konfitürenschicht** unter der Cremefüllung rundet den Geschmack ab.
- Beim **Dekor** sollten Arbeitsaufwand und optische Wirkung in einem ausgewogenen Verhältnis stehen.

1.2 Gestalten von Desserts – grundlegende Hinweise

Das appetitliche Aussehen und die geschmackliche Harmonie der Patisserieprodukte sind Gründe für den Bekanntheitsgrad der österreichischen Mehlspeisen und Desserts in der ganzen Welt. Es gilt demnach einen Weltruf zu verteidigen.

Drei Elemente bestimmen den Tellerdekor

Grunddessert	Knuspriges	Sauce
z. B. Soufflé, Strudel, Tortenstück, Crêpe, Parfait	z. B. Hippengebäck, Krokant, Crumbles, Nüsse, Windgebäck, Zuckerwerk	z. B. Fruchtsauce, Schokoladensauce, Karamellsauce

Diese Kombination ist aus zwei Gründen ideal: Einerseits kann man optisch damit sehr viel machen (Farbe, Form, Gestaltung) und andererseits gibt diese Kombination ein wunderbares Mundgefühl aus weich, warm/heiß, (eis-)kalt, kross und cremig. Dies zaubert ein haptisches Erlebnis auf den Gaumen.

Übersicht bzw. Beispiele für Grunddesserts zum Anrichten

Warme Desserts

- (Eis-)Palatschinken, Crêpes, Schmarren und Omeletten
- Knödel und Tascherl
- Strudel
- Warme Puddings
- Soufflés
- Aufläufe
- In Fett gebackene Süßspeisen (Früchte in Backteig)

Kalte Desserts

- Torten, Schnitten, Rouladen, Kuchen
- Stückdesserts (Eclairs, Schiffchen, Torteletts, Punschkrapferl, Törtchen ...)
- Obers- und Joghurtdesserts
- Dessertcremen (zum Stürzen, im Glas, Mousses)
- Kalte Puddings
- Parfaits
- Fruchtsalat

Übersicht bzw. Beispiele für Knusprig-Crunchiges

Als knusprige Begleiter für Desserts eignen sich folgende Produkte:

- Hippengebäck
- Florentiner, Mandelgebäck
- Macarons
- Biskotten
- Karamell
- Krokant
- Gebrannte Nüsse, Nusskrokant
- Mandelblättchen oder -splitter
- Grob gehackte Nüsse
- Crumbles
- Butterbrösel
- Gepufftes Getreide
- Tiefgekühlte Schokoladendekorelemente
- Streusel
- Grobe Schokoladenstückchen

Fallen Ihnen weitere Möglichkeiten für Crunchies ein? Erarbeiten Sie sie in der Gruppe.

Rezeptbeispiele

Schokoerde

100 g Mehl (W700 oder 480)
20 g Kakaopulver
70 g Butter
70 g brauner Zucker

Zubereitung

- Alle Zutaten vermischen und bei 180 °C im Backrohr ca. 10 Minuten backen.
- Auskühlen lassen und als knusprigen Akzent zum Garnieren von Desserts verwenden.

Nusszwieback

100 g Mehl (W700 oder 480)
100 g Eiklar (3–4)
100 g Haselnüsse
100 g Zucker

Zubereitung
- Kastenform mit Backpapier auslegen.
- Backrohr auf 160 °C vorheizen.
- Eiweiß mit Kristallzucker aufschlagen, bis es sehr steif ist.
- Nüsse melieren.
- Mehl unterziehen.
- Die Masse in die Kastenform füllen und ca. 40 Minuten backen.
- Auskühlen lassen – anschließend tiefkühlen.
- In gefrorenem Zustand in dünne Scheiben schneiden, flach auf das Backblech legen und nochmals bei 160 °C backen, bis die Blätter knusprig sind (ca. 6–7 Minuten).

Übersicht bzw. Beispiele für Saucen

- Kalte oder heiße Fruchtsaucen (Erdbeersauce, Himbeersauce, Orangensauce …)
- Kalte oder heiße Schokoladensaucen (von weißer, dunkler oder Milchschokolade)
- Kalte oder heiße Vanillesaucen
- Karamellsauce
- Leichte Mousses
- Joghurtsaucen
- (halb geschlagenes) Obers
- Kaffeecremen
- Fruchtliköre
- Eierlikör
- Frappés
- Fruchtsalat, Fruchtmark oder Fruchtragout
- Warme oder kalte Kompotte, Röster

Sie sehen – der Vielfalt sind hier keine Grenzen gesetzt.

Aufgabenstellung

- Fallen Ihnen weitere Möglichkeiten für Saucen ein? Erarbeiten Sie sie in der Gruppe.

Ausfertigung

Als Abschluss der Garnierung eignen sich folgende Produkte:
- Früchte, Fruchtfächer (Ribisel, Physalis, Sternfrucht, Erdbeere, Himbeere, Apfelspalten, Heidelbeeren, Zitrusfruchtscheiben …)
- Kräuter (Ananasminze, Zitronenmelisse, Basilikum …)
- Gewürze (z. B. bei winterlichen Desserts Sternanis oder Zimtrinde, Kardamomkapseln, rosa Pfefferbeeren, Kurkuma …)
- Walnusshälften

Anrichtetechnik auf dem Teller

Desserts können unterschiedlich angeordnet werden – in I-, T-, C-, Y- oder O-Form. Wie das aussieht, wird im Folgenden an einem Beispiel beschrieben:

Beispiel – Anrichten eines Schokomus-Himbeer-Brownie

In I-Form
Alle Elemente werden der Länge nach parallel angerichtet. Es wird mit einer schmalen Lochtülle dressiert. Das Eis ist mit einem ovalen Eisportionierer schmal geformt.

In T-Form
Die Elemente werden T-förmig angeordnet – entweder stehend, gedreht oder liegend. Die Sauce ist unter dem T platziert. Das Eis ist mit einem Eisportionierer rund geformt.

In O-Form
Die Garnierung erfolgt rund um das angerichtete Dessert O-förmig. Die Sauce ist großzügig mit einem Löffel aufgetragen. Das Eis ist wiederum mit einem ovalen Eisportionierer geformt.

Aufgabenstellung

- Überlegen Sie anhand des Beispiels, wie die C- und die Y-Form aussehen könnten und fertigen Sie dazu eine Skizze an.

2 Warme Desserts

Palatschinken, Crêpes, Schmarren und Omeletten

Überbackene Topfenpalatschinken

Backtemperatur: 180 °C
Backzeit: ca. 30 Minuten
10 Palatschinken

Palatschinken:

500 ml Milch
200 g Eier (4)
200 g glattes Mehl
Prise Salz

Topfenfüllung:

75 g Butter
80 g Puderzucker
Vanille, Salz, Rum
7 g geriebene Zitronenschale
450 g Topfen (20 % F. i. T.)
50 g Ei (1)
40 g Eigelb (2)
25 g Mehl W700 oder 480
50 g Sultaninen

Guss:

250 g Milch
100 g Eier (2)
30 g Zucker
8 g Vanillezucker

Zubereitung

- Palatschinken backen.

- Eine ovale Auflaufform mit Butter bestreichen und mit Mehl bestauben.

- Für die **Topfenfüllung** Butter, Puderzucker und Geschmackszutaten schaumig rühren.
- Topfen, Ei und Eigelb abwechselnd einrühren.
- Mehl und Sultaninen beigeben. Kühl stellen.

- Palatschinken mit Fülle bestreichen und aufrollen.
- Palatschinken halbieren und dachziegelartig in die vorbereitete Form schlichten.
- Backen.

- Für den **Guss** alle Zutaten verrühren und die Palatschinken nach halber Backzeit damit übergießen. Fertig backen.
- Pro Portion zwei halbe Palatschinken eventuell mit Vanillesauce anrichten und leicht mit Vanillepuderzucker anzuckern.

Die Herstellung von Palatschinken haben Sie bereits in Küchenmanagement bzw. -organisation gelernt.

Crêpes

Crêpes sind eine beliebte Süßspeise der französischen Küche. Sie sind viel kleiner als Palatschinken. Der Teig wird mit Obers verfeinert und hat einen höheren Ei- bzw. Eigelbanteil.

Der wesentliche Unterschied zu den bei uns üblichen Palatschinken liegt in der Art der Füllung, des Anrichtens und der Beilagen. Palatschinken werden hauptsächlich gerollt, Crêpes meist zu Dreiecken zusammengelegt und evtl. flambiert.

Schmarren

Schmarren werden nach dem Backen in der Pfanne mit zwei Gabeln oder Backschaufeln in mundgerechte Stücke geteilt.

Dem Schmarrenteig können alle möglichen Früchte beigemengt werden. Um Schmarren besonders locker herzustellen, wird das Eiklar zu Schnee geschlagen.

Kaiserschmarren

2 Hauptspeisen- oder 6 Dessertportionen

120 g Eiklar (4)
30 g Zucker
Salz
250 g Milch
80 g Eigelb (4)
Vanille, Zitrone
120 g Mehl
Rumsultaninen
Butterschmalz zum Backen
Butter
Zucker

Zubereitung

- Eiklar, Zucker und Salz zu Schnee schlagen.
- Milch, Eigelb, Aromen und Mehl glatt rühren.
- Schnee unterheben.
- Pfanne vorwärmen und mit Butterschmalz auspinseln.
- Schmarrenteig eingießen und mit Rumsultaninen bestreuen.
- Zugedeckt bei niedriger Temperatur für ca. 7 Minuten auf dem Herd durchziehen lassen oder für ca. 7–10 Minuten in dem auf 200 °C vorgeheizten Backrohr backen.
- Butter und Zucker auf den vorgebackenen Schmarren geben.
- Umdrehen und bei etwas höherer Temperatur karamellisieren lassen. Eventuell auf der zweiten Seite wiederholen.
- Schmarren in Stücke teilen und anrichten.

Schmarren kann auch mit Sojamilch oder mit Sauermilchprodukten hergestellt werden.

Wie der Kaiserschmarren zu seinem Namen kam

Der Kaiserschmarren wurde von einem Koch „erfunden", der eigentlich Pfannkuchen für den Kaiser, der in Bad Ischl auf „Sommerfrische" war, zubereiten wollte. Dazu sollte es ein Zwetschkenkompott geben. Nachdem der Teig zu dick eingegossen wurde, musste der Pfannkuchen in Stücke zerteilt werden, da ein Einrollen nicht mehr möglich war. Und da das Kompott zerkochte, musste es als „Mus mit Fruchtstückchen" herhalten. Die Worte des Kaisers, was er denn heute für einen Schmarr'n zum Essen bekomme, gaben dem Schmarren seinen Namen, da dieser dem Kaiser vorzüglich schmeckte.

Béchamelomeletten

Béchamelomeletten werden ähnlich wie Soufflés (siehe S. 153) hergestellt und sind ebenso locker.

Béchamelomeletten

Ca. 4 Portionen

75 g Butter
75 g Mehl W700 oder 480
400 g Milch
Vanille
100 g Eigelb (5)
120 g Eiklar (4)
30 g Zucker
Salz

Zum Backen:

Butter

Zum Füllen:

Konfitüre

Zubereitung

- Butter aufschäumen lassen. Mehl beigeben, gut verrühren und mit kalter Milch aufgießen.
- Vanille beigeben und kochen, bis die Masse eine gute Bindung hat. Kurz überkühlen lassen.
- Eigelb nach und nach einrühren.
- Schnee aus Eiklar, Zucker und Salz melieren.
- Butter in einer mit Teflon beschichteten Omelettpfanne (120–150 mm) erhitzen. Die Masse in vier oder fünf Portionen backen.
- Omeletten mit heißer Konfitüre füllen und mit Vanillepuderzucker anzuckern.

Wichtig: Die Butter darf beim Aufschäumen keine Farbe bekommen.

Aufgabenstellung

- Recherchieren Sie, was ein Béchamelomelett „Johann Strauß" ist.

Knödel und Tascherl

Sie sind aus der österreichischen Mehlspeisenküche nicht wegzudenken. Sie können mit Früchten, Nougat, Pralinen, Nuss- oder Mohnfüllung usw., aber auch pikant gefüllt werden.

Topfenteig für Fruchtknödel

Ca. 4 Portionen à 3 Stk.

60 g Butter
4 g Salz
Zitrone
50 g Ei (1)
250 g passierter Topfen
120 g Mehl W700 oder 480

Zubereitung

- Weiche Butter, Salz und Aromen glatt rühren.
- Ei dazugeben.
- Topfen und Mehl rasch einkneten.
- Teig kühl stellen und rasten lassen.

Herstellung von Fruchtknödeln

- Den Teig durch Formen einer Rolle und Schneiden oder durch Ausrollen und Ausstechen portionieren.
- Frucht auflegen.
- Gut verschließen und in der Hand rund rollen.
- In leicht gesalzenem, schwach kochendem Wasser kochen oder im Dampfgarer garen.

Tiefkühlfrüchte eignen sich sehr gut für Knödel. Früchte nicht auftauen, aber eventuell in Zucker tauchen, da Tiefkühlfrüchte an Süße verloren haben.

Die Kochdauer richtet sich nach der Füllung bzw. der Größe: Himbeer- und Erdbeerknödel brauchen ca. 7 Minuten, bis sie gar sind, Marillenknödel hingegen 15–20 Minuten.

Die Knödel können auch mit Fruchtkugerln gefüllt werden, die aus gebundenem Fruchtpüree geformt wurden:

- Man formt kleine, gleich große Kugerl aus verschiedenen Fruchtpürees (z. B. Erdbeere, Marille, Zwetschke).
- Dadurch kann man ein kleines Knödelpotpourri mit gleich großen Knödeln hübsch anrichten.

Es können mit Fruchtpüree auch **Tascherl** geformt werden: Teig ausrollen, rund ausstechen, füllen, gut verschließen.

Stimmt das Gerücht, dass der Knödel, wenn er schwimmt, fertig gegart ist? Probieren Sie es in der Praxis aus.

Ausfertigung

- Die Knödel mit dem Lochschöpfer herausnehmen.
- In Butterbröseln wälzen.
- Mit Krokant oder gerösteten Nüssen oder Mohn bestreuen.
- Mit flüssiger Butter leicht überziehen und anzuckern.

Topfenknödel

Ca. 8 Portionen à 3 Stk.

500 g passierter Bröseltopfen
100 g Eier (2)
40 g Mehl W700 oder 480
35 g Weizengrieß
22 g Semmelbrösel
Ca. 60 g Puderzucker
Salz, Vanille, Zitrone

Zubereitung

- Bröseltopfen mit den anderen Zutaten rasch verrühren.
- Kühl stellen und 30 Minuten rasten lassen.
- Knödel formen.
- In leicht gesalzenem Wasser 10 Minuten schwach kochen lassen.
- Topf vom Herd nehmen, zudecken und Knödel weitere 10 Minuten ziehen lassen.

Grieß braucht zum richtigen Aufgehen und Lockern viel Zeit.

Führen Sie mögliche Serviervorschläge an:
Fruchtragout,

Strudel

Einteilung

Süße, mit Obst gefüllte, gebackene Strudel

Süße, mit Topfen-, Rahm- oder anderen Füllungen gefüllte, gebackene Strudel

Strudelteig – Grundrezept (GR)

1 großer oder 2 kleine Strudel

250 g Mehl W700
3 g Salz
1/16 l Öl
1/8 l Wasser

Zum Ausarbeiten:

Öl und Mehl

Zubereitung

- Alle Zutaten zu einem glatten, seidigen und eher weichen Teig verarbeiten.
- Teig schleifen, flach drücken und auf eine mit Öl bestrichene Unterlage wegsetzen.
- Mit Öl bestreichen und zugedeckt bei Raumtemperatur ruhen lassen.
- Auf einem bemehlten Strudeltuch zuerst vorrollen und dann mit bemehlten Handrücken unter den Teig greifen und von der Mitte aus gegen die Tischkanten hin durchscheinend dünn ziehen.
- Je nach Rezept weiterverarbeiten.

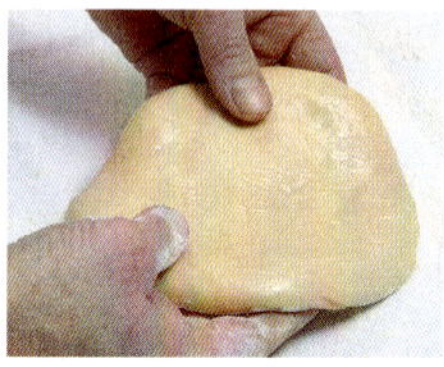
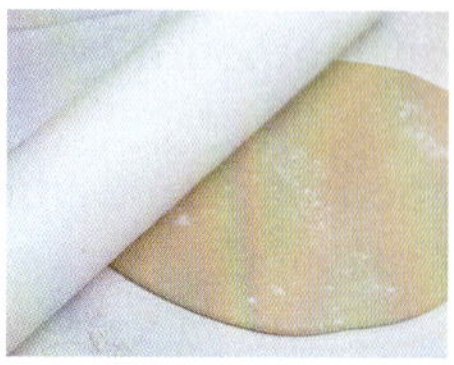
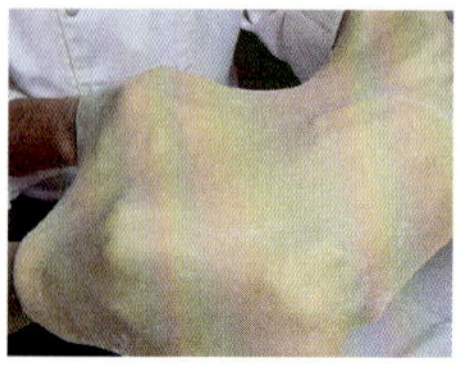
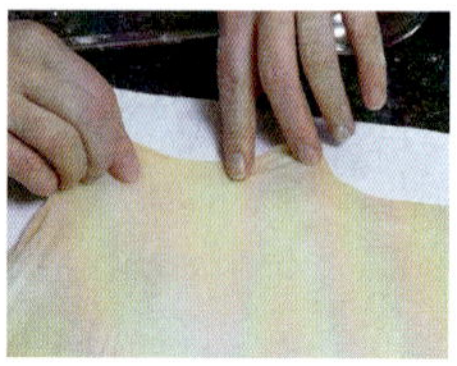

Apfelstrudel – warm und kalt

Backtemperatur:
220–180 °C fallend
Backzeit: ca. 30–45 Minuten

GR Strudelteig
Apfelfüllung:

- 1 200 g geschälte, entkernte säuerliche Äpfel
- 60 g Zitronensaft
- 120 g Zucker
- Zimt
- Geriebene Zitronenschale
- 50 g Sultaninen
- 60 g Rum
- 160 g Butterbrösel

Butterbrösel für Strudel:

- 60 g Butter
- 100 g Semmelbrösel

Zum Bestreichen:

- 60 g flüssige Butter

Zubereitung

- Den Strudelteig laut Grundrezept herstellen und mindestens 30 Minuten rasten lassen.

- Für die **Apfelfüllung** Äpfel in 3 bis 4 mm dicke Scheiben schneiden. Mit den Geschmackszutaten abschmecken, mischen und kurz ziehen lassen.

- Für die **Butterbrösel** Butter in einer Pfanne aufschäumen lassen.
- Brösel beigeben und kurz durchrühren.

- Teig ziehen und Rand abschneiden.
- Circa ein Drittel der Teigfläche mit Butterbröseln bestreuen. Apfelfüllung darauf verteilen.
- Die restliche Teigfläche mit Butter bestreichen.
- Teig mithilfe des Tuchs zum Strudel aufrollen.
- Mit dem Schluss nach unten auf ein befettetes Randblech wegsetzen und mit Butter bestreichen.
- Im heißen Rohr anbacken, mit Butter bestreichen und bei verringerter Temperatur fertig backen.

- Leicht überkühlen lassen und mit Vanillepuderzucker anzuckern.

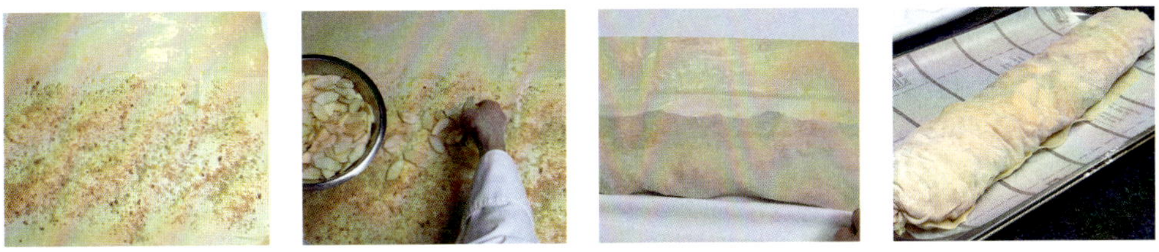

Topfenstrudel – warm und kalt

2 Kastenformen
Backtemperatur: 200–180 °C fallend
Backzeit: ca. 50 Minuten

GR Strudelteig
Topfenfüllung:

- 150 g Butter
- 160 g Puderzucker
- Vanille, Salz, Rum
- 15 g geriebene Zitronenschale
- 900 g Topfen (20 % F. i. T.)
- 100 g Eier (2)
- 100 g Eigelb (5)
- 50 g Mehl W700 oder 480

Zum Bestreichen:

- 60 g flüssige Butter

Zubereitung

- Strudelteig laut Grundrezept herstellen.
- Für die **Topfenfüllung** Butter mit Puderzucker und Geschmackszutaten schaumig rühren.
- Topfen, Eier und Eigelb abwechselnd einrühren.
- Mehl beimengen und kühl stellen.
- Strudelteig ziehen.
- Topfenfüllung zweimal in Kastenlänge und ca. 150 mm breit mit einem Abstand von ca. 60 mm auf der Teigfläche verstreichen.
- Die restliche Teigfläche mit Butter beträufeln.
- Teigränder abschneiden und den Teig mithilfe des Tuchs zum Strudel aufrollen.
- Strudel durch Abdrücken des Teigs teilen und in die befetteten Formen legen.
- Backen.
- Strudel etwas setzen lassen, portionieren und mit Vanillepuderzucker anzuckern.
- Eventuell mit Vanillesauce servieren.

Warme Puddings

Puddings sind kompakter als Soufflés (siehe S. 153). Sie werden gestürzt auf Tellern angerichtet und serviert.

Schokoküchlein

6 Darioleformen
à Ø 60 mm, 60 mm Höhe
Backtemperatur:
Unterhitze: 190–200 °C,
Oberhitze: 160 °C
Backzeit: ca. 35 Minuten

Butter, Zucker für die Formen

90 g Eiklar (3)
25 g Zucker
Salz
50 g Butter
15 g Puderzucker
50 g flüssige Kuvertüre
60 g Eigelb (3)
50 g geriebene Mandeln
20 g Stärke
300 g Schokoladensauce (siehe S. 164)
150 g geschlagenes Obers

Zubereitung

- Formen komplett mit Butter ausstreichen und mit Zucker bestreuen.
- Eiklar, Zucker und Salz zu Schnee schlagen.
- Butter und Puderzucker schaumig rühren.
- Flüssige Kuvertüre und Eigelb einrühren.
- Geriebene Mandel-Stärke-Mischung abwechselnd mit dem Eischnee in den Butterabtrieb heben.
- Masse in einen Dressiersack füllen.
- In vorbereitete Darioleformen bis 1 cm unter den Rand dressieren.
- In ein Wasserbad mit schwach kochendem Wasser stellen.
- Im Backrohr auf unterster Schiene bei offenem Zug pochieren.

- Stürzen, mit Schokoladensauce und geschlagenem Obers garnieren und sofort servieren.

Will man den Pudding etwas kompakter haben, gibt man noch 10 g Mehl bei.

Topfenpudding

7 Darioleformen à Ø 60 mm, 60 mm Höhe
Backtemperatur: Unterhitze: 180 °C, Oberhitze: 160 °C
Backzeit: ca. 25 Minuten

Butter, Zucker für die Formen

90 g Eiklar (3)
20 g Zucker
250 g passierter Topfen (20 % F. i. T.)
40 g Eigelb (2)
20 g Puderzucker
125 g Sauerrahm
30 g Cremepulver
Salz, Vanille, Rum
70 g Milch

Zum Ausfertigen:
350 g Fruchtmark
Früchte

Zubereitung

- Formen komplett mit Butter ausstreichen und mit Zucker bestreuen.
- Aus Eiklar und Zucker Schnee schlagen.
- Topfen, Eigelb, Puderzucker, Sauerrahm, Cremepulver und Geschmackszutaten verrühren.
- Milch beigeben, bis die Masse eine cremige Konsistenz hat.
- Schnee melieren.
- Die Masse in die vorbereiteten Formen bis ca. 10 mm unter den Formenrand füllen.
- Die Puddings pochieren (siehe Schokoküchlein).
- Die Puddings stürzen und mit Fruchtmark und Früchten servieren.

Soufflés

Soufflés bestehen aus einer besonders leichten, stark aufgehenden Masse, die à la minute im Wasserbad gebacken wird.

Soufflés werden **in der Form serviert.** Die Masse sollte schön gleichmäßig über den Rand hinaus aufgegangen sein.

Himbeersoufflé

4 Kokottenformen
à Ø 90 mm, 55 mm Höhe
Backtemperatur:
Unterhitze: 200 °C,
Oberhitze: 180 °C
Backzeit: 12–15 Minuten

Für die Form:

Streichfähige Butter
Zucker
40 g Himbeeren
20 g Himbeergeist

Béchamelmasse:

20 g Butter
20 g Mehl W700 oder 480
180 g Milch
40 g Eigelb (2)
20 g Himbeergeist
120 g Eiklar (4)
50 g Zucker

Zum Ausfertigen:

200 g Himbeermark

Zubereitung

- Formen mit Butter bestreichen (die Butter muss an der Form haften bleiben) und mit Zucker bestreuen. Je drei Himbeeren einlegen und mit etwas Himbeergeist parfümieren.

- Für die **Béchamelmasse** Butter aufschäumen lassen. Mehl beigeben und kurz rösten.
- Milch einrühren, die Masse ein bis zwei Minuten kochen und etwas überkühlen lassen.
- Eigelb mit Himbeergeist einrühren.
- Schnee aus Eiklar und Zucker melieren.

- Die Masse bis knapp unter den Formenrand einfüllen.
- Für das Garen im Wasserbad die Formen mit genügend Abstand in eine mit Backtrennpapier ausgelegte Wanne stellen und diese 15 mm hoch mit kochendem Wasser füllen.
- Im Backrohr auf der untersten Schiene bei offenem Zug backen.

- Mit Vanillepuderzucker anzuckern, Soufflé in der Form auf Spitzenpapier stellen, mit Himbeermark garnieren und sofort servieren.

Soufflés sollen nach dem Backen innen noch leicht cremig sein.

Tipp
Das Wasserbad wird mit Backtrennpapier ausgelegt, damit die Soufflés noch besser vor direkter Hitzeeinwirkung geschützt sind.

Salzburger Nockerl

„Süß wie die Liebe und zart wie ein Kuss“ – ganze Lieder wurden auf diesen luftigen Süßspeisenklassiker schon gesungen.

Die Salzburger Nockerl sind weltbekannt. So wie die Weltreise und der Besuch des Geburtshauses von Mozart zum Leben der Asiaten gehören, so gehört auch das Genießen der Salzburger Nockerl dazu. Aber auch die Einheimischen genießen diese flaumige Spezialität.

Salzburger Nockerl

1 Portion (3 Nockerl)
Backtemperatur: 200 °C
Backzeit: 10 Minuten

Für die Form (Plat russe):

Butter
Milch oder Obers
Preiselbeeren

Nockerlmasse:

180 g Eiklar (6)
70 g Zucker
Salz
60 g Eigelb (3)
Vanille, Zitrone
20 g Mehl

Für das Gelingen ist ein perfekt geschlagenes Eiklar ausschlaggebend.

Zubereitung

- Eiklar mit Zucker und Salz gut aufschlagen.
- Auf die eine Seite des Eischnees das Eigelb und die Aromen geben, auf die andere Seite das Mehl.
- Eigelb, Aromen und Mehl mit dem Schneebesen vorsichtig unterheben.
- In die mit Butter ausgepinselte, mit wenig Obers oder Milch ausgegossene vorgewärmte Plat russe wenig Preiselbeeren geben und mit der Teigkarte aus der Nockerlmasse drei Nockerl formen und in die Form setzen.
- Nockerl bei 200 °C ca. 10 Minuten backen.
- Anzuckern und sofort servieren.

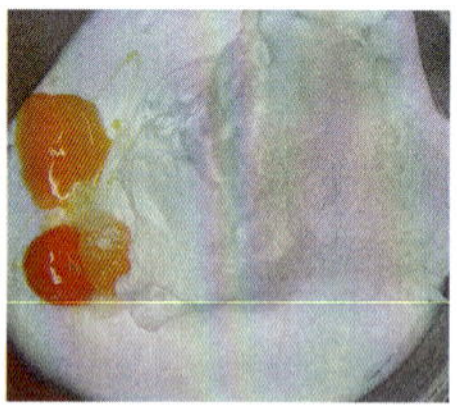

- Die Nockerl müssen innen noch sehr cremig sein. Achten Sie wegen der Salmonellengefahr aber trotzdem auf die Kerntemperatur von 70 °C!
- Mit den Salzburger Nockerln werden symbolisch die drei Stadtberge der Stadt Salzburg dargestellt – der Rainberg, der Mönchsberg und der Kapuzinerberg – daher immer drei Nockerl formen.

Aufläufe

Aufläufe sind lockere Massen, die in dafür bestimmten feuerfesten Porzellanformen (Auflaufformen) gebacken und anschließend portioniert werden.

Reisauflauf

Ca. 6 Portionen
Backtemperatur: 180 °C
Backzeit: ca. 40 Minuten

Butter, Mehl für die Form
100 g Mittel- oder Rundkornreis
500 g Milch
40 g Butter
Salz
8 g Vanillezucker
90 g Eiklar (3)
50 g Zucker
60 g Eigelb (3)
40 g Puderzucker
7 g geriebene Zitronenschale
Zum Ausfertigen:
Vanillepuderzucker
120 g Fruchtsaft

Zubereitung

- Ovale Auflaufform mit Butter bestreichen und mit Mehl bestauben.
- Milch, Butter, Geschmackszutaten und Reis zugedeckt weich dünsten. Auskühlen lassen.
- Aus Eiklar und Zucker Schnee schlagen.
- Eigelb, Puderzucker und Zitronenschale schaumig rühren.
- Die Reismasse beigeben.
- Schnee melieren.
- In die vorbereitete Form füllen und backen.
- Anzuckern, portionieren und mit Fruchtsaft servieren.

Apfelreisauflauf

- Die Hälfte der Reisauflaufmasse in die Form füllen.
- Oblaten darauflegen und ca. 400 g (evtl. gedünstete) Apfelfüllung (S. 44) darüber verteilen.
- Mit der restlichen Auflaufmasse abdecken und bei offenem Zug backen.
- Gegen Ende der Backzeit Schaummasse aus 60 g Eiklar und 60 g Zucker auf den Reisauflauf streichen.
- Bei ca. 250 °C im Backrohr abflämmen.

Aufgabenstellung

- Warum sollte man für Reisauflauf keinen Langkornreis verwenden? Haben Sie eine Erklärung dafür?

In Fett gebackene Süßspeisen

Zum Backen in Fett werden Backteige verwendet. Je nach verwendeter Flüssigkeit bezeichnet man sie als Milch-, Wein- oder Bierbackteig.

Verwendung

Milch- und Weinbackteig	Bierbackteig
Für gebackene Früchte. Milchteig verwendet man besonders dann, wenn das Gericht für Kinder bestimmt ist. Durch den in der Milch enthaltenen Milchzucker bekommt das Gebackene eine besonders schöne Farbe.	Für pikante Gerichte, z. B. gebackenes Gemüse. Bei diesem Teig wird die Zuckermenge auf die Hälfte reduziert.

Früchte in Backteig

Ca. 10 Portionen
Siedefetttemperatur: 160 °C

150 g Eiklar (5)
50 g Zucker
Salz
220 g Mehl W480
250 g Milch oder Wein
60 g Eigelb (3)
30 g Rum
Mehl zum Wenden

Zum Füllen:
Frische Früchte

Zubereitung

- Eiklar, Zucker und Salz zu Schnee schlagen.
- Mehl mit Flüssigkeit glatt rühren.
- Eigelb und Rum beigeben, ruhen lassen.
- Schnee melieren.

- Die vorbereiteten Früchte in Mehl wenden, durch den Teig ziehen und in heißem Fett schwimmend beiderseits goldbraun backen.
- Herausnehmen und auf einem Küchenkrepppapier abtropfen lassen.

- Portionieren und mit Vanillepuderzucker anzuckern.

Gebackene Apfelspalten

- Äpfel schälen, Kerngehäuse ausstechen, Äpfel in 10 mm dicke Scheiben schneiden, mit einer halbierten Zitrone einreiben.
- In Mehl wenden, durch den Backteig ziehen und backen.
- Abtropfen lassen und mit Zimtzucker bestreuen.

Schlosserbuben

- Entsteinte Dörrpflaumen einige Stunden in Wasser einweichen, abseihen und abtrocknen lassen.
- Mit Marzipanrohmasse oder einer weißen Mandel füllen.
- Durch den Backteig ziehen und backen.
- Abtropfen lassen und mit einer Mischung aus geriebener Kuvertüre und Puderzucker (2 : 1) bestreuen.

Schlosserbuben

Aufgabenstellung

- Was sind Wiener Wäschermädel? Recherchieren Sie im Internet und vergleichen Sie die Rezeptangaben mit den Schlosserbuben.

Anrichten von warmen Süßspeisen

Zum Anrichten braucht man

Geröstete Butterbrösel

Für Knödel und Tascherl

Fruchtmark

Für warme und kalte Desserts

Vanillesauce

Für Strudel und gebackenes Obst

Heiße Schokoladensauce

Für Puddings und warme Desserts

Geröstete Butterbrösel

100 g klein geschnittene Butter
150 g Semmelbrösel

Zubereitung

- Butter auf dem Herd aufschäumen lassen.
- Brösel beigeben und unter ständigem Rühren goldbraun rösten.

Varianten

- Die Brösel auf einem Randblech verteilen, Butterflocken darübergeben und bei 200 °C im Backrohr rösten. Brösel dabei immer wieder wenden.
- Brösel mit Zucker und eventuell Zimt abschmecken, gekochte Knödel darin wälzen.

Diese Variante spart Butter und damit auch Kalorien und Kosten. Das Verhältnis Brösel zu Butter kann auf 5 : 2 (z. B. 125 g Brösel, 50 g Butter) reduziert werden.

- Die gerösteten Brösel je nach Süßspeise mit geriebenen Walnüssen oder gerösteten, grob geriebenen Haselnüssen oder Mandeln mischen.

3 Kalte Desserts

Dessertcremen

Man unterscheidet

Cremen zum Stürzen

Relativ hoher Anteil an Gelatine

Cremen im Glas

Geringer Anteil oder ohne Gelatine

Mousses

Bestehen hauptsächlich aus einem pürierten oder aufgelösten, verfeinerten Grundbestandteil, nach dem sie benannt werden

Die Bayerische Creme finden Sie auf S. 98.

Karamellcreme

6 Kokottenformen à Ø 80 mm
Backtemperatur:
Unterhitze: 180 °C,
Oberhitze: 160 °C
Backzeit: ca. 35 Minuten

Karamell:

100 g Zucker
20 g Wasser (Orangensaft)

Royale (Guss):

400 g Milch
100 g Obers
10 g Vanillezucker
150 g Eier (3)
40 g Eigelb (2)
90 g Zucker

Zum Ausfertigen:

Früchte
Leicht gesüßtes, geschlagenes Obers

Zubereitung

- Zucker zu braunem Karamell schmelzen, mit Wasser ablöschen und kochen, bis der Karamell aufgelöst ist. 3 mm hoch in die Kokottenformen füllen.
- Die ausgegossenen Kokottenformen mit genügend Abstand in eine Wannenform hineinstellen.

- Für die **Royale** Milch, Obers und Vanillezucker aufkochen.
- Eier, Eigelb und Zucker verrühren und die kochende Milch unter ständigem Rühren beigeben.
- Die Masse passieren und so heiß wie möglich in die vorbereiteten Formen füllen.
- Wanne sofort mit kochend heißem Wasser bis unter den Formenrand füllen und im Rohr bei ca. 85 °C Wassertemperatur (Thermometer in das Wasserbad legen) pochieren. Das Wasser darf nicht kochen und die Royale darf nicht aufgehen.

- **Garprobe:** Die Creme mit einem kleinen Messer oder einer Nadel in der Mitte anstechen, dabei soll keine flüssige Royale mehr hochkommen.
- Herausnehmen und auskühlen lassen (Creme eventuell am Vortag herstellen).
- Die Creme mit einem Messer von der Form lösen, stürzen und Karamell ausfließen lassen.
- Mit Früchten und geschlagenem Obers garnieren.

Sollte die Creme nach dem Erkalten kleine Löcher haben, so war die Backtemperatur zu hoch.

Mousses

Schokoladenmousse – Mousse au Chocolat

8 Portionen

Bitterschokoladenmousse:

100 g pasteurisiertes Vollei (2)
40 g pasteurisiertes Eigelb (2)
60 g Zucker
250 g flüssige dunkle Kuvertüre
500 g geschlagenes Obers
20 g Weinbrand

Zum Ausfertigen:

Leicht, gesüßtes, geschlagenes Obers
Schokoladenspäne

Zubereitung

- Vollei, Eigelb und Zucker schaumig rühren.
- Mit einer Gummispachtel die Kuvertüre einrühren.
- Ein Drittel der Obersmenge zügig unterrühren. Den Weinbrand beigeben und das restliche Obers melieren.

Wenn man Frischei verwendet, Eier und Zucker über Dampf bis 75 °C aufschlagen. Überkühlen lassen.

- In Dessertgläser oder in Flexipanformen füllen und im Kühlbereich abstocken lassen.
- Oder in eine flache Form füllen und nach dem Abstocken mit zwei Löffeln Nockerl formen.

- Mit geschlagenem Obers und Schokoladenspänen garnieren.

Parfaits und Oberseis – Halbgefrorenes

Im Unterschied zu Speiseeis werden diese Eisspeisen nicht in einer Eismaschine gefroren, sondern **in vorgekühlte Formen gefüllt und tiefgekühlt.**

Zum Einfüllen eignen sich Eisbombenformen, mit Dehnfolie ausgelegte Kuchenformen, Flexipan- oder Portionsformen usw.

Zusammensetzung

- **Parfaits** bestehen hauptsächlich aus einer Eigelb-(Vollei-)Masse, Geschmacksträgern und geschlagenem Obers.
- **Fruchtparfaits** werden meist aus einer Schaummasse anstelle der Eiermasse hergestellt – der Geschmack ist dadurch fruchtiger.
- **Oberseis** besteht aus geschlagenem Obers, Zucker und Geschmackszutaten.

Gestaltungsmöglichkeiten

- Dessertformen mit dünnem Dekorbiskuit u. Ä. auskleiden.
- Parfait (auch mehrere Sorten sind möglich) einsetzen und eventuell mit Biskuit (= Boden) abdecken.
- Tiefgekühlt können Parfaits mit Canache glasiert, filliert oder bestreut werden.

Erdbeer- und Himbeerparfait

Weshalb wird Eisparfait auch „Halbgefrorenes“ genannt?

Parfaitgrundmasse

100 g Eier (2)
40 g Eigelb (2)
70 g Zucker
1 kleine Prise Salz
250 g Obers

Zubereitung

- Eier, Eigelb, Zucker und Salz auf ca. 70 °C erhitzen und sofort kalt schlagen.
- Gewünschte Geschmackszutaten und geschlagenes Obers beimengen, einfüllen, gefrieren.

Es kann dem Parfait auch eine kleine Menge an Gelatine beigegeben werden, dann hält es beim Servieren die Form.

Schokoladenparfait

100 g dunkle Kuvertüre
20 g Rum

Zubereitung

- Zutaten mit der Parfaitgrundmasse mischen, einfüllen und gefrieren.

Krokantparfait

30 g Haselnussmark
50 g geriebener Krokant

Zubereitung

- Zutaten mit der Parfaitgrundmasse mischen, einfüllen und gefrieren.

Vanilleparfait

- 50 g (1) Ei
- 40 g (2) Eigelb
- 1 Prise Salz
- ½ Vanilleschote
- 80 g Zucker
- 20 ml Wasser
- 200 ml Schlagobers
- 1 Blatt Gelatine
- Evtl. 1 EL Grand Marnier

Grand Marnier gibt dem Vanilleparfait ein feines Aroma.

Vorbereitung

- Schlagobers halbsteif (cremig) aufschlagen und kalt stellen.
- Vanillemark aus der Schote schaben.
- Form(en) vorbereiten und tiefkühlen.
- Gelatine in kaltem Wasser einweichen.

Zubereitung

- Eigelb und Ei mit einer Prise Salz und dem Vanillemark aufschlagen.
- Wasser mit Zucker aufkochen, bis zum Faden kochen (Zuckerkochen siehe S. 183f).
- Rasch in die Eiermasse einlaufen lassen und so lange weiterrühren, bis die Masse ausgekühlt ist.
- Eingeweichte Gelatine ausdrücken und in einer Kasserolle – evtl. mit etwas Grand Marnier – schmelzen.
- Die geschmolzene Gelatine in die aufgeschlagene Eiermasse rühren.
- Halbsteif geschlagenes Obers unterziehen und die fertige Parfaitmasse in die vorbereitete(n) Form(en) füllen. Mindestens 4 Stunden tiefkühlen.
- Vor dem Servieren stürzen, auf Tellern anrichten und nach Belieben mit Früchten, Saucen und Dekor finalisieren.

Nougatparfait mit Erdbeer-Rosmarin-Sauce

- 60 g (3) Eigelb
- 1 Prise Salz
- 30 g Zucker
- 10 ml Rum
- 10 ml Amaretto
- 20 ml Wasser
- 2 Blatt Gelatine
- ½ Vanilleschote
- 90 g Nougat
- 20 g dunkle Kuvertüre
- 200 ml Schlagobers

Erdbeersauce:

- 150 g TK-Erdbeeren
- 30 g Zucker
- 1 Rosmarinzweig

Zum Garnieren:

- Kokosflocken
- Haselnusszwieback
- Erdbeeren, halbiert
- Minzeblätter

Vorbereitung

- Formen vorbereiten und kühl stellen.
- Eier trennen – Eiklar für Dekorationszwecke aufheben.
- Gelatine in kaltem Wasser einweichen.
- Nougat und Kuvertüre hacken und über Wasserdampf schmelzen.
- Schlagobers halbsteif (cremig) aufschlagen und kalt stellen.
- Erdbeeren mit etwas Wasser und Zucker aufkochen, den Rosmarinzweig dazugeben und ziehen lassen.
- Vanillemark aus der Schote schaben.

Zubereitung

- Eigelb im Rührkessel der Küchenmaschine mit einer Prise Salz, Zucker und Vanillemark über Wasserdampf warm schlagen und kalt ausschlagen.
- Kessel in die Rührmaschine einspannen und ca. 10 Minuten schlagen.
- Rum, Amaretto und Gelatine mit dem Einweichwasser erwärmen und unter die Eigelbmasse rühren.
- Geschmolzenes Nougat und geschmolzene Kuvertüre einrühren.
- Halbsteif geschlagenes Obers unterziehen und die fertige Parfaitmasse in die vorbereitete(n) Form(en) füllen.
- Mindestens 4 Stunden tiefkühlen.
- Rosmarinzweig aus der Sauce nehmen und diese pürieren und passieren.
- Vor dem Servieren Parfait aus der Form nehmen und in Baiser- oder Kokosflocken wälzen.
- Auf Tellern anrichten und mit Erdbeersauce, Haselnusszwieback, halbierten Erdbeeren und Minzeblättern garnieren.

Fruchtparfait

300 g Erdbeeren
Etwas Zitronensaft
140 g Zucker
50 g Wasser
75 g pasteurisiertes Eiklar
80 g Zucker
500 g geschlagenes Obers

Zubereitung

- Früchte pürieren, Zitronensaft beigeben.
- Zucker und Wasser bis 119 °C kochen.
- Eiklar und Zucker schlagen, heiße Zuckerlösung langsam in den Eischnee einrühren und kalt schlagen.
- Fruchtmark, Schaummasse und geschlagenes Obers melieren, in Formen füllen und gefrieren.

Eiscrêpes, Eispalatschinken

- Frisch gebackene Crêpes oder Palatschinken mit beliebigen Eissorten oder Eisparfaits füllen.
- Eiscrêpes werden dreieckig zusammengelegt, Palatschinken meistens eingerollt.
- Mit passender Sauce nappieren und mit nur leicht geschlagenem Obers, eventuell mit Früchten, gehobelten Mandeln und weiteren Dekorelementen ausfertigen.

Eispalatschinken

Granités, gefrorene Getränke

- Granité ist eine gefrorene Süßspeise mit einer sorbetähnlichen Konsistenz. Der Begriff leitet sich vom Lateinischen „granum" für Korn ab, was auf die körnige (kristallene) Substanz der Süßspeise hinweist.
- Die gängigste Art wird aus Läuterzucker und frisch gepresstem Zitronensaft zubereitet. Ebenso kann es aus Fruchtsaft, Läuterzucker, Wein oder Sekt gemischt werden.
- Die Masse wird auf ca. 12 bis 14 °Bé gebracht und in einem Edelstahlbehälter gefroren. Während des Gefriervorgangs wird die Masse einige Male nur leicht vom Rand gelöst.
- Granité wird grobkörnig bzw. splittrig gestoßen und mit Trinkhalm und Löffel serviert.

Bé = Abkürzung für Baumé; beim Zuckerkochen verwendete Maßeinheit (siehe S. 25 und 184).

Sorbets

- Sorbet ist die Bezeichnung für eiskalte Getränke oder halb gefrorene Speisen. Sie werden aus Fruchtsaft, Fruchtmus und einem geringen Anteil an Zucker hergestellt. Bindemittel werden dazu sehr selten verwendet.
- Es gibt auch Sorbets, die statt Fruchtsaft Prosecco, Sekt oder Wein enthalten – klassisch gilt dies für Zitronensorbet.
- Säuerliche oder leicht bittere Sorbets werden häufig als Zwischengang bei einem mehrgängigen Menü gereicht, um das Sättigungsgefühl zu verringern.
- Die Masse wird in einem Edelstahlbehälter gefroren und dabei mehrfach mit einem Schneebesen umgerührt. Sie kann aber auch in einer Sorbetière (automatisches Rühren während gleichzeitiger Kühlung) gefroren werden.
- Sorbets verlieren rasch ihre Geschmeidigkeit und sollten daher nicht auf Vorrat hergestellt werden.

Sorbet

Blutorangensorbet

- 330 g Blutorangensaft
- 60 g Zucker

Zubereitung

- Fruchtsaft und Zucker verrühren bzw. abschmecken.
- Gefrieren und in gekühlten Gläsern servieren.

Spooms

Spooms sind gefrorene Sorbets, denen gezuckerter Eischnee aus pasteurisiertem Eiklar beigemischt wird.

Ananasspoom

- 160 g Wasser
- 100 g Zucker
- 300 g pürierte Ananas
- 100 g trockener Weißwein
- 60 g pasteurisiertes Eiklar
- 100 g Zucker

Zubereitung

- Zucker in heißem Wasser auflösen und kühlen.
- Ananaspüree und Weißwein beigeben und gefrieren.
- Eiklar mit Zucker steif schlagen.
- Eischnee unterziehen, in gekühlte Gläser füllen, mit Melissenblättern garnieren und rasch servieren.

Panna cotta

Panna cotta

- 250 ml Schlagobers
- 250 ml Milch
- 70 g Zucker
- 1 Vanilleschote, der Länge nach halbiert
- 3 Bl. Gelatine
- 20 ml Amaretto

Karamellisierter Rhabarber:

- 500 g Rhabarber (ca. 3 dicke oder 6 dünne Stangen)
- 200 g Kristallzucker
- 150 ml Wasser

Zubereitung

- **Für das Panna cotta** Gelatine in kaltem Wasser einweichen.
- Schlagobers, Milch, Zucker und Vanilleschotenhälften aufkochen und mindestens 10 Minuten ziehen lassen.
- Amaretto und ausgekühlte Blattgelatine dazugeben und so lange rühren, bis sie sich aufgelöst hat.
- Masse passieren (abseihen) und in Eiswasser kalt stellen.
- Immer wieder umrühren, so lange, bis die Masse dickflüssig wird.
- In Gläser oder Formen füllen und kalt stellen.
- **Für den karamellisierten Rhabarber** den Rhabarber schälen und in ca. 5 cm lange Stücke schneiden.
- Zucker in einer Kasserolle zu Karamell schmelzen und mit Wasser aufgießen.
- Rhabarber dazugeben und ca. 2–3 Minuten schwach köcheln lassen.
- Panna cotta aus den Formen stürzen und mit karamellisiertem Rhabarber garnieren oder Gläser garnieren.

- Durch die Zugabe von Milch ist das Panna cotta nicht so fetthaltig und schmeckt dadurch sehr erfrischend.
- Wenn der Rhabarber sehr dick ist, einmal der Länge nach halbieren.

Tartes und Brownies

Schokoladen-Orangen-Tarte

Mürbteig:

150 g Mehl (W700 oder 480)
100 g Butter
50 g Staubzucker

Füllung:

80 g Eigelb (4)
25 g Zucker
300 ml Schlagobers
300 g dunkle Kuvertüre
Grand Marnier
Orangenzesten von 1 Orange

Zubereitung

- **Für den Mürbteig** alle Zutaten rasch miteinander verkneten – rasten lassen.
- Teig ca. 3 mm dick ausrollen und in die Tarte-Form(en) drücken.
- Teig mit einer Gabel stupfen.
- Bei 170 °C ca. 10 Minuten backen.
- **Für die Füllung** Eigelb mit Zucker schaumig schlagen.
- Schlagobers aufkochen, gehackte Kuvertüre hinzufügen und ohne weitere Hitzezufuhr auflösen.
- Obersmasse mit einem Kochlöffel in die Eigelbmasse einarbeiten und Grand Marnier und Orangenzesten zugeben.
- Auf den Mürbteig geben und die Tarte ca. 15 Minuten fertig backen.
- Vollständig auskühlen lassen, portionieren, anrichten und nach Belieben garnieren.

Schokoladen-Brownie mit Schokoladenmus und Himbeersorbet

Nicht vergessen, am Vortag die Zutaten fürs Himbeersorbet im Pacojet einzukühlen!

200 g Eier (4)
170 g dunkle Kuvertüre
170 g Butter
170 g Staubzucker
1 Prise Salz
Vanillezucker
140 g Mehl (W480 oder 700)

Schokoladenmus:

90 g Eiklar, pasteurisiert
50 g Zucker
150 g dunkle Kuvertüre
200 ml Schlagobers

Himbeersorbet:

330 g pürierte Himbeeren
300 ml Wasser
100 g Zucker
50 ml Zitronensaft

Himbeeren
Minzeblätter
Schokoladensauce (siehe S. 164)

Zubereitung

- **Für die Brownies** die Formen bzw. das Backblech vorbereiten und das Backrohr auf 170 °C vorheizen.
- Kuvertüre hacken und in der flüssigen Butter schmelzen.
- Eier, Staubzucker, Vanillezucker und Salz schaumig schlagen.
- Geschmolzene Kuvertüre und Mehl abwechselnd melieren.
- In die vorbereiteten Formen füllen oder auf das Backblech streichen und ca. 10–15 Minuten backen.
- **Für das Schokomus** die Kuvertüre im Wasserbad schmelzen.
- Schlagobers cremig aufschlagen und kühl stellen.
- Eiklar mit Zucker schaumig schlagen.
- Geschmolzene Kuvertüre in den Eischnee rühren und Schlagobers unterheben.
- Kühl stellen.
- **Himbeersorbet im Pacojet herstellen:** 24 Stunden vor Zubereitung einkühlen und dann pacossieren.

- **Zum Anrichten** Brownies in Rechtecke à 12 x 3 cm schneiden oder aus den Formen stürzen und auf Desserttellern platzieren.
- Schokomus auf die Brownies dressieren oder mit dem Löffel auftragen.
- Nockerl aus dem Himbeersorbet stechen und auf Schokoerde (siehe S. 144) oder Brownie-Brösel setzen.
- Mit Himbeeren und Minzeblättern garnieren und evtl. mit Schokoladensauce nappieren.

4 Saucen zum Anrichten

Schokoladensauce – heiß serviert

- 100 g Milch
- 100 g Obers
- 50 g Sirup
- 200 g dunkle Kuvertüre

Zubereitung

- Milch, Obers und Sirup auf 85 °C erhitzen.
- Kuvertüre einrühren, homogenisieren (mit einem Stabmixer ca. 30 Sekunden lang mixen, dabei möglichst wenig Luft einmixen), warm halten.

Schokoladensauce – kalt serviert

- 250 g Milch
- 75 g Sirup
- 75 g Zucker
- 35 g Kakao
- 125 g dunkle Kuvertüre

Zubereitung

- Milch, Sirup, Zucker und Kakao auf 85 °C erhitzen.
- Kuvertüre beigeben und homogenisieren.
- Abkühlen.

Homogenisieren = Mischen zweier nicht homogener Stoffe wie Fett und Flüssigkeit.

Vanillesauce

- 250 g Milch
- 12 g Cremepulver oder Maisstärke
- 40 g Eigelb (2)
- 250 g Obers
- 100 g Zucker
- Vanille, Rum

Zubereitung

- Ca. 100 g Milch, Stärke und Eigelb glatt rühren.
- Die restliche Milch mit Obers, Zucker und Vanille aufkochen.
- Stärkemischung unter ständigem Rühren beigeben und kurz aufkochen lassen.
- Mit Rum abschmecken.

Erdbeersauce

- 200 g Erdbeeren
- 40 g Puderzucker (20 % des Fruchtanteils)
- Zitronensaft oder Spirituosen zum Abschmecken

Zubereitung

- Früchte mit Puderzucker mixen.
- Mit Zitronensaft oder Spirituosen abschmecken.

Himbeersauce

200 g Himbeeren
50 g Zucker
30 g Wasser

Zubereitung

- Himbeeren erhitzen und passieren.
- Zucker karamellisieren, mit Wasser ablöschen, Himbeeren beigeben.

Orangensauce

100 g Zucker
250 g frisch gepresster Orangensaft
20 g Zitronensaft
10–20 g Grand Marnier

Zubereitung

- Zucker schmelzen.
- Mit Orangensaft und Zitronensaft ablöschen.
- Nach dem Abkühlen Grand Marnier beimengen.

Karamellsauce

20 g Sirup
150 g Zucker
250 g Obers

Zubereitung

- Sirup und Zucker hell schmelzen.
- Mit Obers löschen und einkochen (Karamell muss gelöst sein).

Fruchtmark

Frische oder tiefgekühlte Früchte oder abgetropfte Kompottfrüchte mixen, passieren und mit Zucker und Zitronensaft abschmecken bzw. eventuell die Konsistenz mit Saftbinder, Pektin o. Ä. bestimmen.

Fruchtragout

- Fruchtmark mit Fruchtstückchen oder
- Fruchtsaft und Zucker aufkochen, mit Stärke abziehen und Früchte als Einlage geben. Mit Zitronensaft und/oder Likören abschmecken.

Zwetschkenröster

Entkernte, halbierte Zwetschken in einem Sud aus Wasser (evtl. mit etwas Rotwein), Zucker, Zitronenschale, Zimtrinde und Gewürznelken weich dünsten.

Fruchtragout kann auch hauchdünn mit einem Pinsel aufgetragen werden

Ziele erreicht? – „Anrichtetechniken und warme, kalte/gefrorene Desserts"

KOMPETENZ-ERWERB

1. Beschreiben Sie die wichtigsten drei Bestandteile zum Anrichten von Desserts und nennen Sie je vier Beispiele.
2. Zählen Sie einige klassische warme Desserts auf.
3. Erklären Sie, wie Kaiserschmarren hergestellt wird.
4. Stellen Sie dar, warum ein Soufflé sehr schnell zusammenfällt.
5. Begründen Sie, warum die Salzburger Nockerl immer aus drei Nockerl bestehen.
6. Teilen Sie die Dessertcremen ein.
7. Beschreiben Sie, wie man eine Mousse zubereitet.
8. Erläutern Sie die Herstellung eines Parfaits.
9. Machen Sie Vorschläge, wie Sie eine Eispalatschinke anrichten würden. Beschreiben Sie die Form sowie die Platzierung auf dem Teller und die Ausgestaltung.
10. Beschreiben Sie die Herstellung und Anrichtemöglichkeit eines kompletten Desserts Ihrer Wahl, bestehend aus Kuchen o. Ä., Parfait oder Sorbet o. Ä., Sauce, Dekormaterial und/oder Früchten etc.

Gestalten und Dekor

In diesem Kapitel erhalten Sie zahlreiche Anleitungen zum kreativen Gestalten Ihrer Patisserieprodukte. Es geht um Verzierungen, Ornamente, Dekorelemente aus Schokolade und Zucker, um Farben, Entwürfe, Modelliertechniken und dazugehörige Werkzeuge. Folgen Sie uns und lassen Sie sich inspirieren!

Meine Ziele

KOMPETENZ-ERWERB

Nach Bearbeitung dieses Kapitels kann ich

- Zeichengeräte und -materialien sowie die Farbenlehre beschreiben;
- Vorschläge für Schriften, Ornamente und Motive machen und diese umsetzen;
- Dekorelemente für Torten und Desserts aus Biskuit, Schokolade und Zucker herstellen;
- Figuren aus Marzipan modellieren.

1 Fachzeichnen

In diesem Kapitel lernen Sie die Grundlagen des gestalterischen Zeichnens, damit Sie eigene Produkte kreieren und gestalten können. Holen Sie sich Anregungen aus den folgenden Beispielen, skizzieren Sie Ihr Bild am besten im Maßstab 1 : 1 und setzen Sie es anschließend mit den vorgeschlagenen Techniken in die Praxis um.

1.1 Zeichengeräte und Zeichenmaterialien

Zeichnen heißt zuerst einmal planen. Dann kann ein gutes Ergebnis entstehen.

Es kann auch digital, z. B. auf einem Tablet, gezeichnet werden.

Zum Fachzeichnen benötigte Zeichengeräte und -materialien

- Bleistifte mit harten und weichen Minen
- Farbstifte
- Tuschestifte in verschiedenen Stärken
- Lineale: gerade, dreieckige, Kurvenlineale, evtl. Standardgraf
- Zirkel mit Möglichkeit zur Befestigung anderer Stifte
- Schneidegeräte: Schere, Stanleymesser
- Zeichenpapier in verschiedenen Stärken und Formaten
- Kunststofffolie für wiederverwendbare Schablonen
- Pinsel in verschiedenen Stärken
- Airbrush (Luftpinsel)
- Pipetten
- Farbstoffe
- Alleskleber
- Färbige Wellpappe
- Aluband
- Heißklebepistole

Eine gute Qualität der Materialien und Werkzeuge erleichtert die Arbeit, erhöht die Freude am Entwerfen und führt zu schönen, zufriedenstellenden Ergebnissen.

Professionelles Dekorieren erfordert Übung, Fleiß und Ausdauer.

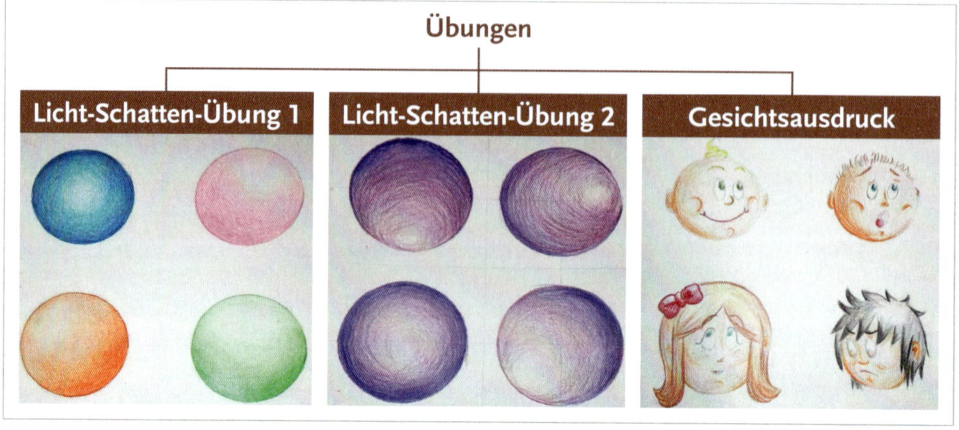

Malen mit Lebensmittelfarben

- Zuerst wird ein Motiv auf Papier skizziert und vorgezeichnet.
- Dann überträgt man das Motiv auf die Trägerplatte. Gemalt wird auf Gelatinezucker, Zuckerpapier, Marzipanplatten o. Ä.
- Die Farben werden mit Wasser oder Alkohol verdünnt und mit einem Pinsel aufgetragen.

Das Licht- und Schattenspiel ist für ein gelungenes Motiv von großer Bedeutung

Motive und Beispiele zum Malen mit Lebensmittelfarben

Kakao- bzw. Schokoladenmalerei

Mit Kakao und geriebener Schokolade kann mithilfe von Pinseln bzw. auch mit den Fingern wie mit Kreidepulver oder angerührter Farbe gemalt werden. Der Fantasie sind keine Grenzen gesetzt. Wichtig ist aber eine gute Vorbereitung mit einer Skizze, die übertragen werden kann.

FILM AB!

Sehen und verstehen
www.trauner.at/Kakaomalerei

So geht's

- Kakaopulver wird mit flüssigem Hartfett (Kokosfett) oder Alkohol verrührt.
- Damit werden mit einem feinen Pinsel die Konturen auf Zuckerpapier, Marzipan, Gelatinezucker o. Ä. aufgemalt.
- Danach wird das Motiv mit einem etwas dickeren Pinsel (auch mithilfe eines Wattestäbchens) schattiert. Wichtig ist, trotzdem viel an Fläche ganz hell zu lassen, damit der Kontrast von Licht und Schatten deutlich sichtbar wird.
- Das Nachwärmen des Fetts ist notwendig, da das Hartfett natürlich fest wird.

Kakaomalerei

Es kann auch mit Öl und Kakao gemalt werden, nur wirkt die Malerei mit dieser Mischung viel matter. Beim Malen mit Hartfett entsteht hingegen ein schöner Glanz.

1.2 Farbenlehre

Die gesamte Farbpalette geht von **drei Primärfarben** – Rot, Gelb und Blau – aus. Mischt man zwei Primärfarben, dann entstehen die folgenden **Sekundärfarben:**

- Grün = Gelb und Blau
- Violett = Rot und Blau
- Orange = Rot und Gelb

Mischt man nun zwei Primärfarben im Verhältnis 2 : 1, so entstehen weitere Farben (Mischfarben).

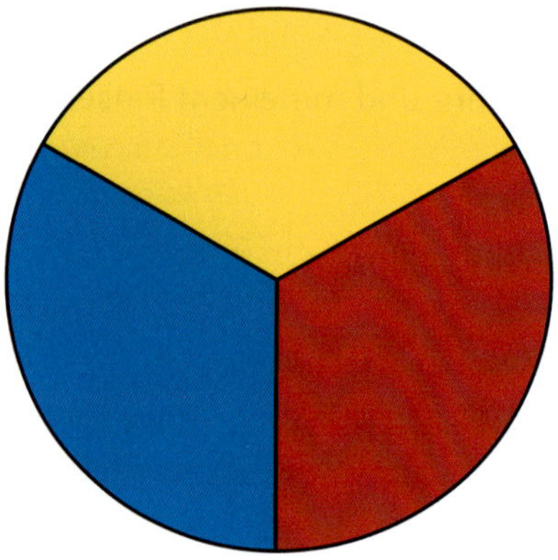

Primärfarben

Sekundärfarben

Farbgestaltung

Die Farben von Konditoreierzeugnissen, Patisserieprodukten und Desserts müssen harmonieren, damit sie appetitlich aussehen. Es stehen neben den natürlich färbenden Bestandteilen von Lebensmitteln die in der Farbstoffverordnung genehmigten Lebensmittelfarben zur Verfügung (siehe „Farbstoffe", S. 234).

Farben können als kalt oder warm empfunden werden. Generell gilt:
- **Blaustichige Farben** werden als eher kühl,
- **braunstichige** als eher warm empfunden.

Wussten Sie, dass ...
Weiß optisch vergrößernd wirkt, Schwarz hingegen verkleinernd?

So kann ein leuchtendes Rot, wenn es ins Bläuliche geht, durchaus kalt wirken, und wenn es einen leichten Orangeton hat, erscheint es warm. Dies gilt ebenso für Grün und Violett.

Beispiel

Warmes Rot	Kaltes Rot

Da warme Farben appetitlicher wirken, sollte man bei Konditoreierzeugnissen, Dekorelementen und Desserts mit kalten Farben vorsichtig sein und warme Töne bevorzugen. Auch beeinflusst die Jahreszeit die Auswahl der Farben: Im Frühling passt z. B. ein Gelbgrün besser, im Winter hingegen ist ein Tannengrün die richtige Wahl.

Die Farben werden mit dem Airbrush oder dem Pinsel oberflächlich aufgebracht. Dies wird auch als „Schminken" bezeichnet (z. B. auf Marzipan) oder das Produkt wird durchgefärbt (z. B. Glasuren).

Aufgabenstellungen – „Farbenlehre“

1. Zeichnen Sie drei Kreise (Ø 30 mm) und fertigen Sie daraus Schablonen an. Färben und schattieren Sie die Kreisflächen mit dem Airbrush in den drei Primärfarben.
2. Nennen Sie kalte und warme Farben.
3. Erläutern Sie, worauf Sie beim Färben von Konditoreiprodukten und Dekors achten sollten.
4. Nennen Sie drei Sekundärfarben und jene Farben, aus denen sie sich zusammensetzen. Anschließend färben Sie mit dem Airbrush drei Kreisflächen untereinander in den Primärfarben, daneben jene Primärfarbe, die durch Mischen die Sekundärfarbe ergibt. Mischen Sie nun die entsprechenden Primärfarben und färben Sie damit die nebenstehende Kreisfläche.

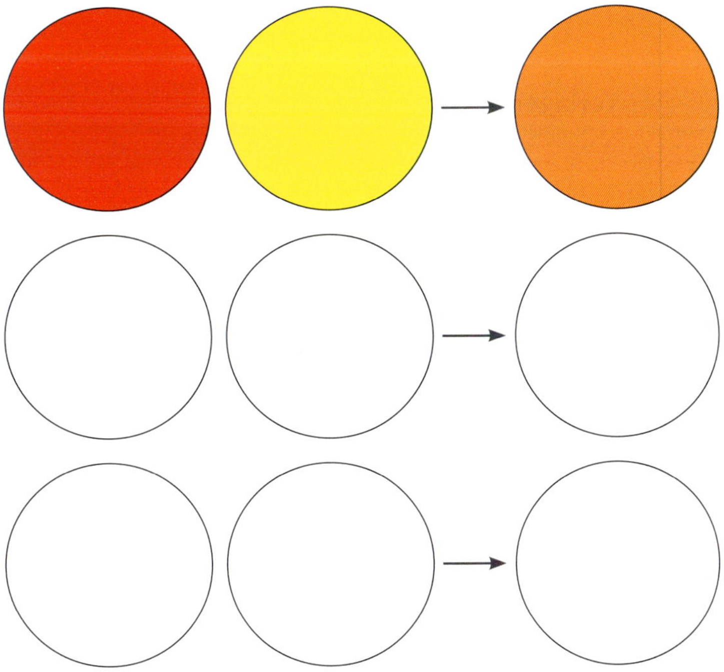

1.3 Randverzierungen

Randverzierungen braucht man in erster Linie für Torten. Damit kann man den Stil der Torte bestimmen, sie aber auch optisch größer oder kleiner wirken lassen.

So geht's

- Beginnen Sie mit einfachen Bleistiftübungen. In der Praxis werden sie mit einer Spritztüte umgesetzt.
- Wenn die Hand ganz ruhig ist, kann mit schwierigeren, geschwungenen Linien begonnen werden. Für gleichmäßige Rundungen kann man bei den leichteren Übungen nach jedem Bogen absetzen.
- Sind die leichteren Übungen erfolgreich gelungen, so kann man mit dem Tuschestift fortsetzen. Der Schwerpunkt soll nun auf dem Durchziehen der Randverzierungen liegen.
- Schließlich führt man die Übungen im Kreis aus, wie sie für Tortenränder in der Praxis benötigt werden.

Randverzierungen werden hauptsächlich zum Üben verwendet. Sie sind in der Praxis kaum noch üblich, da sie zeitaufwendig sind und altmodisch wirken.

Zu Beginn kann man in einen Raster zeichnen. So erreicht man eine einheitliche Größe der Verzierungen. Durch Ausführen der Übungen ohne Raster bekommt man schließlich die notwendige Praxis für das Arbeiten mit der Spritztüte.

Vorlagen

Weitere Vorschläge, Kopiervorlagen und kreative Anregungen finden Sie in der TRAUNER-DigiBox.

Aufgabenstellungen – „Randverzierungen“

1. Üben Sie mithilfe von Kopiervorlagen verschiedene Randverzierungen.
2. Entwerfen Sie Ihre eigenen Randverzierungen.

1.4 Schriften und Zahlen

Zierschriften geben der Torte eine persönliche Note. Sie werden in der Praxis mit der Spritztüte gestaltet oder aus Modelliermassen durch Schneiden oder Ausstechen gefertigt.

Beachtenswertes bei der Beschriftung von Torten

- Wählen Sie eine Schrift, die sich in der Praxis gestalten lässt.
- Die Schrift muss gut lesbar sein.
- Die Schrift muss harmonisch zum anderen Dekor passen.
- Schriftstile dürfen nicht vermischt werden.
- Zwischen den Buchstaben müssen gleichmäßige kleine Abstände sein.
- Der Neigungswinkel und die Buchstabengröße müssen einheitlich sein.
- Die Mittellinien der Buchstaben müssen auf gleicher Höhe sein.

Ein kleiner Tipp am Rande

Üben Sie nicht nur Ihre Lieblingschriften. Bedenken Sie, dass eine Schrift auch dem Alter der Beschenkten/des Beschenkten entsprechend ausgewählt werden muss. Eine Kindergeburtstagstorte hat andere Anforderungen zu erfüllen als die Torte für eine goldene Hochzeit. Alt und Jung – jeder hat eigene Vorstellungen, die es zu berücksichtigen gilt und die Sie umsetzen können sollten.

Vorlagen für Schriftzüge zur Fertigung mit der Spritztüte

Üben Sie mithilfe von Kopiervorlagen verschiedene Schriften.

Auch mit der Airbrushtechnik lassen sich mithilfe von Schablonen Schriften mit tollem Effekt herstellen

Schriften in der Rundung

In der Praxis müssen Schriften oft auch in eine Rundung geschrieben werden und mit einer Spritztüte ausgeführt werden. Wie bei den Randverzierungen sind auch Schriften in Rundungen besonders intensiv zu üben.

Vorlagen für Schriftzüge zur Fertigung aus Modelliermassen

Marzipan oder andere Modelliermassen werden ca. 1 cm dick ausgerollt, mit einem glatten Messer in dünne Streifen geschnitten und zu Buchstaben in beliebiger Schrift gebogen.

FROHE OSTERN

ZUR FIRMUNG

Diese Schriften eignen sich besonders zum Modellieren aus Marzipan.

Kombination aus Schrift und Dekor

Dekor und Schrift bzw. Randverzierung müssen stilmäßig harmonieren.

1.5 Ornamente

Das sind Verzierungen, die Torten, Stückdesserts, Petits Fours, Mignons, Pralinen usw. an der Ober- und Seitenfläche schmücken. Mit der Spritztüte werden sie direkt auf das Gebäck oder auf eine Folie gespritzt, nach dem Festwerden von der Folie abgezogen und auf das Gebäck gesetzt. Verwendet werden dazu Spritzschokoladen, Kuvertüren, Spritzglasuren, Spritzgelees oder Brandmassen. Nachfolgende Beispiele sollen das Umsetzen eigener Ideen erleichtern.

Legen Sie sich einen Ordner (eine Ringmappe und einen Ordner auf dem PC) an, in dem Sie Vorlagen, Skizzen, Ideen, Bilder, Schriften, Verzierungen, Ornamente etc. nach Themen sortiert sammeln. Über die Jahre werden Sie eine wertvolle Fundgrube an Ideen angesammelt haben.

Ornamente für Stückdesserts, Petits Fours, Mignons und Pralinen

Stückdesserts und Petits Fours werden in den verschiedensten Formen hergestellt. Sie können quadratisch, rechteckig, rund, dreieckig usw. sein. In der Praxis ist eine einfache, aber exakte Linienführung wichtig. Weiters sind die Größenverhältnisse zu beachten.

Die sehr kleinen Oberflächen von **Mignons und Pralinen** lassen nur einfache Verzierungen zu.

Vorlagen

Aufgabenstellungen – „Ornamente“

1. Entwerfen Sie Ornamente für Stückdesserts und Petits Fours. Berücksichtigen Sie dabei die unterschiedlichen Formen und Größenverhältnisse.
2. Entwerfen Sie Ornamente für Mignons und Pralinen. Berücksichtigen Sie auch dabei die unterschiedlichen Formen und Größenverhältnisse.

1.6 Motive und Stilisierungen

Zu bestimmten Anlässen eignen sich verschiedene Motive als Dekor. Vorlagen für Motive findet man überall, z. B. auf Glückwunschkarten, auf Geschenkpapier, in Zeitschriften, in Softwareprogrammen usw. Ziel der Stilisierung ist es, mit wenigen Linien die größtmögliche Wirkung und Aussagekraft zu erzielen. Mit folgenden Techniken lassen sich Motive in die Praxis umsetzen:

Einlasstechnik (Emailletechnik)

Wichtig ist, dass nicht über die Höhe der Umrandung hinaus eingelassen wird.

Es wird auf Zuckerpapier, Gelatinezucker, Marzipan etc. gearbeitet. Die Konturen werden mit Spritzschokolade vorgearbeitet. Nach dem Erstarren der Konturen kann mit dem Einlassen begonnen werden. Verwendet werden dafür Glukosesirup, Eiweißspritzglasur o. Ä.

Arbeitsablauf

- Zeichnung erstellen oder Vorlage auswählen.
- Dünn ausgerolltes Modelliermarzipan (trockene Seite nach unten legen, damit es nicht anklebt), Zuckermodelliermasse oder Zuckerfolie über das Motiv legen (Pauseffekt, Leuchttisch) oder das Motiv auf die Zuckerfolie projizieren.
- Die Konturen mit Spritzschokolade nachziehen.
- Die Flächen mit eingefärbtem Glukosesirup, Gelee, Fondant oder verdünnter Spritzglasur einlassen und mit der Spritztüte oder dem Pinsel verteilen.
- Antrocknen lassen.

Motiv aufsetzen, z. B. auf eine Kuvertüreplatte

Zeichnung anfertigen

Konturen spritzen

Einlassen (mit Glukosesirup)

Airbrushtechnik

Mithilfe von Schablonen können auf Gelatinezucker, Zuckerpapier, Kuvertüreplatten, gegossenen Zucker o. Ä. verschiedene Motive, aber auch Schriften mit Lebensmittelfarben gebrusht werden. Notwendig ist dafür ein Airbrushgerät.

So geht's:
- Schablone auf dünn ausgerolltes Modelliermarzipan oder Zuckerfolie legen.
- Mit dem Airbrush die verschiedenen Farben nacheinander aufsprühen.
- Etwas antrocknen lassen und die Schablone entfernen.

Airbrushtechnik

Schminken mit Airbrushtechnik

Windfiguren u. Ä. können mit dem Airbrush geschminkt werden. Durch Verändern der Intensität und der Nähe zum Produkt beim Sprühen werden unterschiedliche Effekte erzielt.

Spitzentechnik mit „Magic Dekor"

- Das Pulver mit lauwarmem Wasser verrühren und zwei Minuten lang aufschlagen. Es kann auch gefärbt werden.
- Die Masse mit einer Teigkarte oder einer Winkelpalette dünn auf Silikon-, Spitzenmatten oder auf Silikonmatten mit Ornamenten aufstreichen.
- Kurz in das Backrohr geben oder für ca. drei Stunden an der Luft trocknen lassen.
- Die Matte umdrehen, leicht anheben und die Spitzen oder Ornamente vorsichtig herausnehmen.

Magic Dekor = Fertigpulver zum Anrühren, das zum Formen und Spritzen verwendet werden kann.

Die Spitzentechnik kann für Hochzeitstorten oder auch andere Geschenktorten verwendet werden.

1.7 Tortenentwürfe

Die Torte zu einem besonderen Anlass ist ein persönliches Geschenk. Der Kreativität sind dabei keine Grenzen gesetzt. Alter, Vorlieben, Hobbys und Beruf der Beschenkten/des Beschenkten spielen dabei eine Rolle.

Grundsätze zur Gestaltung von Torten

- **Formen und Proportionen:** Es werden nicht nur runde, sondern verschiedenste Tortenformen (Herz-, Buch-, ovale, quadratische und geteilte Formen) angeboten. Die Art hängt vom Dekorwunsch ab. Besonders zu beachten sind Proportionen, Oberfläche, Höhe und aufgesetzte Dekorteile.
- **Einteilung von Flächen:** Als Grundsatz bei der Oberflächengestaltung gilt, dass genügend Freiräume gelassen werden. Dadurch erscheint die Torte größer und harmonischer. Überladene Torten hingegen wirken klein und sind sehr aufwendig, da sehr viel Zeit für die Dekoration aufgebracht werden muss.

Mit geringem Aufwand die größtmögliche Wirkung zu erreichen, ist das Ziel.

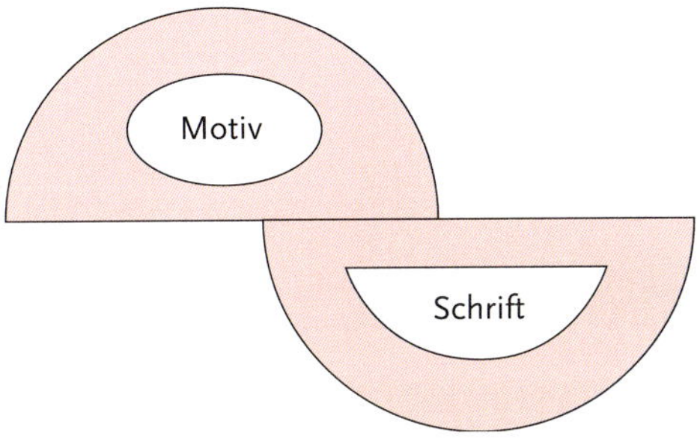

- **Wahl des Anlasses:** Anlässe für Torten sind z. B. Neujahr, Valentinstag, Fasching, Ostern, Muttertag, Geburtstag, Taufe, Kommunion, Firmung oder Weihnachten. Dafür werden verschiedene passende Motive bzw. Symbole (z. B. Glücksschweinchen, Kleeblätter, Herzen, Blumen, Sternzeichen, Storch) und Schriften mit verschiedenen Techniken ausgewählt.

Aufgabenstellungen – „Tortenentwürfe und Dekor“

1. Entwerfen Sie drei unterschiedliche Formen für Torten und überlegen Sie, wie sich diese in die Praxis umsetzen lassen.
2. Zeichnen Sie einen Entwurf für eine Ostertorte oder gestalten Sie ein Muttertagsherz nach Ihren Ideen.
3. Erläutern Sie, welche Farben Sie für die Gestaltung einer Tauftorte auswählen würden, und begründen Sie Ihre Auswahl.
4. Erstellen Sie eine Schablone für eine Geburtstagsstorte. Planen Sie eine dazu passende Beschriftung und Randverzierung.

2 Dekor

2.1 Herstellung einer Spritztüte

Spritztüten benötigt man zum Garnieren mit Spritzglasur, Spritzschokolade, Fettglasurmasse, Konfitüre, Kuvertüre usw.

Das Papier (DIN-A4- oder DIN-A5-Format) diagonal versetzt entzweischneiden. Dabei sollte die Schnittfläche kantig und nicht ausgefranst sein. Sie bildet die Spitze und die Öffnung.

Papier an der Schnittfläche oberhalb der Mitte mit der linken Hand festhalten. Der Abschnitt sollte oben sein.

Mit dem Daumen hinter die Schnittfläche greifen, anfassen und gegen den Körper nach rechts abdrehen, damit die Spitze entsteht.

Mit der linken Hand die Spitze fixieren, mit dem Daumen in die Öffnung fassen und die Tüte nach unten drehen. Die Spitze soll oberhalb der Mitte bleiben.

Zur Herstellung wird Pergaminpapier oder Cellophan verwendet, da diese Materialien nicht durch die Spritzglasur aufgeweicht werden. Starres oder dünnes Papier eignet sich nicht.

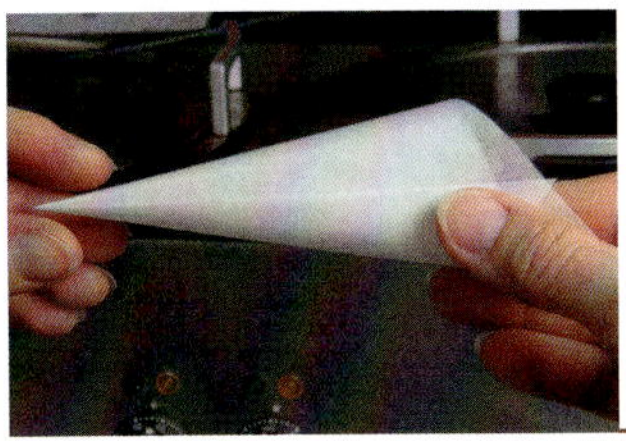

Das Ende beim Aufdrehen sollte genau gegenüber sein und der Falz sollte senkrecht zur Spitze verlaufen.

Durch die Fingerbewegung kann die Spitze geöffnet oder geschlossen werden. Eventuell Tüte bis zur gewünschten Dicke öffnen, damit man die Spitze nicht mit der Schere abschneiden muss.

Garniermasse mit einem Dressiersack oder kleinen Löffel einfüllen, dabei müssen die Ränder frei von Masse bleiben. Die Spritztüte nicht überfüllen. Durch Umbiegen des Endes verschließen.

2.2 Dekorelemente aus Biskuit

Dekorbiskuit

1 Silpatmatte, 500 x 400 mm
Backtemperatur: 200 °C
Backzeit: 15 Minuten

Strukturmasse zuerst herstellen und aufstreichen. Zugeschnittener Dekorbiskuit kann auch tiefgekühlt werden.

Dekorbiskuitmasse:

- 200 g Eier (4)
- 70 g Zucker
- Vanille, Zitrone
- 130 g Eiklar (ca. 4)
- 110 g Zucker
- Salz
- 50 g Mehl W700
- 150 g geriebene, gesiebte weiße Mandeln
- 30 g flüssige Butter (45 °C)

Strukturmasse mit Kakao:

- 30 g weiche Butter
- 30 g gesiebter Puderzucker
- 30 g Eiklar (1)
- 22 g Mehl W700
- 11 g Kakaopulver

Strukturmasse mit Lebensmittelfarbe:

- 30 g weiche Butter
- 30 g gesiebter Puderzucker
- 30 g Eiklar (1)
- 33 g Mehl W700

Zubereitung

- Eier mit Zucker und Geschmackszutaten warm und kalt schlagen.
- Eiklar, Zucker und Salz zu Schnee schlagen.
- Beide Massen mischen und die Mehl-Mandel-Mischung melieren.
- Butter melieren. Die Masse gut zusammenrühren, damit sie nicht zu leicht ist.
- Zum Auslegen/Auskleiden von Tortenringen, Dessert-, Petits Fours- und Terrinenformen.

Strukturmasse mit Lebensmittelfarbe

- Butter, Puderzucker und Eiklar glatt rühren. Mit dem Mehl mischen und mit Lebensmittelfarbe oder färbenden Fruchtpasten einfärben. Circa 30 Minuten ruhen lassen.

Strukturmasse mit Kakao

- Herstellung wie bei Strukturmasse mit Lebensmittelfarbe, jedoch das Kakaopulver mit dem Mehl versiebt beigeben.

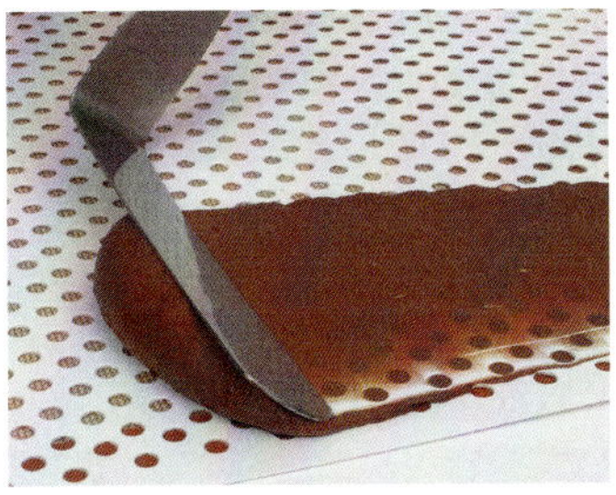

Strukturmasse mit Dekorschablone auf Silpatmatte streichen

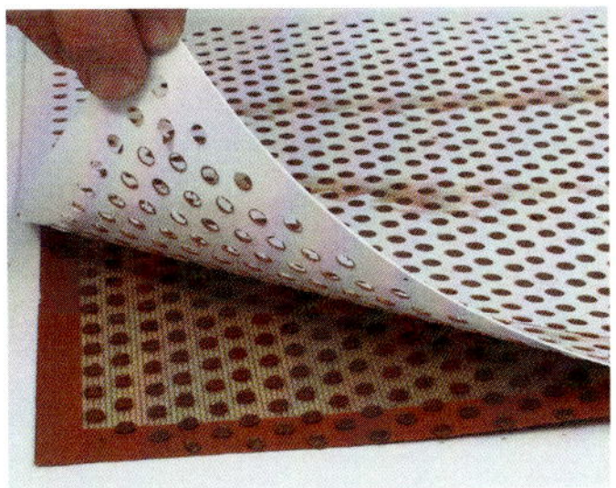

Schablone entfernen, tiefkühlen

Dekorbiskuitmasse darüberstreichen

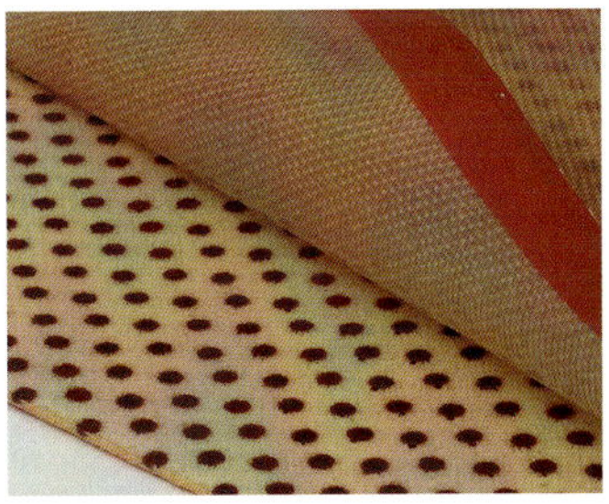

Nach dem Backen stürzen und die Silpatmatte abziehen

Herstellungsmethoden

Methode	Arbeitsschritt
Dekorschablone	Strukturmasse mit Dekorschablone aufstreichen.
Dekorkamm	Strukturmasse aufstreichen, mit Dekorkamm abziehen.
Spritztüte	Strukturmasse mit Spritztüte fillieren.
Fingerspitzen	Strukturmasse sehr dünn aufstreichen, mit den Fingerspitzen strukturieren.
Backreliefmatte	Strukturmasse aufstreichen, abziehen.
Dekorbackfolie	

- Dekorschablone, Dekorkamm, Spritztüte, Fingerspitzen: *Tiefkühlen!*
- Alle: Dekorbiskuitmasse darüberstreichen. Bei geschlossenem Zug backen und stürzen.
- Dekorschablone, Dekorkamm, Spritztüte, Fingerspitzen: Silpatmatte abziehen.
- Backreliefmatte: Backreliefmatte abziehen.
- Dekorbackfolie: Dekorbackfolie abziehen.
- Eventuell hauchdünn mit **heißer Kakaobutter** bepinseln.

2.3 Dekorelemente aus Schokolade

Spritzschokolade eignet sich sehr gut für Fadengarnierungen und zum Spritzen von Ornamenten.

Herstellen von Spritzschokolade – Eindicken von Kuvertüre zum Spritzen

- Ein wenig Flüssigkeit in die temperierte Kuvertüre rühren. Dadurch verdickt sich die Masse. Größere Mengen mit einem Handmixer herstellen. Die Masse muss während des Rührens warm gehalten werden, da sie sonst schaumig und heller wird.
- Weiterrühren, bis die Masse grelliert. Die Emulsion der Schokoladenmasse geht vorübergehend verloren, sie wird grießig.
- Weitere Flüssigkeit beigeben und rühren, bis eine bindige Masse entsteht. Die Konsistenz kann durch die Flüssigkeitsmenge reguliert werden. Am Ende nur mehr händisch rühren, um Luftblasen zu vermeiden, durch die der Faden reißen würde.
- Auf Vorrat hergestellte Spritzschokolade im Wasserbad oder im Mikrowellenherd erwärmen, bis sie wieder flüssig ist.

Gestalten von Schokoladenhohlkörpern

Sie können entweder in Formen selbst hergestellt oder als Halbfabrikat gekauft werden. Man kann sie vor dem Gießen bzw. Befüllen gestalten.

Schokoladenhohlkörper für Pralinen oder sonstige Dekorzwecke können vor dem Eingießen individuell gestaltet werden:

- Die Formen mit dem Finger oder einem Pinsel ganz oder teilweise mit Kuvertüre ausstreichen oder mit einer Spritztüte fillieren. Nach dem Anziehen mit kontrastfarbiger Kuvertüre ausgießen.
- Die Formen zuerst mit weißer Kuvertüre fillieren oder dekorieren und dünn Kuvertüre aufpinseln. Nach dem Anziehen ausgießen.
- Die Formen mit Kakaopulver oder fettlöslicher Lebensmittelfarbe bestreuen und mit weißer Kuvertüre auspinseln. Nach dem Anziehen ausgießen.

Anfertigen von Schriften (Emailletechnik)

- Die Schriftzugskizze auflegen, eine Kunststofffolie darüberlegen und fixieren.
- Die Konturen mit Spritzschokolade nachziehen und leicht stocken lassen.

- Die Zwischenräume mit temperierter, eventuell gefärbter Kuvertüre einlassen.
- Erstarren lassen und ablösen.

Variante

- Temperierte Kuvertüre in gewünschter Stärke (abhängig von der Schriftgröße) auf Backtrennpapier streichen und leicht stocken lassen.
- Die Schriftzugskizze darauflegen und mit einem Spitz- oder Stanleymesser ausschneiden oder mit einem Buchstabenausstecher ausstechen. Erstarren lassen.
- Ausdekorieren (z. B. besprühen, mit einer Metallbürste strukturieren, mit einem Pinsel oder Spray Gold bzw. Silber auftragen).

Herstellung von Schokoladenröllchen

- Temperierte weiße Kuvertüre in Spachtelbreite dünn auf einer Marmorplatte bis zum leichten Abstocken verstreichen.
- Mit einem abgeschnittenen Florentinerkamm die weiße Kuvertüre abziehen.
- Temperierte Milchkuvertüre oder Kuvertüre bis zum leichten Abstocken darüberstreichen.

- Mit einer Spachtel unter Druck abrollen, sodass Röllchen entstehen.

Herstellung eines Schokoladenfächers

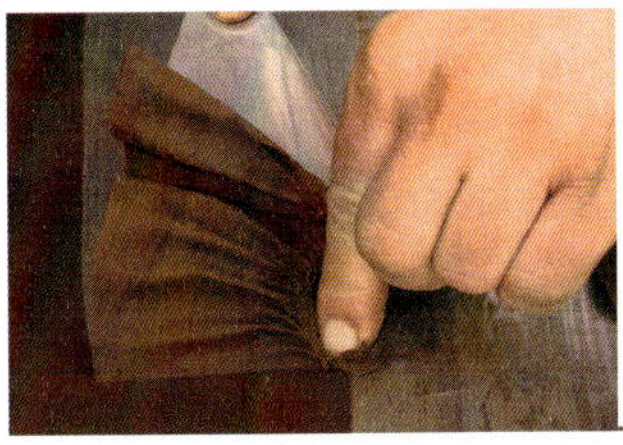

- Die geschmolzene Kuvertüre (40 °C) portionsweise mit einer kleinen Malerwalze aus Schaumstoff auf ein auf 50 °C temperiertes Backblech streichen.
- Mindestens eine Stunde kühl stellen. Bei Bedarf bei Raumtemperatur stehen lassen, bis die Kuvertüre geschmeidig ist.
- Mit Daumen und Zeigefinger der linken Hand die Spachtelecke fassen und mit der rechten Hand den Fächer nach vorne schieben. Durch das Bremsen der Kuvertüre auf der linken Seite entstehen die Fächerfalten.

Mit diesem Schokoladendekor lassen sich Torten, Stückdesserts, Petits Fours u. Ä. kreativ vollenden.

Herstellung von Schokoladenblättchen

- Temperierte Kuvertüre (Milchkuvertüre oder weiße Kuvertüre) auf Pergaminpapier oder Kunststofffolie dünn auftragen.
- Kurz vor dem Erstarren mit einem Teig- oder Pralinenschneider in Rechtecke, Quadrate oder Dreiecke schneiden oder mit einem angewärmten Ausstecher ausstechen.
- Damit sich die Blättchen beim vollständigen Erkalten nicht aufwölben, auf ein zweites Papier stürzen und beschweren.

Die Herstellung eines Schokoladennests, einer Schatulle und einer Schokoladenblume finden Sie in der TRAUNER-DigiBox.

Herstellung von Schokoladenmaschen

- Folienstreifen mit temperierter Kuvertüre fillieren oder dekorieren und durch die Kuvertüre ziehen oder die Kuvertüre dünn aufstreichen – leicht stocken lassen.
- Wenn die Kuvertüre wachsweich ist, Streifen in Schleifenform zusammenlegen – aufstellen – kühlen.
- Folienstreifen ablösen und die Schleifen mit temperierter Kuvertüre zu Maschen zusammensetzen.

Aufgabenstellung

- Ihre Ideen sind gefragt: Wie könnte man eine Masche noch herstellen?

Anfertigen von Tortenbändern

- Folienstreifen in der Länge des Tortenumfangs aneinandergereiht auflegen, eventuell Kuvertüre aufspritzen und kurz stocken lassen.
- Mischung aus Glasurmasse und Kuvertüre (1 : 1) schmelzen (eventuell mit 10 % Öl mischen) und die Folienstreifen dünn damit bestreichen.
- Kurz stocken lassen, samt Folie von der Arbeitsfläche abheben.
- Um den Tortenrand legen oder den Innenrand eines Tortenrings damit auslegen.

Der Folienstreifen wird erst bei Verwendung der Torte entfernt.

Aufgabenstellung

- Überlegen Sie, warum der Masse Öl beigegeben werden kann.

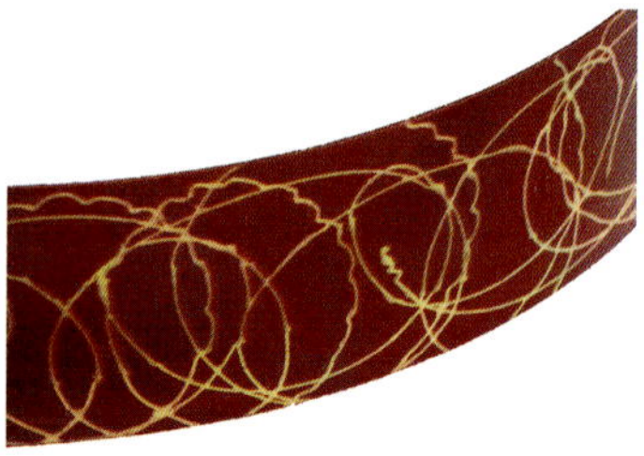

Mit Tortenbändern sind tolle Effekte möglich

Variante

- Helle und dunkle Mischung aus Glasurmasse und Kuvertüre (1 : 1) getrennt schmelzen.
- Mit einer der beiden Mischungen ein Muster auf die Folienstreifen spritzen oder aufstreichen und kämmen oder aufstreichen und mit der Strukturwippe strukturieren.
- Kurz stocken lassen, die andere Mischung darüberstreichen und nochmals stocken lassen. Weiterverarbeitung wie oben.

2.4 Dekorelemente aus Zucker

Zuckerkochen

Beachtenswertes		Begründung
Reinen Kristallzucker verwenden.		Nichtzuckerstoffe schränken die Verarbeitbarkeit wesentlich ein.
Eine ausreichend große Kupfer- oder Nirosta-Stielkasserolle bzw. eine für Induktion geeignete Kasserolle verwenden.		Zucker schäumt beim Kochbeginn stark auf. Diese Materialien sind gute Wärmeleiter.
Auf 1 000 g Zucker kommen ca. 400 g Wasser.		Eine niedrige Ausgangskonzentration schafft eine gute Lösbarkeit.
Wasser mit Zucker verrühren und aufkochen.	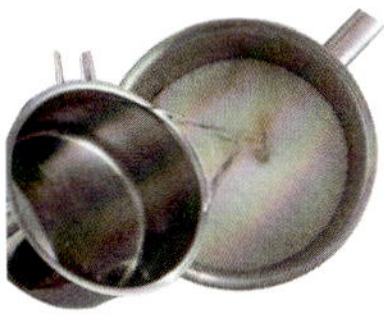	Bewegung beschleunigt das Lösen. Alle Kristalle müssen bis zum Aufkochen gelöst sein.
Zusammenwaschen.		Zuckerkristalle vom Rand lösen und Schaumreste vom Rand entfernen. Bei Verwendung eines Lochdeckels ist ein Zusammenwaschen nicht nötig.
Abschäumen.		Die in den Schaumresten gebundenen Nichtzuckerstoffe werden mit einem feinen Sieb herausgeholt.
Kontrolliert kochen.	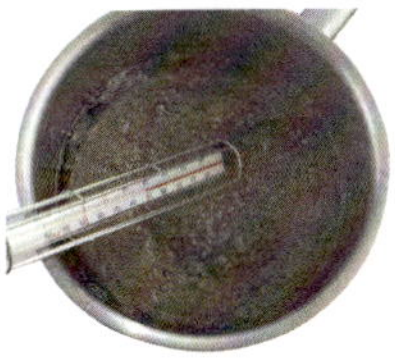	Temperatur und Dichte entscheiden über die Verwendbarkeit (zum Bestreichen, Tablieren, Gießen, Ziehen, Formen, Spinnen).

⚠ Je schneller der Zucker kocht, desto heller bleibt er – dies ist wichtig beim Einfärben!

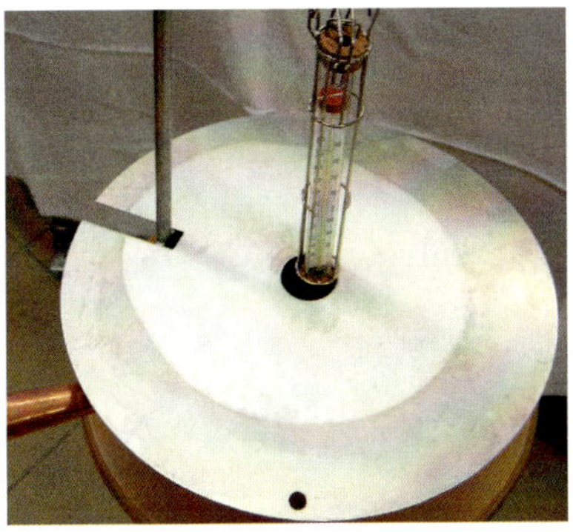

Zuckerkochen mit Lochdeckel

Zuckerkochtabelle

In der Zuckerindustrie wird der Prozentgehalt des Zuckers mit dem **Refraktometer** (Brixgrade) gemessen, da diese Bestimmung des Zuckergehalts genauer ist als mit der **Zuckerwaage** (Aräometer, Baumégrade).

Zum Messen der Zuckerlösungen und beim Dickziehen von Früchten wird in der Küche die Zuckerwaage, zur Speiseeisherstellung gelegentlich auch das Refraktometer eingesetzt. Die Dichte ist allerdings ab dem starken Ballen nicht mehr messbar.

Die Temperatur von Zuckerlösungen wird mit dem **Zuckerthermometer** gemessen (Celsius- oder Reaumurgrade).

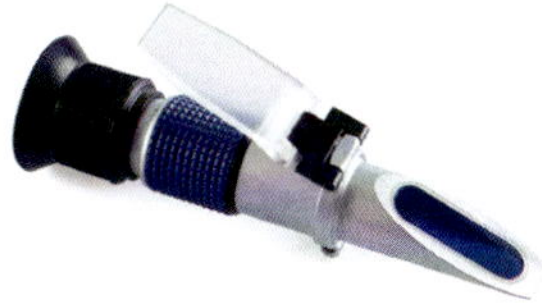

Refraktometer

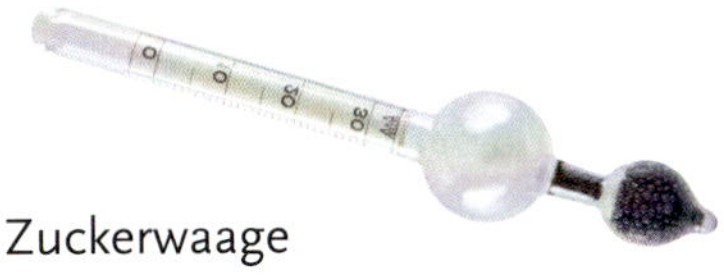

Zuckerwaage

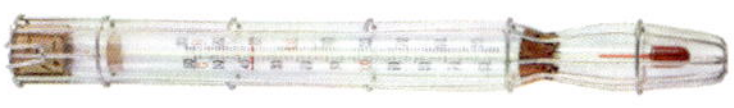

Zuckerthermometer

Schützen Sie sich bei der Verarbeitung von Zucker vor Verbrennungen. Sie heilen sehr schlecht, da der Zucker sich tief in die Haut einbrennt.

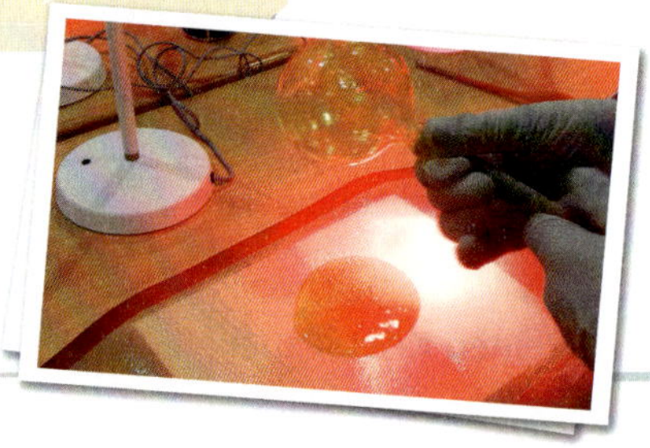

Zuckerkochtabelle

	Dichte		Temperatur			
Bezeichnung	**Baumé**	**Brix**	**Reaumur**	**Celsius**	**Handproben**	**Verwendung**
Läuterzucker	Bis 28 °	64,5 %	–	–	–	Für Kompotte, Füllungen, Eis, zum Tränken, zum Dickziehen
Schwacher Faden	32 °	68 %	84 °	105 °	Zuckertropfen zwischen Daumen und Zeigefinger nehmen und dehnen; Fadenbildung	Für Fadenzucker, Spritzglasur
Starker Faden	35 °	81 %	87 °	109 °		Zum Kandieren, für Fadenzuckerglasur
Kleine Perle	37 °	82 %	88 °	110 °	Zucker in kaltes Wasser tropfen lassen; kleine Perle	Für Lebkuchen, Krustenpralinen, Röstmassen
Große Perle	38 °	83 %	89 °	111 °	Wie oben; größere Perle	Für Lebkuchen
Schwacher Flug	39 °	85 %	90 °	112,5 °	Drahtschlinge eintauchen, blasen	Für Fondant
Starker Flug	43 °	87 %	Bis 94 °	Bis 117 °	Wie oben; mehrere Blasen	Für Fondant, Konservezucker
Kettenflug	–	88 %	95 °	119 °	Wie oben; Blasenkette	Für Schaummasse, Maronipüree, Konfitüre
Schwacher Ballen	–	92 %	Bis 97 °	121 °	Mit nassen Fingern weiche Kugel formen	Für Konfitüre
Starker Ballen	–	–	Bis 100 °	Bis 125 °	Wie oben; festere Kugel formen	Für Rahmkaramellen
Schwacher Bruch	–	–	Bis 110 °	Bis 137 °	Probe erstarrt im Wasser; noch biegsam	Für Nougat Montélimar
Starker Bruch	–	–	Bis 114 °	Bis 143 °	Wie oben; Probe bricht	Für Nougat Montélimar, karamellisierte Früchte
Heller Karamell	–	–	Über 114 °	Über 143 °	Wie oben; Probe bricht sofort	Für Klarzuckergießarbeiten, Seiden-, Spinn- und Felsenzucker

Nougat Montélimar = weißer Nougat aus Eiklar, Zucker, Honig, Nüssen und evtl. kandierten Früchten.

Erzeugnisse aus gekochtem Zucker

Läuterzucker

Läuterzucker ist eine aufgekochte, reine, also geläuterte Zuckerlösung. Die Zuckermenge und die Wassermenge bestimmen die Dichte des Läuterzuckers und entscheiden damit über seinen Verwendungszweck.

Läuterzucker wird zur Herstellung von Speiseeis, zum Verdünnen von Glasuren, zum Tränken von Torten, Gebäck usw. verwendet.

Läuterzucker

Diese Menge ergibt eine Dichte von

28 °Bé	**ca. 15 °Bé**
1 000 g Wasser	1 000 g Wasser
1 000 g Zucker	500 g Zucker

Zubereitung

- Wasser mit Zucker aufkochen und abschäumen.
- Die Lösung ist begrenzt haltbar.

Zum Dickziehen von Früchten (z. B. Zitronat oder Belegkirschen) werden Zuckerlösungen ab 16 °Bé benötigt.

Fadenzucker

Siehe S. 187.

Fondant

Siehe S. 101 bzw. 187.

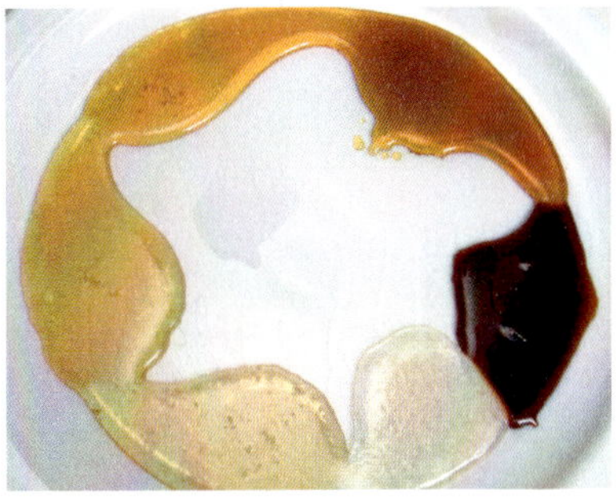

Gekochte Zuckerlösung in verschiedenen Stadien

Konservezucker

Konservezucker wird für gegossene Hohlzuckerwaren (Hasen, Vasen usw.), kleine Gusswaren (Küken, Hennen, Eihälften, Pfefferminzpastillen usw.) verwendet. Er wird jedoch im gewerblichen Bereich kaum noch hergestellt.

Konservezucker

- Die Gipsformen in kaltes Wasser legen und ansaugen lassen.
- Die Zuckerlösung je nach Verwendungszweck als Flug- oder Ballenzucker kochen. Durch Tablieren zum Absterben anregen.
- Kurz vor dem Eingießen in die Formen eventuell mit Zusätzen wie Aromen, Farben, Geschmacksstoffen und eventuell etwas Säure (Weinstein- oder Zitronensäure) versehen.
- Zuckerlösung in die Formen gießen, bis zur gewünschten Wandstärke anziehen lassen und ausgießen.
- Erstarren lassen, Formen entfernen und trocknen lassen.

Absterben = Zuckermasse oder Karamell wird beim Bearbeiten grießig (kristallisiert) und wird langsam fest.

Heller Karamell

- Hell bleibende Zuckerlösungen bis zum starken Bruch oder höher kochen.
- Nach dem Abkühlen zeigen sie eine glasartige Beschaffenheit.

Die Zusammensetzung und der Kochgrad entscheiden über die Verwendbarkeit des hellen Karamells.

Zucker zum Gießen

1 000 g Zucker
400 g Wasser
200 g Glukosesirup

Zubereitung

- Wasser und Zucker lösen, aufkochen und abschäumen.
- Glukosesirup beigeben und weiterkochen. Bei 135–138 °C einfärben und bis 153– 156 °C fertig kochen. Abschrecken.
- Formgebende Umrandung (z. B. Bandeisenformen, Gummischablonen) auf einer Silpatmatte vorbereiten.
- Die Zuckerlösung eingießen und aushärten lassen.
- Die Formen entfernen und die Teile garnieren (belegen, beschriften usw.).
- Teile mit Bruchzucker, geschmolzenem Zucker, Gasflämmer oder mit der Klebepistole mit Zuckerstiften zusammensetzen.

FILM AB!

Sehen und verstehen
www.trauner.at/Zuckerziehen1

www.trauner.at/Zuckerziehen2

- Für größere Teile kann der Zucker auch etwas höher gekocht werden.
- Streifenfolien aus dem Baumarkt eignen sich sehr gut zum Schneiden von Schablonen und sind auch preislich top.

FILM AB!

Sehen und verstehen
www.trauner.at/Isomalt1

Seidenzucker aus Isomalt

Durch Isomalt wird das Zuckerkochen wesentlich erleichtert.

- Isomalt ist ein Zuckeraustauschstoff, der synthetisch bzw. enzymatisch aus der Saccharose des Rübenzuckers hergestellt wird.
- Isomalt ist zum Zuckerziehen, Zuckerblasen und Zuckergießen sehr gut geeignet, da er weniger hygroskopisch ist und auch keine Kristalle bildet.
- Weiters ist Isomalt dünnflüssiger, was beim Zuckergießen wesentliche Vorteile, vor allem für kleinere, schmale Teile bietet.
- Isomalt bleibt beim Kochen transparent, was einen Vorteil beim Färben bringt.
- Zum Isomalt ca. 10 % Wasser dazugeben, auf die gewünschte Temperatur kochen und einfärben.

Kleine Dekorelemente aus Isomalt (z. B. Blasenzucker) können in der Patisserie durch Schmelzen mithilfe der Mikrowelle und Färben ganz einfach hergestellt werden.

Solche Dekorelemente können auch als Convenienceprodukt fertig gekauft werden.

Seidenzucker aus Isomalt zum Ziehen, Blasen und Gießen

1 000 g Isomalt	
100 g Wasser	

Zubereitung
- Isomalt mit Wasser verrühren.
- Bis 130 °C kochen – einfärben.
- Weiterkochen bis 166–170 °C.
- Abschrecken und wie Seidenzucker weiterverarbeiten.

Zucker zum Gießen aus Isomalt kann für dreidimensionale Formen, die voll (also ohne Hohlraum) gegossen werden, bis 180 °C gekocht werden.

Verarbeitungshinweise
- Den Zucker zum Ziehen oder Blasen immer am Vortag kochen.
- Zu wenig gekochter Zucker behält beim Ziehen oder Blasen seine Form nicht und glänzt weniger.
- Gut verpackter Zucker hält, wenn er trocken bleibt, über Monate.

Blasenzucker aus gekochtem Isomalt
- Gekochten Isomalt (gefärbt oder ungefärbt) auf ein mit Weingeist benetztes Backtrennpapier gießen.
- Das Backtrennpapier sofort anheben.
- Der Weingeist verdampft und es bilden sich unterschiedlich große Löcher (siehe Foto, S. 186).

Karamell für Felsenzucker

1 000 g Zucker	
400 g Wasser	
100 g Spritzglasur (S. 101), ohne Zitronensäure	

Zubereitung
- Wasser und Zucker in einem ausreichend großen Gefäß bis 142 °C kochen und eventuell einfärben.
- Spritzglasur einrühren und Zuckerlösung aufschäumen lassen.
- In eine geölte mit Alufolie ausgekleidete Form oder in eine mit Trennfett ausgesprühte Schüssel gießen und mit einem Deckel abdecken.
- Aushärten lassen und in Stücke brechen.

Etwas weiße Lebensmittelfarbe in die Spritzglasur rühren und der Felsenzucker wird schneeweiß!

Faustregeln für das Kochen von Zucker
- **Läuterzucker:** 1 : 1 = 28 °Bé.
- **Fadenzucker:** 1/3 der Zuckermenge Wasser – 109 °C.
- **Flugzucker für Schaumrollen:** 1/3 der Zuckermenge Wasser – 119 °C (Kettenflug).
- **Fondant:** 1/3 der Zuckermenge Wasser, 10–15 % der Zuckermenge Glukosesirup – 112–117 °C.
- **Konserveschokolade:** 1/3 der Zuckermenge Wasser, 75 % der Zuckermenge Kuvertüre – 109 °C.
- **Zucker zum Gießen:** 1/3 der Zuckermenge Wasser, 20 % der Zuckermenge Glukosesirup – mindestens 153–156 °C.
- **Felsenzucker:** 1/3 der Zuckermenge Wasser, 10 % der Zuckermenge Puderzucker für Eiweißspritzglasur, 142 °C.

Zuckerschmelzen

Zucker kann auch ohne Wasserzusatz verflüssigt werden. Bei ausreichender Erhitzung schmelzen die Zuckerkristalle und gehen in einen flüssigen Zustand über. Durch die Umwandlung verändert der Zucker seinen Geschmack und seine Farbe, es entsteht brauner Karamell.

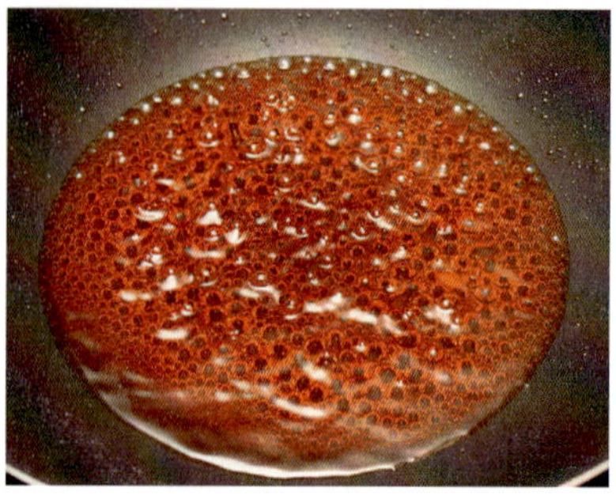

Brauner Karamell

Erzeugnisse aus geschmolzenem Zucker

Brauner Karamell

Brauner Karamell wird zum Karamellisieren (Überziehen, Überspritzen) von dünnen Biskuitblättern (z. B. Dobostorte), zum Karamellisieren von Kernen (geschälten Mandeln und Haselnüssen, halben Walnüssen), zum Zusammensetzen von Hartkrokant und gegossenen Karamellteilen und zur Nougat- und Krokantherstellung verwendet.

Brauner Karamell

40 g Glukosesirup
1 000 g Zucker

Zubereitung

- Glukosesirup erhitzen. Zur Herstellung von Schaustücken die Glukosemenge auf die Hälfte reduzieren, da der Glukosezusatz dem totalen Aushärten des Zuckers entgegenwirkt.
- Zucker nach und nach beigeben, bis die gewünschte Farbe (Hellbraun) erreicht ist.

Hartkrokant wird für Dekorarbeiten (Aufsätze, Eier, Hasen, Maschen, Blumen usw.) und als Dekor- und Streumaterial verwendet.

Krokant

Krokant ist eine Mischung aus hellbraun geschmolzenem Zucker und Mandeln oder Nüssen oder Kernen (ganz, gehobelt, gestiftelt, gerieben) im Verhältnis 1 : 1.

Die Zuckermenge erhöht sich jedoch mit der Feinheit des Granulats (je kleiner die Stücke, umso größer die Oberfläche, die mit Zucker überzogen werden muss).

Werden noch andere Rohstoffe zugesetzt, entscheiden diese – gemeinsam mit der gewählten Herstellungsweise – über Art, Eigenschaft und Verwendung des Krokants.

Hartkrokant, Grillage

Für Dekorarbeiten:

50 g Glukosesirup
600 g Zucker
300 g gehobelte weiße Mandeln

Als Streumaterial:

50 g Glukosesirup
600 g Zucker
600 g evtl. geröstete Nüsse oder Kerne

Zubereitung

- Glukosesirup erhitzen.
- Zucker nach und nach beigeben, goldbraun schmelzen und die Mandeln beigeben.
- Für **Dekorarbeiten** den heißen Krokant zwischen Silpatmatten 2–3 mm dünn ausrollen.
- Formen oder schneiden, auskühlen lassen und ausdekorieren (Kuvertüre, Modelliermarzipan).
- Als **Dekor- und Streumaterial** sofort auf ein befettetes Backblech leeren, auskühlen lassen und reiben.

3 Modellieren

Hier erfahren Sie die Grundlagen des Modellierens und verschiedene Modelliertechniken. Auch soll hier Ihre Kreativität angeregt und Ihr Farbgefühl geweckt werden. Dann heißt es üben, üben, üben!

3.1 Modelliermassen

Als Modelliermassen eignen sich Marzipan, Modelliermarzipan, Persipan, Schokoladenmodelliermassen, Zuckermodelliermassen, Dekormassen und Blütenpasten.

Marzipan

Herstellung

Marzipanrohmasse mit fein gesiebtem Puderzucker im Verhältnis 1 : 1 anwirken. Damit das Marzipan geschmeidig und modellierbar wird, gibt man ca. 10 % Glukosesirup bei. Zusätzlich zum Sirup können weitere Weichhaltemittel verwendet werden. Angewirktes Marzipan gut in Plastik verpacken, damit es nicht austrocknet.

Bei der Herstellung ist auf die Sauberkeit der Hände, Rohstoffe, Geräte und Werkzeuge zu achten. Denn Mehlstaub und Schmutz sind der ideale Nährboden für Gärungserreger, die das Modelliermarzipan unbrauchbar machen.

Färben von Marzipan

Gefärbtes Marzipan von heller, frischer, ansprechender Farbe in Kombination mit ungefärbtem Marzipan wirkt am natürlichsten. Die Farbgestaltung kann

- durch Durchfärben (Lebensmittelfarben siehe S. 234, Kakao u. Ä. werden gleichmäßig in kleinen Mengen unter das Marzipan gemischt, wobei die Möglichkeit zur gleichzeitigen Geschmacksbeigabe besteht) oder
- durch Oberflächenfärben mit Airbrush oder Pinsel erfolgen.

Das Oberflächenfärben ist dem Durchfärben vorzuziehen, da man dafür wesentlich weniger Farbstoff braucht. Der Farbton ist abhängig von der Farbe des Modelliermarzipans – je heller es ist, desto reiner erscheinen die Lebensmittelfarben, die zugesetzt oder oberflächlich aufgebracht werden.

Durchfärben von Marzipan

§ Bei Verwendung von Lebensmittelfarben ist die Lebensmittelfarbstoffverordnung zu beachten.

Modelliermarzipan

Modelliermarzipan, natur oder gefärbt, wird als Halbfabrikat angeboten und bedarf keiner weiteren Behandlung vor der Verarbeitung.

Persipan

Persipan ist Marzipanersatz und ebenfalls als Modelliermasse geeignet. Es entsteht durch Anwirken von Persipanrohmasse mit Puderzucker zu gleichen Teilen, wie bei angewirktem Marzipan.

Schokoladenmodelliermassen

Schokoladenmodelliermassen

Sie sind zum Modellieren von Maschen, Blumen, Figuren und für Dekors geeignet. Die verschiedenen Farben der Schokolade sollten dabei genutzt werden. Die Zusammensetzung der Schokolade und die Temperatur entscheiden über die Festigkeit der Schokoladenmodelliermasse. Aus Modelliermasse hergestellte Dekorteile lassen sich auch mit dem Airbrush schminken.

Dunkle oder Milchschokoladenmodelliermasse

- 500 g Kuvertüre
- 150 g Glukosesirup
- 100 g Läuterzucker

Zubereitung

- Kuvertüre temperieren.
- Sirup und Läuterzucker leicht anwärmen und miteinander verrühren, untermischen.
- Auf eine Marmorplatte streichen und auskühlen lassen.
- Glatt abarbeiten und in Plastikfolie verpacken.
- Bei Bedarf kleine Mengen geschmeidig bzw. weich machen (Melangeur, Mikrowelle, Knetmaschine) und zu modellierfähiger Konsistenz weiterverarbeiten.

Weiße oder färbige Schokoladenmodelliermasse

- 500 g weiße Kuvertüre
- 50 g Kakaobutter
- 150 g Glukosesirup
- 100 g Läuterzucker
- Evtl. fettlösliche Lebensmittelfarbe

Zubereitung

- Kuvertüre mit Kakaobutter temperieren.
- Sirup und Läuterzucker leicht anwärmen, miteinander verrühren und untermischen.
- Eventuell mit fettlöslicher Lebensmittelfarbe einfärben.
- Weiterverarbeitung wie dunkle Schokoladenmodelliermasse.

Zuckermodelliermassen

Halbfabrikate oder selbst erzeugte Zuckermodelliermassen sind ebenfalls für bestimmte Dekors einsetzbar. Sie sind halbfest bis hart und werden gerne zur Ausfertigung und zum Eindecken von Erzeugnissen verwendet.

Zuckermodelliermasse, Tragantzucker

- 412 g Puderzucker
- 54 g Weizenpuder
- 9 g Tragantpulver
- 6 g Gelatinepulver
- 40 g Wasser
- 14 g Kokosfett
- 12 g Glukosesirup
- 30 g pasteurisiertes Eiweiß

Zubereitung

- Puderzucker mit Weizenpuder mischen, das Tragantpulver zugeben und zugedeckt im Wasserbad erwärmen.
- Gelatinepulver im Wasser quellen lassen, in der Mikrowelle erwärmen und auflösen.
- Glukosesirup einrühren, Kokosfett einrühren.
- Alles gemeinsam in der Rührmaschine mischen.
- Sobald die Zutaten gebunden sind, die Masse auf höchster Stufe ca. 10–15 Minuten rühren, bis die Masse weiß ist.
- Zuckermodelliermasse in einen Plastiksack füllen, gut verschließen und bis zum nächsten Tag kühl rasten lassen.
- Für längere Lagerung vakuumieren und tiefkühlen.

Tragantarbeiten sind in England noch sehr gebräuchlich.

Aufgabenstellungen – „Modelliermassen“

1. Zählen Sie verschiedene Modelliermassen auf.
2. Beschreiben Sie die Herstellung von modellierfähigem Marzipan.
3. Erläutern Sie, was beim Arbeiten mit Modelliermarzipan zu beachten ist.
4. Erklären Sie die Herstellung von Modellierschokolade und worauf Sie bei ihrer Herstellung und Verarbeitung achten müssen.
5. Erläutern Sie, wie Zuckermodelliermassen hergestellt werden und wofür sie verwendet werden.

FILM AB!

Sehen und verstehen
www.trauner.at/Modellieren

3.2 Grundformen und Modelliertechniken

Der erste Schritt bei der Aneignung verschiedener Modelliertechniken ist die Herstellung von Grundformen (z. B. Kugeln, Tropfen usw.). Sie sind das Einmaleins des Modellierens. Aus den Grundformen lassen sich Figuren, Blumen, Tiere usw. formen und zusammensetzen.

Modellieren mit der Hand

Die Modelliermasse nach einer der folgenden Methoden einteilen:

- Zu einem Strang formen und mit einem Einteiler oder Lineal einteilen bzw. einschneiden.
- Auswiegen.
- Mithilfe von Distanzschienen ausrollen und Formen ausstechen.

Anschließend die Grundformen durch unterschiedliche Haltungen der Hände bzw. Techniken modellieren.

Grundformen

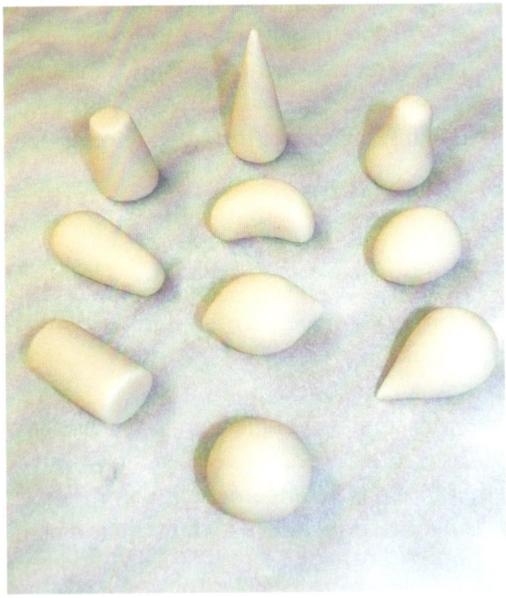

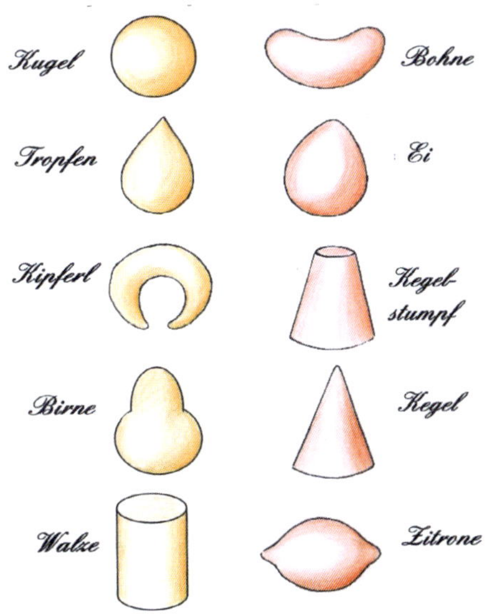

Hase aus ausgestochenen und geschnittenen Teilen

Relieftechnik

Diese Technik ermöglicht eine rationelle, gleichmäßige Herstellung größerer Mengen bei saisonalem Bedarf (Neujahr, Ostern usw.). Die Proportionen ergeben sich durch die Größe des Ausstechers. Das Gewicht hängt von der Ausrollstärke (Distanzschienen) des Modelliermarzipans ab.

Herstellung

- Das Modelliermarzipan in der gewünschten Stärke ausrollen.
- Die Formen ausstechen oder mit vorbereiteten Schablonen ausschneiden. Das Schneidwerkzeug zwischendurch immer wieder mit Alkohol reinigen, damit es nicht verklebt und man glatte Ober- und Seitenflächen erhält.
- Abgerundete Seitenflächen erhält man durch Auflegen einer Kunststofffolie vor dem Ausschneiden oder Ausstechen.
- Die Teile können vor dem Zusammensetzen weiter gestaltet werden, z. B. durch Verwenden von Strukturwerkzeugen, -hölzern, -folien und dergleichen.

Auch Blüten können mit einem Blumenausstecher ausgestochen, geformt und ausgestaltet werden

Aufgabenstellungen – „Grundformen und Modellier ...“

1. Nennen Sie verschiedene Modelliertechniken.
2. Erläutern Sie die Unterschiede der verschiedenen Techniken.
3. Rollen Sie Modelliermarzipan 8–10 mm dick aus. Stechen bzw. schneiden Sie die gewünschten Formen mit und ohne Kunststofffolie aus und bewerten Sie die Ergebnisse.

3.3 Marzipanfrüchte

! Das Beherrschen der Grundformen ist Voraussetzung, um Früchte aus Marzipan sauber zu modellieren.

Hierbei muss die typische Form der jeweiligen Frucht möglichst naturgetreu nachgebildet werden. Das Anwenden verschiedener Schminktechniken hilft dabei, das natürliche Aussehen zum Ausdruck zu bringen. Die Größenverhältnisse lassen sich von der realen Fruchtgröße ableiten, dabei sollte das Gewicht der Marzipanfrucht zwischen 30 und 50 g liegen.

Herstellung

- Die Grundform modellieren, dabei auf natürliche Formen achten und Kerbungen vornehmen, um Schattierungen zu erhalten.
- Mit Airbrush, Pinsel, Zahnbürste, Sieb u. Ä. ausdekorieren.
- Die fertigen Früchte mit Kakaobutter oder Marzipanlack abglänzen, um schöneres Aussehen und Schutz vor dem Austrocknen zu erzielen.
- Auf vorbereitete Unterlagen (evtl. zu einem Früchtearrangement zusammenstellen) absetzen und mit Kakaobutter oder Tunkmasse ankleben. Als Unterlage dienen strukturierte Schokoladen- oder gegossene Zuckerböden, Gelatinezuckerblätter o. Ä. So lassen sich die Früchte besser präsentieren, verpacken und transportieren.

Früchtearrangements

3.4 Tiere und Figuren

> Die Kunst des Modellierens liegt darin, den Tieren und Figuren ihre charakteristischen Eigenschaften zu geben, an denen sie sofort erkannt werden.

Die Größenrelationen ergeben sich aus der Tier- und Figurenart. Als Gewichtsnorm gelten durchschnittlich 50 bis 80 g. Es werden ausgehend von den Grundformen bereits fortgeschrittene Modelliertechniken (Zwei-, Drei- oder Vierteiler) angewandt.

Tiere

- Den **Kopf** des Tieres ausdrucksstark modellieren, die Augen tief eindrücken, so bekommt man Schattierungen. Augen mit zu viel Abstand sind nicht ansehnlich. Der Anteil des Augenweiß soll überwiegen. Das macht den Ausdruck freundlicher.

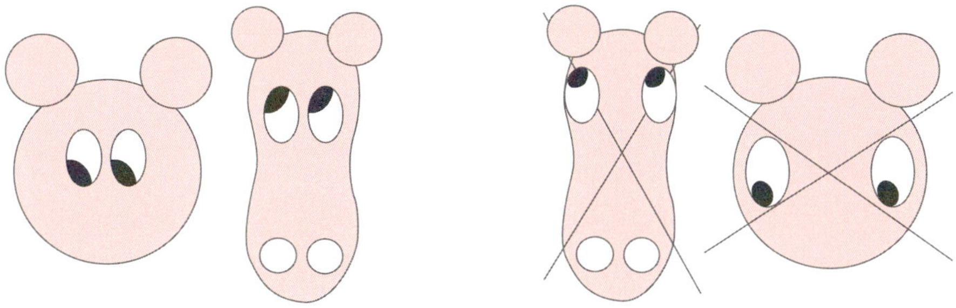

- Ohren und Nase mit Alkohol oder Läuterzucker aufsetzen.
- Körper, Pfoten und Füße können als Einzelteile (leichtere Technik) oder aus einem Stück (Drei-, Vierteiler) modelliert werden. Anschließend mit Modellierwerkzeug andeuten bzw. einkerben.
- Die Teile nach einer Trocknungs- bzw. Stabilisierungsphase mit Alkohol oder temperierter Kakaobutter zusammensetzen.
- Mit dem Airbrush ausdekorieren.
- Die Augen modellieren und einsetzen oder rationeller mit weißer Glasurmasse bzw. Spritzglasur und Spritzschokolade ausfertigen.
- Die Figur mit temperierter Kakaobutter oder Marzipanlack besprühen, damit sie schöner glänzt und nicht austrocknet.
- Auf vorbereitete Unterlagen absetzen und ankleben (Alkohol, Kakaobutter, Tunkmasse ...).

Eiklar soll man wegen der Salmonellengefahr nicht zum Fixieren verwenden.

Als **Unterlage** können strukturierte Schokoladenböden, gegossene Zuckerböden, Böden aus Schokoladenmodelliermasse, Lebkuchen o. Ä. verwendet werden. Damit erhält die Figur den nötigen Stand und lässt sich besser verpacken.

Tiere mit Vorlagen

Stilisieren …

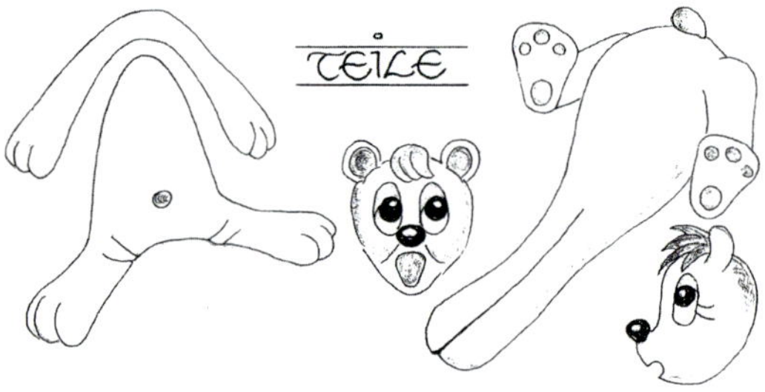

… und umsetzen

Verschiedene Körperhaltungen

Figuren

Der Arbeitsablauf bei Figuren ist der gleiche wie bei Tieren. Besonderes Augenmerk gilt der Größenrelation. Egal, ob die Figuren Kinder oder Erwachsene darstellen, es soll die Relation **zwei Drittel Körper** und **ein Drittel Kopf** gegeben sein. Größere Figuren können auf einem Stab aus Gelatinezucker aufgebaut werden.

Gesichtsausdruck und Augen geben der Figur das nötige Leben. Die Gesichter sollten einfach sein und nicht zu viele Details enthalten. Durch das Verschieben der Augen und Ohren nach unten kann die Figur jünger gemacht werden, z. B. Babys, Kleinkinder. Durch das Verschieben der Augen und Ohren nach oben können Erwachsene dargestellt werden.

Beispiel: Verschieben der Augen und Ohren

Haare, Kopfbedeckung, Schnurrbart, Kleider u. Ä. können aus Marzipan, Schokoladen- oder Zuckermodelliermasse, Spritzglasur oder Spritzschokolade angefertigt werden.

- Für Haare die Modelliermasse durch eine Knoblauchpresse oder ein Teesieb drücken und an der Figur anbringen oder
- in Form länglicher Tropfen modellieren oder
- die Modelliermasse dünn ausrollen, ausstechen, strukturieren und an der Figur anbringen.
- Haare aus Spritzglasur oder Spritzschokolade direkt an der Figur anbringen.
- Nach dem Absetzen auf vorbereitete Unterlagen werden die Hände und die Füße auf die fertige Figur aufgesetzt, um Bewegungsformen auszudrücken.
- Beim Ausfertigen der Augen und beim Übersprühen mit Kakaobutter ist wie bei den Tieren vorzugehen.

Ganz wichtig bei der Herstellung von Figuren ist die Stabilität. Der Körper darf keine Rückenlage bekommen, damit die Figur nicht umfällt. Auch sind Arme und Beine sowie Haare, Augen, Bärte etc. gut zu fixieren, damit sie nicht herunterfallen. Achten Sie auch besonders beim Arrangieren des Kopfes auf Stabilität und gute Haftung.

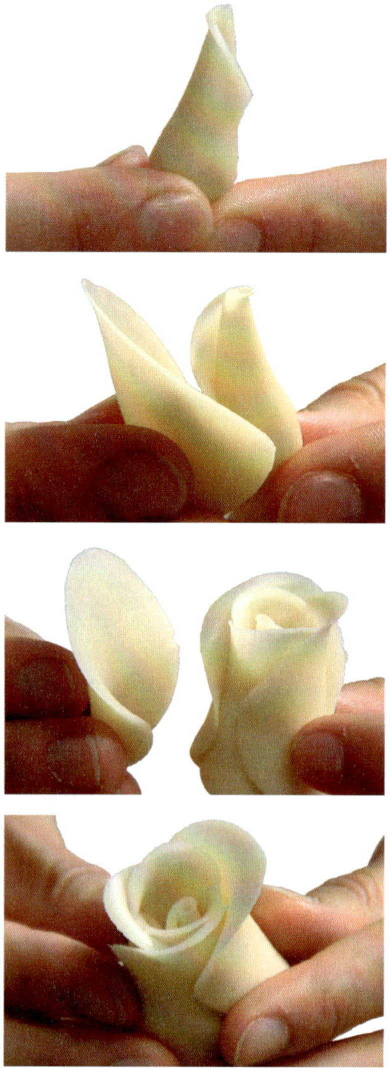

Marzipanrose zusammensetzen

Aufgabenstellungen – „Früchte, Tiere und Figuren"

1. Erläutern Sie die Herstellung von Marzipanfrüchten und mögliche Schminktechniken.
2. Führen Sie aus, worauf Sie beim Modellieren von Tieren und Figuren besonders achten müssen (bei Kopf, Ohren, Nase und Augen).
3. Beschreiben Sie, woraus die Haare von Figuren angefertigt werden können. Zeigen Sie die verschiedenen Möglichkeiten der Herstellung auf.

3.5 Blumen

Als Blumenarrangements werden Rosen, Nelken und verschiedenste Fantasieblumen gefertigt.

Rosen

- Die Blütenblätter mit einem Löffel, einer Teigkarte oder der Rosenblätterpresse formen.
- Blätter zusammensetzen – dabei darauf achten, dass sie in gleicher Höhe angesetzt werden – und antrocknen lassen. Die Anzahl und das Zusammensetzen der Blätter sind individuell verschieden.
- Eventuell mit dem Airbrush ausdekorieren.

Die Herstellung von Nelken finden Sie in der TRAUNER-DigiBox.

Weitere Blumen und Blätter

Blumendekor kann man auf Vorrat herstellen.

Ziele erreicht? – „Gestalten und Dekor"

KOMPETENZ-ERWERB

1. Zählen Sie die zum Fachzeichnen benötigten Geräte und Materialien auf.
2. Nennen Sie die Primärfarben und die Sekundärfarben und erklären Sie die Farbgestaltung.
3. Machen Sie Vorschläge für Randverzierungen, Schriften und Zahlen und üben Sie ihre Herstellung.
4. Machen Sie einen Tortenentwurf.
5. Fertigen Sie selbstständig eine Spritztüte an.
6. Erstellen Sie mit der Emailletechnik einen einfachen Schriftzug.
7. Erklären Sie, wie man Schokoladenröllchen und Schokoladenfächer herstellt.
8. Erläutern Sie das Kochen von Zucker und worauf Sie dabei achten.
9. Zählen Sie verschiedene Erzeugnisse aus gekochtem Zucker auf und beschreiben Sie ihre Herstellung.
10. Nennen Sie Modelliermassen.
11. Beschreiben Sie die Grundformen des Modellierens und die Modelliertechniken.
12. Fertigen Sie einfache Marzipanfrüchte oder -figuren an.

Roh- bzw. Hilfsstoffe und Halbfabrikate

Für Details zu den verwendeten Grundprodukten Getreide (Mehl), Eier, Milch und Milchprodukte (in der Patisserie v. a. Obers, Topfen und Butter) sowie Speisefette greifen Sie auf Ihr Wissen aus Küchenmanagement bzw. -organisation bzw. Ernährung und Lebensmitteltechnologie zurück.

Butter, Zucker, Eier, Getreide, Butter, Obers, Hefe, Gelatine ... Die Liste der Grundprodukte scheint schier unendlich. Das ist auch gut so, zeigt es doch die Vielfalt der Patisserie und ihrer Produkte auf. Aber lassen Sie sich nicht abschrecken – das meiste kennen Sie aus Küchenmanagement bzw. -organisation sowie Ernährung und Lebensmitteltechnologie. Darum liegt in diesem Kapitel der Schwerpunkt auf den Anknüpfungspunkten zur Patisserie bzw. auf den dafür spezifischen Produkten wie Lockerungs- und Backtriebmittel.

KOMPETENZ-ERWERB

Meine Ziele

Nach Bearbeitung dieses Kapitels kann ich

- Zuckersorten und Zuckerwaren für die Patisserie charakterisieren und deren Verwendung beschreiben;
- Halbfabrikate bzw. Convenienceprodukte beschreiben und in der Praxis zielgerichtet einsetzen;
- Spezialmargarinen für die Patisserie aufzählen;
- Würzmittel für die Patisserie charakterisieren;
- Lockerungs- und Backtriebmittel nennen und ihre Wirkung beschreiben;
- Gelier- und Verdickungsmittel aufzählen;
- Farbstoffe und ihre Verwendung beschreiben und kritisch einschätzen.

1 Zucker, Zuckerarten und Zuckerwaren

Hier zu Beginn eine Übersicht über die verschiedenen Begriffe in Zusammenhang mit Zucker:

Begriffsbestimmungen

Zucker	Zuckerarten	Zuckerwaren	Süßungsmittel
Das ist der Zweifachzucker Saccharose.	Sammelbegriff für süß schmeckende Produkte auf Kohlenhydratbasis, meist Einfach- oder Zweifachzucker, auch in Form von dickflüssigem Sirup.	Bezeichnung für Verarbeitungsprodukte von Zucker mit anderen Zutaten, wie z. B. Zuckerarten, auch Mandeln.	Das sind süß schmeckende Nicht-Zucker-Stoffe.

1.1 Zucker

Zucker wird aus der Zuckerrübe und aus dem Zuckerrohr gewonnen.

Eigenschaften

- **Süßungsmittel:** Zucker süßt und verstärkt die Aromen. Die Süßkraft nimmt ab, wenn er mit Säuren in Berührung kommt (z. B. saures Obst, Joghurt).
- **Stabilisierung:** Er stabilisiert beim Schlagen von Eischnee das Eiweißgerüst.
- **Natürliches Konservierungsmittel:** Durch seine Wasser anziehende Wirkung entzieht Zucker den Bakterien das Wasser. Diese Eigenschaft nutzt man bei der Herstellung von Gelees, Konfitüren, Obstsäften und Dickzuckerfrüchten.
- **Karamellisierung:** Wird Kristallzucker trocken erhitzt, schmilzt er zunächst und färbt sich dann braun – er karamellisiert. Karamellzucker wird für Puddings, Cremen, Pralinenfüllungen, Dobostorten usw. verwendet. Er hat einen besonderen Geschmack und eine schöne Farbe. Die Süßkraft nimmt jedoch mit zunehmender Bräunung ab.
- **Gärungsbeeinflussung:** Die Hefe benötigt Zuckerstoffe (Rohr-, Rüben-, Malz-, Trauben-, Fruchtzucker) als Nahrung. Bei der Herstellung von Hefeteigen beeinflusst die Zuckermenge den Gärverlauf. Ein hoher Zuckeranteil (ab 20 % der Mehlmenge) wirkt gärhemmend, ca. 5 % der Mehlmenge sind ideal.
- **Bräunung:** Die Farbgebung der Gebäckkruste ist auf die beim Backen hervorgerufene Karamellisierung und Maillardreaktion zurückzuführen.
- **Gefrier- und Siedepunktveränderung:** Durch die Beigabe von Zucker wird, je nach Menge, der Gefrierpunkt gesenkt (z. B. bei der Gärunterbrechung, Eisherstellung) und der Siedepunkt erhöht (z. B. beim Zuckerkochen).
- **Wasserlöslichkeit:** Zucker kann in Wasser gelöst werden. Je wärmer das Wasser und je kleiner die Kristalle, desto schneller lösen sie sich und desto mehr Zucker kann gelöst werden. Durch Rühren wird der Vorgang beschleunigt.
- **Gerinnungsverzögerung:** Gelöster Zucker erhöht beim Erhitzen den Gerinnungszeitpunkt der Eiweißstoffe, z. B. bei der Herstellung abgezogener Cremen oder beim Pasteurisieren von Frischeiern. Je mehr gelöster Zucker vorhanden ist, umso später setzt die Gerinnung ein.

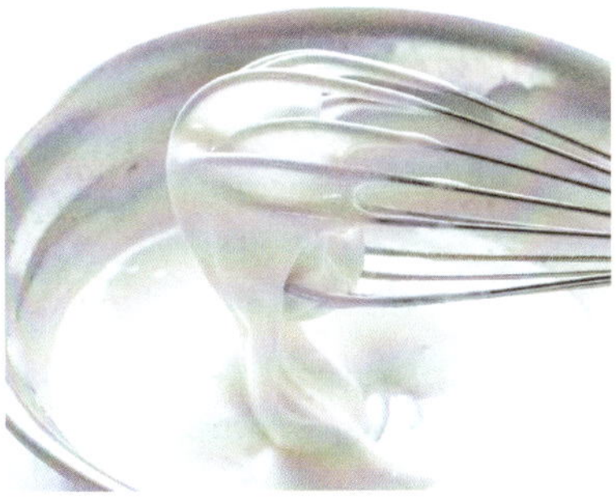

Zucker stabilisiert den Eischnee

Siehe „Hefeteige", S. 33.

Maillardreaktion = Bräunungsvorgang durch Zucker und Aminosäuren beim Erhitzen.

Handelsformen

Kristallzucker

- Kristallzucker (Weißzucker) ist in verschiedenen Teilchengrößen (Normal-, Feinkristallzucker) verfügbar. Er wird für Teige, Massen, Cremen usw. verwendet.
- Raffinierter Weißzucker (Raffinade) ist hoch gereinigter Zucker, der in verschiedenen Korngrößen erhältlich ist. Er hat eine besonders weiße Farbe bzw. glasklare Kristalle und wird deshalb für Produkte verwendet, bei denen es auf besondere Helligkeit oder weiße Farbe ankommt, z. B. weißer Fondant, Zuckerglasuren, Dekor aus Zucker.

Staubzucker, Puderzucker

- Staubzucker ist fein vermahlener, gesiebter Kristallzucker
- Puderzucker ist feinst vermahlener Staubzucker
- Zum Bestreuen von Backwaren
- Für Buttermassen, Mürbteige, Glasuren, Cremen, Marzipan …

Dekorzucker (Puderschnee, süßer Schnee)

- Mit aufgesprühtem Fett und Stärke behandelter Puderzucker
- Feuchtigkeitsresistent
- Zum Bestreuen von feuchten Oberflächen, z. B. Siedegebäck, Stollen, Topfenschnitten, Obstkuchen …

Hagelzucker

- Angefeuchteter Zucker wird gepresst, gebrochen und getrocknet
- Backfest
- Als Dekor von Hefefeingebäcken, Mürbteigen, Lebkuchen …

Backwaren mit Hagelzucker nicht mit Schwaden backen!

Braunzucker

- Er wird durch Kristallisation aus einer Mischung von teilweise karamellisierten Zuckersirupen und braunen Rohrzuckersirupen gewonnen
- Malziger, karamellartiger Geschmack
- Für Lebkuchen, Spekulatius und dunkle Füllungen

Gelbzucker (Rohzucker)

- Ihm haften Reste des Sirups an, aus dem er kristallisiert worden ist (Ablaufsirup, Melasse)
- Für Lebkuchen, dunkle Füllungen, Cremen …

Gelierzucker
- Feinkristallzucker mit Apfelpektin und Zitronensäure (evtl. mit gehärtetem Palmöl)
- Zur Herstellung von Konfitüren, Marmeladen, Gelees und sämigen Fruchtsäften

Rohrohrzucker
- Brauner Kristallzucker; besteht zu 100 Prozent aus Rohrzucker; je dunkler, desto kräftiger im Geschmack
- Für verschiedene Backwaren, exotische Drinks, Süßungsmittel in der Vollwerternährung

Vollzucker
- Schonend getrockneter Zuckerrübensaft mit den Inhaltsstoffen der Zuckerrübe; kleinkörnig; leicht karamellartiges Aroma
- Zum Backen und Süßen wie normaler Zucker, als Süßungsmittel in der Vollwerternährung

Vanillezucker, Vanillinzucker
- Vanillezucker ist Feinkristallzucker mit echter Vanille
- Vanillinzucker ist Feinkristallzucker mit Aroma Vanillin bzw. Ethylvanillin
- Zum Aromatisieren von Feinbackwaren, Cremen ...

- Vanillin ist einer der ersten chemisch hergestellten Aromastoffe. Meist wird es aus dem Holzstoff Lignin gewonnen. Die chemische Formel ist identisch mit dem Hauptaroma aus der Vanilleschote.
- **Ethylvanillin** ist eine Verbindung, die in der Natur nicht vorkommt. Es wird auf chemisch-synthetischem Weg erzeugt und ist drei- bis viermal intensiver als Vanillin.

1.2 Zuckerarten

Zuckerarten sind laut Codex alle anderen (als Saccharose) süß schmeckenden Produkte auf Kohlenhydratbasis, z. B. Invertzuckersirup, Stärkeverzuckerungsprodukte (z. B. Glukosesirup, getrockneter Glukosesirup, Maltodextrin, Dextrose, wasserfreie Dextrose, Maltose), Fruktose, Laktose und Fruchtsüße.

Invertzuckersirup

Eine mindestens 62-prozentige Zuckerlösung wird durch Kochen mit verdünnten Säuren, z. B. Zitronensäure, oder durch Enzymwirkung (Invertase, Saccharase) zu mehr als 50 % des Zuckergehalts invertiert.

Dabei entsteht aus dem Zweifachzucker Saccharose ein Zuckergemisch aus Einfachzuckern, der sogenannte Invertzucker – eine Mischung aus Fruchtzucker und Traubenzucker im Verhältnis 1 : 1.

Süßkraft von Einfach- und Zweifachzuckern

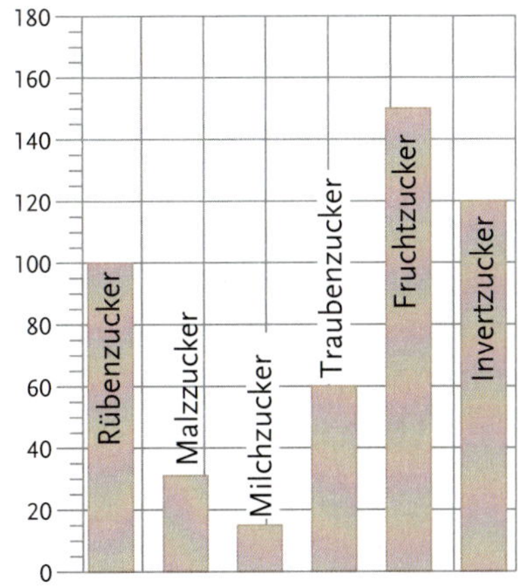

Die Angaben beziehen sich auf Rohr- oder Rübenzucker mit der Süßkraft 100

Was bedeutet „Invertieren"?
Die Invertierung ist eine **„Umkehrung"**, ein Abbauvorgang (künstlich oder natürlich), bei dem die Eigenschaften des Abbauprodukts gegenüber dem Ausgangsstoff verändert werden.

Früher wurde für Invertzuckercreme die Bezeichnung „Kunsthonig" verwendet, die jedoch nicht mehr zulässig ist.

Eigenschaften und Verwendung

- Invertzucker verzögert das Kristallisieren der Saccharose und wird daher zur Weich- und Frischhaltung von Feinen Backwaren und Füllungen verwendet.
- Durch den Anteil des besonders süßen Fruchtzuckers – etwa eineinhalbmal so süß wie Saccharose – ist auch Invertzucker süßer als Saccharose.

- Invertzucker wird durch Zugabe von Honigaroma und Farbstoffen, teilweise auch Glukosesirup, zu „Invertzuckercreme" verarbeitet.
- Sie weist dieselben backtechnischen und frisch haltenden Eigenschaften wie Honig auf, darf jedoch für Backwaren, die in ihrer Bezeichnung „Honig" enthalten, nicht verwendet werden.

Glukosesirup (Stärkesirup)

Stärke wird durch Kochen mit verdünnten Säuren oder durch Enzymwirkung (Amylasen) zu Mehrfachzuckern (Dextrinen), Zweifachzucker (Malzzucker) und Einfachzucker (Traubenzucker [Glukose]) gespalten.

Der Anteil an Glukose beträgt mindestens 20 % des Zuckeranteils, der Wassergehalt darf 30 % nicht überschreiten.

Glukosesirup immer mit einem nassen Werkzeug dem Behälter entnehmen

Eigenschaften und Verwendung

Glukosesirup ist dickflüssig, durchsichtig und leicht süßlich. Er verzögert das Kristallisieren der Saccharose und dient als

- **Frischhalter:** Marzipan, Füllungen, Lebkuchen usw. bleiben länger weich.
- **Bindemittel:** fördert die Geschmeidigkeit bei Modelliermassen (Marzipan, Schokolade), Pralinenfüllungen und Eismassen.
- **Glanzmittel:** für Zuckerschaustücke, Glasuren, Röstmassen (Florentiner) usw.
- **Dekormittel:** Sirupeinlassarbeiten bzw. -malereien.

- **Glukosesirup** und **Stärkesirup** sind gleichbedeutende Bezeichnungen. Ein handelsüblicher Glukosesirup hat z. B. folgende Zusammensetzung:
  - 40 % Traubenzucker
  - 40 % Zweifach- und Mehrfachzucker
  - 20 % Wasser

- **Getrockneter Glukosesirup,** auch **Trockenstärkesirup** genannt, weist eine vergleichbare Zusammensetzung auf, der Wassergehalt beträgt jedoch höchstens 7 %.
- **Maltodextrin** ist ein nur teilweise abgebautes Stärkespaltungsprodukt. Der Anteil an Traubenzucker beträgt höchstens 20 % des Anteils an Kohlenhydraten. Der Wassergehalt beträgt höchstens 8 %. Maltodextrin wird z. B. als Verdickungsmittel oder als Trägerstoff für pulverförmige Aromen, Lebensmittelfarbstoffe usw. verwendet.

1.3 Zuckerwaren – Beispiele

Sie enthalten als charakteristischen Bestandteil Saccharose oder andere Zuckerarten, süßende Lebensmittel bzw. Süßungsmittel und sonstige Zutaten, wie Früchte, Milch und Milcherzeugnisse, Kakaoerzeugnisse, Speisefette, Spirituosen, Genusssäuren, Aromen und sonstige Zusatzstoffe (z. B. Lebensmittelfarben).

Beispiele für Zuckerwaren
Hart- oder Weichkaramellen, Fondant (im Bild) und Fondantmassen, Geleeartikel, Gummibonbons, Kaugummi, Dragées (z. B. Nonpareille, Zuckerstreusel, Wiener Mandeln, Gebrannte Mandeln bzw. Haselnüsse, Erdnüsse usw.), Likörbonbons mit Zuckerkruste, Marzipan, Persipan, Türkischer Honig, Nougat Montélimar, Honignougat, Halva, Lakritze usw.

Nonpareille

Aufgabenstellungen – „Zucker, Zuckerarten und ..."

1. Nennen Sie die beiden Grundprodukte, aus denen Zucker hergestellt wird.
2. Stellen Sie eine Auswahl an Zuckersorten und Zuckerwaren zusammen, die Sie in der Patisserie verwenden. Erklären Sie deren Eigenschaften anhand praktischer Beispiele.

2 Mehl und Stärke

2.1 Weizenmehl

Weizenmehl spielt in der Patisserie eine große Rolle. Sie benötigen es vor allem für die Herstellung von Teigen. Bei der Herstellung von Massen ist der Anteil an Weizenmehl im Vergleich zu anderen Rohstoffen gering.

Die Eigenschaften von Weizenmehl werden durch seine Inhaltsstoffe bestimmt, v. a. durch jene der Stärke.

2.2 Stärke

Stärke ist ein Vielfachzucker. Die Stärkekörnchen befinden sich in den Zellen des Getreidemehlkörpers. Beim Gärungsprozess in Hefeteigen wird die Hefe von den Abbauprodukten der Stärke (Malz- und Traubenzucker) ernährt. Bei Weizengebäcken bildet Stärke in Verbindung mit den Eiweißstoffen (besonders Gluten) die Krume und gibt dem Gebäck die Festigkeit.

Weizenstärke wird in Rezepten auch als Weizenpuder bezeichnet.

Eigenschaften von Stärke

Dextrine bilden eine glänzende Kruste

- **Weiße Farbe:** kann problemlos Massen, Cremen usw. beigegeben werden.
- **Feuchtigkeitsanziehend:** gleicht unerwünschte Saftbildung bei Fruchtbelägen aus, z. B. Saftbinder, und eignet sich zur Herstellung von Likörpralinen mit Kruste.
- **Geruch- und geschmacklos:** Massen, Cremen usw. behalten ihren typischen Geruch und Geschmack.
- **Wasserunlöslich, schwerer als Wasser:** sinkt in angerührten Cremeansätzen vor dem Verkleistern ab.
- **Nicht teigbildend:** keine Ausbildung des Teiggerüsts.
- **Nicht vergärbar:** Hefen enthalten keine Enzyme, mit denen sie Stärke direkt abbauen können.
- **Abbaubar und spaltbar:** Stärke wird durch trockene Hitze (ab 140 °C) zu Dextrinen (z. B. Dextringlasur, glänzende Gebäckkruste), durch Kochen mit Säure oder durch Stärke und Zucker spaltende Enzyme zu Dextrinen, Malz- und Traubenzucker abgebaut.
- **Quellbar:** Stärke lagert in nicht verkleistertem Zustand ca. die Hälfte ihres Eigengewichts an Wasser an.
- **Verkleisterbar:** In Verbindung mit Hitze (55 bis 90 °C, je nach Stärkeart) kann Stärke das Zehnfache (je nach Stärkeart auch mehr) des Eigengewichts an Wasser binden.

Kein Lebkuchen ohne Roggenmehl

Verkleisterung

- Die Stärkekörner in den Mehlteilchen, d. h. in den Zellen des Mehlkörpers, bestehen aus einer äußeren Schicht, dem Amylopektin (ca. 75–80 % der Stärke), und einem inneren Kern, der Amylose (etwa 20–25 %).
- Bei der Teigbereitung lagert die Stärke nur einen Teil ihres Eigengewichts (knapp die Hälfte) an Wasser an der Oberfläche an.
- Bei einer Temperatur zwischen 40 °C und 50 °C beginnt die Stärke zu quellen, sie nimmt langsam Flüssigkeit auf.
- Zwischen 50 und 60 °C beginnt die Stärke zu verkleistern. Dabei wird bis etwa zum Zehnfachen des Eigengewichts der Stärke Wasser aufgenommen und angelagert. Die Stärkekörner platzen auf und bilden eine viskose Masse, den Kleister.
- Der Vorgang der Verkleisterung ist bei längstens 90 °C abgeschlossen.

Dextrinbildung

Ab 100 °C wird die Stärke durch Hitze abgebaut und es entstehen Dextrine (Vielfachzucker). Sie sind je nach Molekülgröße wasserlöslich oder quellfähig und schmecken karamellartig süß.

Wenn man die Gebäcke vor oder nach dem Backen mit Wasser besprüht, bilden die Dextrine eine glänzende Kruste.

Handelsformen

Stärke kommt
- in reiner Form,
- mit Geschmacks- und Farbstoffen versetzt (Cremepulver),
- als modifizierte Stärke (Zusatzstoff) und
- als Quellstärke (bereits vorverkleisterte Stärke, z. B. Kaltcremepulver, Saftbinder) in den Handel.

2.3 Roggenmehl

In der Patisserie und Bäckerei wird Roggenmehl vor allem für die Herstellung von Lebkuchenteigen verwendet. Dabei vermindert es eine zähe Teigbeschaffenheit und gibt den Lebkuchengebäcken einen kräftigen, aromatischen Geschmack.

Roggeneiweiß

Die **Eiweißstoffe** (Secalin, Glutenin) im Roggenmehl bilden kein gashaltiges Klebergerüst.
- **Keine Kleberbildung:** Die Schleimstoffe (Pentosane) im Roggenmehl legen sich zwischen die Eiweißstoffe und verhindern dadurch die Kleberbildung.
- **Wasserlöslich:** Daher kann kein Kleber bestimmt werden.
- **Geringe Dehnbarkeit und Elastizität:** Roggenteige sind aufgrund der fehlenden Kleberbildung feucht und kurz und haben nur ein geringes Gashaltevermögen.
- Roggenteige müssen versäuert werden, um den enzymatischen Abbau der Roggenstärke zu hemmen. Dadurch kann die Stärke intensiver quellen und verkleistern und somit die Backfähigkeit erhöht werden.

Aufgabenstellungen – „Mehl und Stärke“

1. Geben Sie die Eigenschaften von Stärke an.

2. Zählen Sie verschiedene Handelsformen von Stärke auf.

3. Beschreiben Sie die Eigenschaften von Roggenmehl.

3 Convenienceprodukte

Der Begriff „Convenience“ kommt vom lateinischen Wort „convenire“. Dies bedeutet „zusammenkommen, sich einigen“. Heute wird das Fremdwort „konvenieren“ in der Bedeutung „entsprechen, angenehm, gelegen sein“ verwendet.

- Welche Convenienceprodukte werden in Ihrer Schule verwendet? Welche Convenienceprodukte verwenden Sie privat zur Herstellung von Konditorei- und Patisserieerzeugnissen?
- Bei welchen Anwendungsbereichen finden Sie Convenienceprodukte praktisch, wo empfehlen Sie hingegen das Selbermachen der Produkte?

Diskutieren Sie diese Fragen in der Klasse.

Convenienceprodukte werden für alle Sparten der Lebensmittelbranche, wie Konditorei, Bäckerei, Gastronomie und Haushalt, hergestellt. Die Palette reicht von Glasuren und Überzugsmassen über Kuvertürehohlkörper bis hin zu Fertigmehlen, auch mit verändertem Nährwert, z. B. für Feinbackwaren mit reduziertem Zuckergehalt.

Viele der gebrauchsfertigen Produkte, wie etwa Marzipan- oder Persipanrohmasse, Nougat, Fondant, Trockenfrüchte oder diverses Dekormaterial, tragen zu einem rationellen Produktionsablauf bei.

Convenienceprodukte

- sichern eine gleichbleibende Qualität der Backerzeugnisse,
- erleichtern die Herstellung von Backerzeugnissen und verringern den zeitlichen Aufwand (Vorwegnahme von Arbeitsschritten), wodurch ein Teil der Arbeitszeit eingespart werden kann,
- befreien von lästigen, oft zeitaufwendigen Routinearbeiten (Sortieren, Aufbereiten und Mischen verschiedener Rohstoffe, wie Getreidekörner, Mohn oder Nüsse für Füllungen usw.),
- erhöhen die Lebensmittelsicherheit durch den Einkauf geprüfter Rohstoffe und ihren aufbereiteten Mischungen, was einen wichtigen Schritt im HACCP-Konzept darstellt,
- verlängern die Lagerzeit von Rohstoffen durch entsprechende Vorbehandlung, z. B. durch die Hitzestabilisierung von Mohn in Mohnfüllungen,
- ermöglichen im laufenden Betrieb, jederzeit auf rasch verfügbares Rohmaterial zurückgreifen zu können,
- erhöhen die Sicherheit, auf Endprodukten die kennzeichnungsrechtlich richtige Zutatenaufzählung anzubringen,
- bringen neue Ideen und erhöhen die Sortimentsvielfalt durch mitgelieferte Verarbeitungsvorschläge.

Gute Kenntnisse der verwendeten Halbfabrikate, fachliches Können sowie Kreativität sind Voraussetzungen, um optisch und geschmacklich ansprechende fertige Produkte herzustellen.

Fertigmehle und Backmischungen für Feine Backwaren

Fertigmehle und Backmischungen für Feine Backwaren enthalten meistens die gleichen Zutaten wie die Erzeugnisse bei traditioneller Herstellung, jedoch meist in Pulverform. Die Rohstoffe werden in einfachen Mischsilos gemischt und anschließend abgepackt.

Zur Erzielung diverser backtechnischer Eigenschaften ist oft die Zugabe von **Zusatzstoffen** (Verdickungsmitteln wie Agar-Agar, Geliermitteln wie Pektinen, Emulgatoren wie Lezithin, Farbstoffen wie Karotin usw.) anzutreffen.

Bei den meisten Zusatzstoffen handelt es sich um Zutaten, die ohne jeglichen Chemiezusatz aus natürlichen pflanzlichen Rohstoffen gewonnen werden.

Vergleich

Fertigmehle	Backmischungen

▪ Enthalten alle Hauptzutaten eines Produkts ▪ Bei der Zubereitung muss nur noch Wasser, eventuell auch Hefe beigegeben werden	▪ Enthalten die meisten Inhaltsstoffe eines Produkts ▪ Zutaten, die in großer Menge benötigt werden, wie Mehl oder Fett, müssen noch zugegeben werden

Fertigmehle und Backmischungen, Beispiele

- **Hefeteige:** für Kuchen, Croissants, Krapfen, Plunder- und Briochegebäcke, pikante Backwaren, Brot.
- **Mürbteige:** für Kuchen, Tortenböden, Tee- und Weihnachtsgebäck, Streusel.
- **Hefemürbteige:** für Blechkuchen, Obstkuchen.
- **Lebkuchenteige**
- **Topfenteige:** für Kuchen, Gebäcke.
- **Brandmassen:** für Windbeutel, Spritzkrapfen, Eclairs, Tortenböden.
- **Makronenmassen:** für Mandelmakronen (Amarettini), Kokosmakronen.
- **Biskuitmassen:** für Rouladen, Tortenböden, Biskotten.
- **Sandmassen:** für Torten, Schnitten, Kuchen, Muffins usw.

Bei Eiermassen ist das Aufschlagen von Eiern im sogenannten **All-in-Verfahren** (es werden alle Zutaten in einem Arbeitsgang zur Masse aufgeschlagen) nur durch Einsatz von Aufschlagemulgatoren möglich, die die eingeschlagene Luft in Form von Bläschen über längere Zeit stabilisieren.

Convenienceprodukte zur Herstellung von Spezialmassen

Das sind vorgefertigte, karamellisierte Massen in flüssiger oder pulverisierter Form mit oder ohne Ölsamenanteil. Die pulverförmige Karamellmasse schmilzt während des Backprozesses und umschließt die Ölsamen. Vorgefertigte, karamellisierte Massen gibt es für

- Florentiner,
- Nussknacker und
- Bienenstichauflagen.

Obsthaltige Convenienceprodukte

- **Konfitüren, Gelees:** Sie sind die ältesten gebräuchlichsten Convenienceprodukte und werden als Füllungen und Überzugsmassen verwendet. Backfeste Marmeladen haben einen höheren Pektingehalt.
- **Pastenförmige Fruchtzubereitungen:** Sie werden zum Abschmecken von Cremen und Obersfüllungen, Speiseeis u. Ä. verwendet.
- **Fruchtfüllungen mit getrockneten Fruchtstücken:** Dabei handelt es sich vor allem um getrocknete Apfelstücke, die bei Bedarf in Wasser eingeweicht und verarbeitet werden.
- **Gebrauchsfertige, back- und frostfeste Fruchtfüllungen:** Kirschfüllungen zum Füllen von Torten, Gebäcken und Desserts, Apfelfüllungen für Kuchen, Kleingebäcke, Torten usw.

Convenienceprodukte für diverse Füllungen

- **Mohnfüllungen:** Sie werden als bereits verarbeitungsfähige, streichfähige, pastöse Masse oder als Trockenmischung angeboten. Zum Füllen von Plunder-, Hefe- und Blätterteiggebäck.
- **Nussfüllungen:** Trockenmischungen, die mit Wasser oder Milch angerührt werden. Verwendung wie bei Mohnfüllungen.
- **Topfenfüllungen:** Milch, Topfen oder Eier müssen je nach Hersteller noch beigegeben werden. Für gebackene Topfentorten, -schnitten, zum Füllen von Plunder-, Hefe- und Blätterteiggebäck.
- **Backfeste Schokolade und Nougat:** Laufen während des Backens nicht aus. Zum Füllen von Hefe-, Blätter- und Plunderteiggebäck.

Aufgabenstellung

- Wo ist Ihrer Meinung nach der Einsatz von Convenienceprodukten gerechtfertigt und wo liegt für Sie die Grenze, damit Backprodukte und Desserts ihre Individualität und Sie Ihre Kreativität und Unverwechselbarkeit behalten?

Convenienceprodukte für Glasuren und Überzugsmassen

- **Zuckerglasuren:** auf Fondantbasis hergestellte Glasuren in verschiedenen Farben und Geschmacksrichtungen, die nur noch erwärmt werden müssen.
- **Schokoladen- und Fettglasuren:** hauptsächlich Kuvertüren, auch aromatisierte, gefärbte Kuvertüren (Orangen-, Erdbeer-, Zitronen-, Karamellgeschmack usw.) und kakaohaltige oder gefärbte Fettglasuren.
- **Schokoladencremen:** Sie werden ohne Temperieren als Überzug verwendet, eignen sich auch als Gebäckfüllung oder als Füllcreme in Kombination mit Obers.
- **Kakaobutter in Pulverform:** Das Produkt besteht aus 100 % reiner Kakaobutter und wird der geschmolzenen, abgekühlten Kuvertüre bei ca. 34 °C beigegeben. Es handelt sich dabei um eine Art des Impfens, das ein herkömmliches Vorkristallisieren (Tablieren auf Verarbeitungstemperatur) überflüssig macht. Das Kakaobutterpulver eignet sich auch zum Absteifen von Cremen und Mousses.

Impfen siehe „Impfmethode“, S. 124.

- **Instantgelees:** Sie werden mit Wasser aufgekocht, abgeschmeckt und können durch Wiedererwärmen (max. 90 °C) mehrmals verflüssigt werden.
- **Kaltgelees:** gebrauchsfertige Produkte mit Fruchtaroma. Zum Abglänzen von Torten und Desserts oder als Fruchtspiegel auf dem Dessertteller.
- **Glanzstreichen:** Sie werden bei Bedarf mit Wasser klumpenfrei verrührt und nach entsprechender Quellzeit mit Sprühpistole oder Pinsel vor oder nach dem Backen

auf die Gebäcke aufgetragen. Sie werden zur Erzielung eines schönen Glanzes oder einer besseren Oberflächenbräunung verwendet. Glanzstreichen zum Abglänzen von Früchten und Obstkuchen sind frostfest und säurestabil.

Convenienceprodukte für Obers und Cremen

- **Obersfonds:** zum Binden von Oberscremen. Sie sind geschmacksneutral oder aromatisiert (Frucht-, Kakao-, Karamell-, Schokoladengeschmack usw.). Wasser und Obers müssen noch dazugegeben werden.
- **Kaltcremen:** backfeste, frostfeste Cremen in pulverisierter Form, die mit Wasser verrührt werden. Als Füllcremen, für Buttercremen usw.
- **Pastenförmige Fettcremen:** Sie werden mit Crememargarine und Wasser verrührt verwendet.
- **Flüssige Fettcremen:** aus pflanzlichen Fetten hergestellte Cremen, die ähnlich wie Obers aufgeschlagen und verwendet werden.

Fertigteige

Verschiedene Teige, wie Blätter-, Butter-, Strudel- oder Plunderteig, werden als Rohware fertig angeboten. Meist sind sie auf Backpapier aufbereitet. Der Teig wird darauf ausgebreitet, beliebig gefüllt, verschlossen, mit Wasser oder Ei bestrichen, ausgefertigt und nach Anleitung gebacken.

Teiglinge

Die fertig geformten, gefüllten, tiefgekühlten Teigstücke müssen nur noch gebacken werden.

- **Hefeteiglinge:** Kaffeegebäck, pikante Snacks.
- **Blätterteiglinge:** Apfeltaschen, -strudel, pikante Backwaren.
- **Plunderteiglinge:** Croissants, Schnecken, Schokoladenrollen.

Gebackene Teile (fertige Gebäcke)

Die bereits fertig gebackenen Teile enthalten oft Zusatzstoffe, damit sie länger haltbar sind, nicht austrocknen und nicht zäh werden.

- **Biskuitteile:** für pikante und süße Füllungen.
- **Blätterteigteile:** Hohlpasteten in verschiedenen Größen und Formen, Torteletts; für süße und pikante Füllungen.
- **Mürbteigteile:** Torteletts, Schiffchen usw.; für Desserts, Petits Fours.
- **Brandmasseteile:** Windbeutel in verschiedenen Größen, Eclairs.
- **Baiserteile:** Tortenböden, Torteletts, Hohlpasteten, Speiseeisdekor.
- **Hippenteile:** neutrale oder mit Schokolade ausgespritzte Schalen; als Eisbecher, für Fruchtschalen.

Convenienceprodukte zur Herstellung von Pralinen

Hierbei handelt es sich vor allem um Halbschalen aus verschiedenen Schokoladen in unterschiedlichen Formen (Trüffelhohlkugeln, ovale, runde, herzförmige Halbschalen usw.). Zu manchen Halbschalen werden auch spezielle Deckel (eventuell mit Firmenemblem, Golddekor usw.) angeboten. Die Produkte müssen nur noch gefüllt, verschlossen und eventuell einmal in Schokolade getunkt werden.

Convenienceprodukte zur Herstellung von Dekor

Modelliermasse: Fettarme weiße Modelliermasse mit marzipanähnlicher Konsistenz (sehr elastisch), zieht keine Feuchtigkeit an. Zum Eindecken von Torten, Modellierarbeiten. Kommt je nach Hersteller als Massa Ticino, Massa Tistrassa, Massa Bianca usw. in den Handel.
Modelliermarzipan: für Figuren, Tortendekor usw.
Isomalt: Diese Mischung aus zwei Zuckeralkoholen wird laut Anleitung erhitzt und zum Gießen, Blasen und Ziehen verwendet.
Schokoladenmodelliermasse: für Schokoladenblumen, Schaustücke usw.
Schreibschokolade: für Schriften, Zahlen, Ornamente, Bordüren.
Fertigdekor: Blumen, Röllchen, Figuren usw.

Isomalt

Betrachten Sie die jederzeitige Verfügbarkeit eines Convenienceprodukts. Welcher Vorteil ergibt sich daraus in Bezug auf Einkauf und Lagerhaltung?

Convenienceprodukte für Produkte mit verändertem Nährwert

Die meisten der bereits erwähnten Convenienceprodukte sind auch als Produkte mit verändertem Nährwert, z. B. zuckerreduziert, erhältlich. Sie haben den Vorteil, dass die Nährwertkennzeichnung als Kundenservice mitgeliefert wird und somit korrekt ist.

Aufgabenstellungen – „Convenienceprodukte“

1. Nennen Sie einige vom Handel angebotene Convenienceprodukte.
2. Erklären Sie den Unterschied zwischen Fertigmehlen und Backmischungen.
3. Zählen Sie Convenienceprodukte für Füllungen, Glasuren und Überzugsmassen auf.
4. Nennen Sie einige Convenienceprodukte für Obers und Cremen.

4 Eier und Eiprodukte

4.1 Eier

Aufbau und Zusammensetzung des Hühnereies kennen Sie bereits aus der Küche bzw. Ernährungslehre. Hier sehen wir uns nun die technologischen Eigenschaften, die Einfluss auf die Qualität der Patisserieprodukte haben, an.

Technologische Eigenschaften von Eiklar und Eigelb

Eiklar und Eigelb haben beim Verarbeiten und Backen zum Teil unterschiedliche Auswirkungen.

Einfluss von Eiklar

Eigenschaften	Auswirkungen
Schlagfähigkeit (Gashaltevermögen)	Beim Schaumigschlagen von Eiklar (Schnee) kann Luft in Form kleiner Bläschen gehalten werden. Die Zugabe von etwas Salz oder Säure fördert die Schaumbildung. Die Schaumstabilität (Standfestigkeit) wird durch Beigabe von Zucker oder Stärke verbessert.
Volumenbildung	Geschlagenes Eiklar trägt zur Lockerung von Gebäcken und Cremen bei. Der Eischnee muss sofort weiterverarbeitet werden, denn ansonsten verliert er durch das Absetzen von Wasser an Volumen. Er steift nach, beginnt sich zu ballen und lässt sich schwieriger verarbeiten.
Gerüstbildung	Die Eiweißstoffe des Eiklars gerinnen bei einer Temperatur von 60 bis 70 °C (z. B. beim Backen von Biskuitmassen). Die Bläschen, die beim Schlagen entstanden sind, verfestigen sich und es entsteht ein stabiles Gerüst. Die Bildung des Porengerüsts ist bei einer Kerntemperatur von ca. 90 °C abgeschlossen. Das Gebäck erhält seine bleibende Form (Festigkeit, Volumen).
Bindefähigkeit	Bei der Herstellung von diversen Cremen (Schaumcreme, Karamellcreme, italienische Buttercreme ...) wird durch Hitzeeinwirkung eine emulgierende Wirkung erzielt. Bei Teigen wird die Wasserbindung durch die enthaltenen Eiweißstoffe verbessert.
Trockenheit der Gebäcke	Je höher der Eiklaranteil, umso trockener werden die Gebäcke (z. B. Windgebäck, Biskuit, Hefeteiggebäck), weil der hohe Wasseranteil von 87 % beim Backen zum Teil verdampft. Bei bestimmten Massen und Teigen kann ein Teil des Eiklars durch Eigelb ersetzt werden, damit das Gebäck nicht austrocknet.

Gefäße und Geräte sowie das Eiklar selbst sollen **völlig frei von Fett- oder Eigelbresten** sein, da Fett das Schaumbildungsvermögen beeinträchtigt!

Karamellcremen zählen zu den pochierten Cremen

- Durch den Austausch von frischem durch älteres Eiklar kann die Schlagfähigkeit (Schaumbildung und Viskosität) verbessert werden.
- Lässt sich der Schnee einmal nicht schaumig schlagen, kann die Beigabe eines Aufschlagemulgators, wie er in Aufschlagmitteln vorkommt, dies beheben.

Aufgabenstellung

- Versuchen Sie Folgendes: Schlagen Sie ...
  - 100 g Eiklar zu Schnee.
  - 100 g Eiklar mit 50 g Zucker zu Schnee.
  - 100 g Eiklar mit 100 g Zucker zu Schnee.

  Welche Erkenntnisse ziehen Sie aus den Ergebnissen? Was können Sie davon ableiten?

Aufschlagzeit und -geschwindigkeit dabei beachten!

Wussten Sie, dass …
die Farbe des Eigelbs vom Karotin im Futtermittel beeinflusst wird? Je höher der Karotingehalt, desto intensiver das Gelb.

FILM AB!

Sehen und verstehen
www.trauner.at/Trockeneiproduktion

Einfluss von Eigelb

Eigenschaften	Auswirkungen
Schlagfähigkeit	Der hohe Fettanteil des Eigelbs verhindert eine intensive Schaumbildung. Daher ist die Luftaufnahme begrenzt.
Emulgierbarkeit	Das reichlich enthaltene Lezithin (fettähnlicher Stoff) dient als Emulgator bei der Verarbeitung mit anderen Zutaten. Vor allem Fett und Flüssigkeit lassen sich gut vermischen (z. B. Wiener Massen, Speiseeiserzeugung, abgezogene Cremen, pochierte Cremen).
Geschmack	Die enthaltenen Fette verstärken den Geschmack. Eigelbreiche Gebäcke haben einen arttypischen feinen Geruch und Geschmack.
Färbung	Die Eigenfarbe des Eigelbs (Karotin) bewirkt die Gelbfärbung der Gebäckkrume. Die Bräunung und der Glanz der Gebäckkruste werden durch Bestreichen mit verrührten Eiern oder Eigelb vor dem Backen erreicht.
Saftigkeit der Gebäcke	Das fetthaltige Eigelb macht die Krume der Gebäcke mürber, feinporiger und hält sie länger frisch.

Mit einer Prise Salz lässt sich eine Eistreiche besser verarbeiten. Haben Sie dafür eine Erklärung?

4.2 Eiprodukte

Die Eier werden durch verschiedene Methoden haltbar gemacht. Die Verarbeitungshinweise sind der Verpackung zu entnehmen.

Trockeneiprodukte

- Die Eier werden pasteurisiert und getrocknet (Sprühtrocknung).
- Vollei und Eigelb sind als Pulver erhältlich, Eiklar wird pulverisiert und in kristalliner Form angeboten.
- Bei Bedarf werden die Trockeneiprodukte mit Wasser gemischt.
- Pulverisiertes Eiklar ist sofort aufschlagfähig, Eiklar in kristalliner Form benötigt eine längere Quellzeit.

Verhältnis von Eiprodukt zu Wasser

Vollei : Wasser = 1 : 3

Mischungsverhältnis:
1 Teil Vollei +
3 Teile Wasser

Eigelb : Wasser = 1 : 1

Mischungsverhältnis:
1 Teil Eigelb +
1 Teil Wasser

Eiklar : Wasser = 1 : 9

Mischungsverhältnis:
1 Teil Eiklar +
9 Teile Wasser

Flüssigeiprodukte (pasteurisierte Eier)

- Die Eier werden durch Pasteurisieren haltbar gemacht.
- Sie sind als Vollei, Eiklar und Eigelb erhältlich.
- Sie werden zur Herstellung von nicht durcherhitzten Produkten, z. B. Tiramisu, verwendet.

- Beim **herkömmlichen Pasteurisieren** beginnt Eiweiß ab ca. 55 °C zu gerinnen und verliert dabei teilweise seine Aufschlagfähigkeit.
- Im **Hochtemperatur-Kurzzeitverfahren** wirkt hocherhitzter Dampf (120 bis 150 °C) für wenige Sekunden auf das Flüssigeiprodukt ein. Dabei werden die Bakterien inaktiviert, das Eiweiß gerinnt jedoch nicht und die Aufschlagfähigkeit bleibt erhalten.

FILM AB!

Sehen und verstehen
www.trauner.at/Fluessigeiproduktion

Flüssigeiprodukte mit Zucker

- Das Flüssigeiprodukt (Vollei, Eiklar, Eigelb) wird mit Zucker versetzt und das Wasser durch Erhitzung, auch im Vakuum bei niedriger Temperatur, entzogen.
- Der Zucker verhindert die Eiweißgerinnung.
- Das eingedickte Eiprodukt wird vor der Verarbeitung (z. B. vor dem Aufschlagen einer Sandmasse) mit Wasser in den ursprünglichen Zustand rückgeführt.
- Der Zuckergehalt des Eiprodukts wird bei der Rezeptrechnung berücksichtigt.

Flüssigeigelb mit Zucker

Beispiel
- 1 000 g Vollei wird auf die Hälfte seines Gewichts eingedickt (500 g) und der Wasserverlust mit Zucker (500 g) ersetzt.
- Bei der Verarbeitung wird das eingedickte Vollei (1 000 g) mit 500 g Wasser gemischt. Die Flüssigeimischung entspricht 1 000 g Vollei und 500 g Zucker.

Tiefkühleiprodukte

- Die Eier werden von der Schale befreit, pasteurisiert und tiefgekühlt.
- Sie sind als Vollei, Eigelb und Eiklar erhältlich.
- Die Tiefkühlkette darf bei diesen Produkten nie unterbrochen werden.

Eigelb zum Tiefkühlen wird mit etwas Wasser gemixt.

Aufgabenstellungen – „Eier und Eiprodukte"

1. Charakterisieren Sie die Unterschiede zwischen Eiklar und Eigelb.
2. Führen Sie aus, wie sich eine erhöhte Eigelbzugabe bei …
   a) Biskuitmassen (z. B. Rouladenmasse),
   b) Hefeteigen (z. B. Hefeteig für Zöpfe) auswirkt.
3. Nennen Sie Maßnahmen, um die Schlagfähigkeit des Eiklars zu verbessern.
4. Stellen Sie in einer Mindmap die Eigenschaften von Eiklar und Eigelb dar und erläutern Sie deren verarbeitungs- und backtechnische Bedeutung.
5. Begründen Sie die Verwendung von pasteurisierten Eiprodukten für nicht durcherhitzte Backerzeugnisse.

5 Milch und Milchprodukte

Hier werden jene Milchprodukte beschrieben, die in der Patisserie eine Rolle spielen. Über Milch und weitere Milchprodukte haben Sie bereits in Küchenmanagement bzw. -organisation sowie Ernährung und Lebensmitteltechnologie gelernt.

5.1 Milch

Eigenschaften

Milchzucker

- Milchzucker kann nur durch Kefirkulturen in Kohlensäure und Alkohol oder durch Milchsäurebakterien in Milchsäure vergoren werden. Durch Backhefe wird Milchzucker nicht vergoren.
- Milchzucker hat nur geringe Süßkraft.

Milcheiweiß

Milcheiweiß ist biologisch hochwertig. Es besteht vor allem aus rund 80 % Kasein und etwa 20 % Molkenproteinen (Albumin, Globulin und andere), die unterschiedliche Eigenschaften besitzen.

- **Albumin** gerinnt ab 70 °C. Beim Erhitzen der Milch sammelt es sich an der Oberfläche und gerinnt (Hautbildung). Das Wasser bildet darunter Dampf und bringt so die Milch zum Überkochen. Durch Umrühren wird die Milchhaut zerstört und die Milch kann nicht mehr so leicht überkochen.

> Albumin ist auch für das Anbrennen von Milch beim Erhitzen verantwortlich. Es brennt sich am Topfboden fest. Daher sollte man Töpfe vor dem Erhitzen von Milch mit Wasser ausspülen.

- **Kasein** gerinnt durch Milchsäure oder das Enzym Lab (im Kälbermagen vorhanden und aus biotechnologischer Produktion). Es flockt aus und wird als Klümpchen sichtbar (beim Sauerwerden bzw. Dicklegen der Milch, ist bei der Topfen- und Käseherstellung von Nutzen).

Milchfett

Es ist in der Milch als Emulsion verteilt. Milchfett hat einen breiten Schmelzbereich (10 bis 36 °C), in dem das Milchfett weich, darunter fest, darüber flüssig ist. Je flüssiger bzw. weicher das Milchfett, desto intensiver der Geschmack.

Backtechnologische Bedeutung der Milch

TA = Teigausbeute.

Inhaltsstoffe	Eigenschaften	Auswirkung
Fett	Emulgierende Wirkung	Höhere TA und Frischhaltung
	Macht den Kleber dehnbar und elastisch	Wollige, standfeste, leicht formbare Teige
	Erhöht das Gashaltevermögen	Weiche, zarte, feinporige Krume
Eiweiß	Höhere Wasserbindung	Höhere TA und Frischhaltung
Milchzucker	Bräunende Wirkung	Erhöht Krustenbräunung und Geschmack

Handelsformen

Milch wird selten als **Rohmilch,** die weder erhitzt noch molkereimäßig bearbeitet wird, verkauft. Sie darf wegen eventuell vorhandener krankheitserregender Mikroorganismen nur direkt ab Hof mit dem Hinweis „Rohmilch, vor dem Verzehr abkochen" abgegeben werden.

Bezeichnung	Fettgehalt	Charakteristika und Verwendung
Vollmilch	mind. 3,5 %	■ Für Teige, Massen, Cremen, Mixgetränke und als Trinkmilch
Vollmilch extra	mind. 4,5 %	■ Für Mixgetränke und als Trinkmilch
Magermilch	max. 0,5 %	■ Für Ernährungsbewusste
Sauermilchprodukte Sauermilch Acidophilusmilch Bifidusmilch Kefir Joghurt	Standard-fettgehalt mind. 3,5 % bzw. gekennzeichnete andere Fettgehalte	■ Milch wird mit Milchsäurebakterien, wie Acidophilusstämmen, Joghurt- und Kefirkulturen, geimpft und im optimalen Temperaturbereich der jeweiligen Kultur fermentiert. Die Produkte werden teilweise dick gelegt, z. B. stichfestes Joghurt. ■ Sauermilchprodukte haben eine flüssige, cremige oder stichfeste Konsistenz ■ Für Teige, Cremen, Milchmixgetränke

5.2 Obers (Süßrahm)

Rahm (Obers) ist ein fettreiches Milchprodukt, das in verschiedenen Fettstufen und auch in gesäuerter Form (Sauerrahm) angeboten wird.

Verarbeitung von Obers

Obers nimmt beim Schlagen bis zu 40 % an Volumen zu. Beim Schlagen sind folgende Punkte zu beachten:

- Obers und Aufschlagkessel müssen kühl sein (+4 °C).
- Einen Aufschlagbesen mit vielen Drähten verwenden.
- Die Beigabe von Zucker (50–70 g pro Liter) und Gelatine (4 Blatt pro Liter, siehe „Vorbereitung der Gelatine", S. 100) verbessert die Standfestigkeit. Sie binden das Wasser, es kann sich nicht mehr so leicht absetzen.
- Geschlagenes Obers zum Mischen mit einer zweiten Masse sollte schwächer aufgeschlagen werden, da es beim Mischen noch bearbeitet wird. So behält es das Volumen und die lockere Konsistenz.
- Erwärmte Gelatine, Kuvertüre u. Ä. rasch einrühren, damit die Masse homogen bleibt und keine Klümpchen entstehen.

Obers nimmt beim Schlagen bis zu 40 % an Volumen zu

Geschlagenes Obers aus dem Sahnebläser oder Sahnewhipper hat ein noch größeres Volumen und ist bekömmlicher.

5.3 Butter

Erhitzen Sie Butter maximal auf 140 °C

Eigenschaften

- **Schmelzverfahren:** Die Schmelzeigenschaften von Butter hängen von der Zusammensetzung der Fettsäuren ab. Butter ist bei +4 bis +6 °C fest, ab ca. 30 °C flüssig und dazwischen weich.
- **Wassergehalt:** Durch den hohen Wassergehalt ist Butter als Siedefett ungeeignet.
- **Erhitzbarkeit:** Kohlenhydrate und Eiweißstoffe reagieren durch Hitzeeinwirkung in der Maillardreaktion zu aromareichen Bräunungsstoffen. Bei Temperaturen zwischen 110 und 140 °C entstehen geschmacksstoffreiche Verbindungen, bei höherer Erhitzung jedoch Verbrennungsprodukte. Die Butter beginnt ab ca. 150 °C zu rauchen. Deshalb wird zum höheren Erhitzen Butterschmalz verwendet.

Butterschmalz kann höher erhitzt werden, da es weder Eiweiß noch Kohlenhydrate noch Wasser enthält. Diese werden bei der Gewinnung (Ausschmelzen von Butter) entfernt.

5.4 Topfen

Nomaden haben bereits vor 9 000 Jahren Milchwirtschaft mit Schafen und Ziegen betrieben. Sie stellten wahrscheinlich den ersten Käse her, einen aus Sauermilch gewonnenen Topfen.

Topfen zählt zu den ältesten Käsesorten der Welt und ist wegen seiner vielseitigen Verwendungsmöglichkeiten ein beliebter Rohstoff in der Patisserie. Er wird zur Herstellung von Gebäck, Knödeln, Füllungen, Snacks, Aufstrichen usw. verwendet.

Zusammensetzung

Topfen wird in unterschiedlichen Fettstufen angeboten. Der Fettgehalt des Topfens wird als Fettgehalt in der Trockenmasse (F. i. T.) in Prozent angegeben. Die **Trockenmasse** (TM) besteht aus Kohlenhydraten, Fett und Eiweiß.

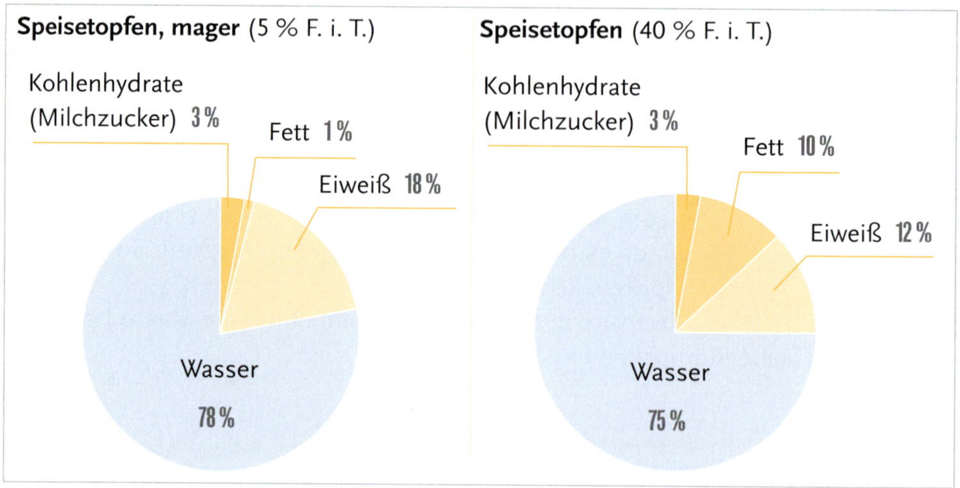

Eigenschaften

- Topfen ist kalorienarm und liefert dem Körper wertvolles Eiweiß.
- Topfen hat einen neutralen Geschmack und eignet sich daher sowohl für süße als auch für pikante Speisen.
- Topfen hat einen hohen Wasseranteil. Die frei werdende Wassermenge muss bei der Verarbeitung teilweise gebunden werden, z. B. durch Beigabe von Cremepulver.

Lagerung

- Kühl (+4 bis +6 °C) und verschlossen aufbewahren, damit der Topfen nicht übersäuert.
- Topfen kann bis zu einem Jahr tiefgekühlt werden.

Handelsformen

Bezeichnung	Fettgehalt	Charakteristika und Verwendung
Speisetopfen	10–50 % F. i. T.	Für Cremen, Füllungen, Teige, kalte Küche
Speisetopfen, mager	max. 5 % F. i. T.	Für fettarme Produkte

Aufgabenstellungen – „Milch und Milchprodukte“

1. Beschreiben Sie die backtechnologische Bedeutung der Milch.
2. Erläutern Sie, was beim Schlagen von Obers zu beachten ist.
3. Nennen Sie die Eigenschaften von Butter und Topfen.
4. Recherchieren Sie, was Mascarpone ist und wofür Sie ihn in der Patisserie benötigen.

6 Spezialfette und -margarinen

Fette mit „maßgeschneidertem“ Schmelzbereich

In der Patisserie und Konditorei werden Fette, z. B. Margarine, für bestimmte Anwendungen mit unterschiedlichem Schmelzbereich benötigt. Fette mit maßgeschneidertem Schmelzbereich können durch folgende Verfahren hergestellt werden:

Verfahren	Charakteristika
Fraktionierung	■ Flüssige Öle bzw. weiche Fette bestehen zum Teil aus festen Fettfraktionen. ■ Diese werden von den flüssigen Bestandteilen durch Kühlen und Filtrieren oder Zentrifugieren getrennt, z. B. Tourierbutter.
Umesterung	■ Weiche, niedrig schmelzende Fette (Öle) werden mit naturharten Fetten mit hohem Schmelzbereich gemischt. ■ Durch Erhitzung in saurem Milieu erfolgt der Austausch von Fettsäuren. Es entsteht ein Fett mit mittlerem Schmelzbereich, z. B. für die Herstellung von Margarine.
Hydrierung (Härtung)	■ Weiche, niedrig schmelzende Fette (Öle) werden über Metallkatalysatoren erhitzt und Wasserstoff wird an die Doppelbindungen der ungesättigten Fettsäuren angelagert. ■ Dabei wird der Anteil an gesättigten Fettsäuren größer, jener an ungesättigten Fettsäuren nimmt ab. Es entstehen teil- und vollgehärtete Fette, z. B. gehärtetes Erdnussfett als Siedefett.

Spezialmargarinen

Sie werden extra für spezielle Verwendungen hergestellt. Dabei wird vor allem auf das Verhältnis von gesättigten und ungesättigten Fettsäuren der verwendeten Fette geachtet, welches **Konsistenz** und **Schmelzeigenschaften** beeinflusst.

Der Handel bietet Ziehmargarineplatten zum Tourieren von Plunder- und Blätterteig an.

Margarinesorten

Crememargarine

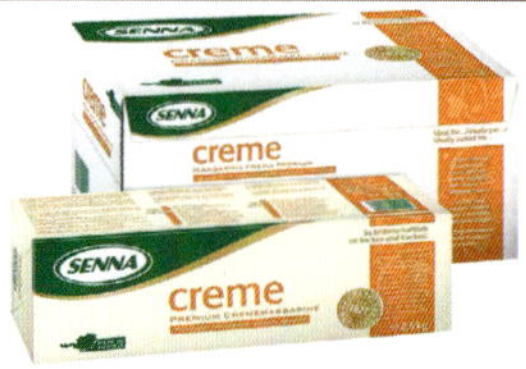

- Margarine mit niedrigem Schmelzbereich und hohem Aufschlagvolumen
- Für Cremen

Backmargarine

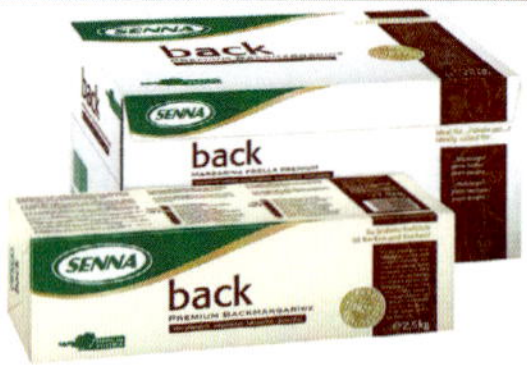

- Margarine mit mittlerem Schmelzbereich
- Sie ist mittelfest, im Teig leicht mischbar und wird nicht ölig; sie wirkt dem Brandigwerden von Mürbteigen entgegen
- Für Mürb- und Hefeteige

Ziehmargarine

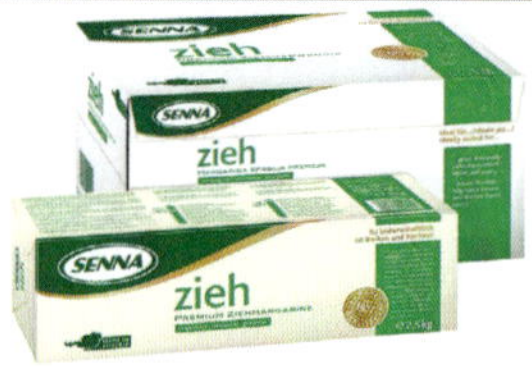

- Margarine mit einem höheren Fettanteil (ca. 90 %)
- Sie ist besonders gut dehnbar, hat eine hohe Bindefähigkeit und einen höheren Schmelzbereich
- Für Blätter- und Plunderteige

Alle Margarinequalitäten haben einen Schmelzbereich, der unter der Körpertemperatur von 37 °C liegt. Überlegen Sie, warum dies so sein muss.

Festfettanteile in Margarinesorten

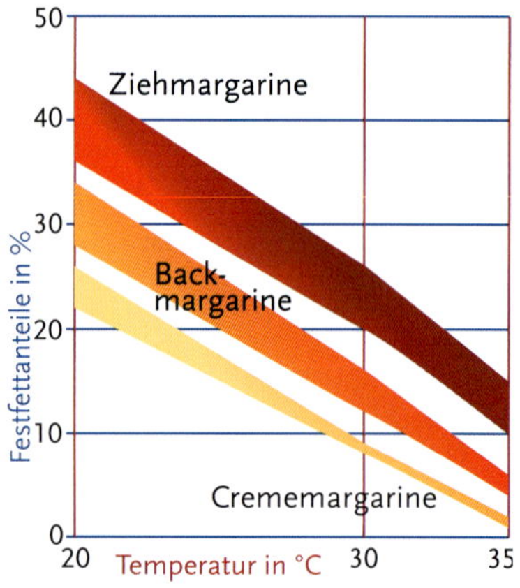

Festfettanteile

Die Anteile an festen Fetten bei bestimmten Temperaturen sind entscheidend für die Verwendung und den Geschmack der unterschiedlichen Margarinesorten.

Margarinesorten	Festfettanteile		
	bei 20 °C	bei 30 °C	bei 35 °C
Ziehmargarine	36–44 %	20–26 %	10–15 %
Backmargarine	28–34 %	12–16 %	4–6 %
Crememargarine	22–26 %	8–9 %	1–2 %

Eigenschaften von Speisefetten

- **Luftaufnahmevermögen:** Beim Schaumigrühren von Butter oder Margarine wird Luft aufgenommen und durch die Gerüstbildung der Fettkristalle festgehalten. Zum Schaumigrühren eignen sich vor allem Fette mit einem engen Schmelzbereich, da das Fett zum Aufschlagen weich (20 °C), aber dennoch fest genug sein muss, um die Luft auch halten zu können. So entstehen großvolumige Gebäcke und schaumige Cremen. Fett kann jedoch das Luftaufnahmevermögen von Eiern, vor allem von Eiklar, stark beeinträchtigen.
- **Geschmacksstoffträger:** Die Verwendung von Fett bewirkt, dass die Geschmacksstoffe anderer Rohstoffe besser zur Geltung kommen.
- **Frischhaltevermögen:** Mit steigendem Fettanteil trocknen Gebäcke nicht so schnell aus, sie bleiben länger weich bzw. saftig, da das Fett das Altbackenwerden durch Retrogradation verzögert. Bei manchen Gebäcken (Stollen, gezogenen Strudeln) wird durch Bestreichen mit Fett während oder nach dem Backen das Austrocknen verhindert.

- **Erhitzen von Emulsionsfetten:** Wasserhaltige Fette verlieren beim Erhitzen ihre Eigenschaft als Emulsion. Das Fett schmilzt und trennt sich vom Wasser. Bei weiterem Erhitzen verdampft das Wasser (Spritzen). Deshalb eignen sich Emulsionsfette nicht für das Backen von Siedegebäcken.
- **Rauchpunkt – Zersetzungspunkt:** Reine Fette können auf Temperaturen weit über 100 °C erhitzt werden. Sie können nicht sieden, sie erreichen jedoch den Rauchpunkt, an dem chemische Veränderungen durch Hitzeeinwirkung auftreten (Oxidation, Abbau der Fettsäuren, Akroleinbildung).

Schmelzbereich von Fetten

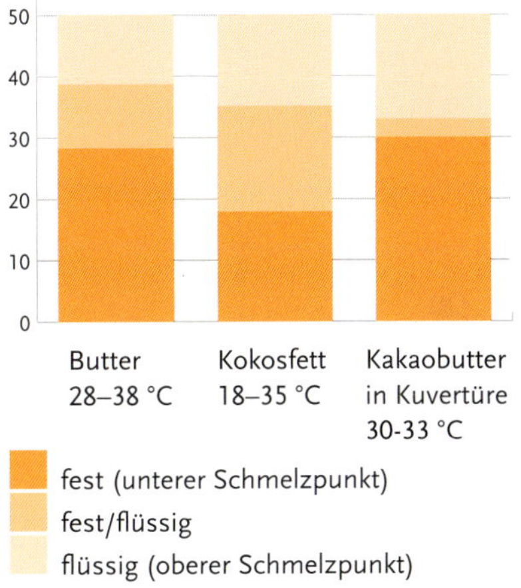

Aufgabenstellungen – „Spezialfette und -margarinen"

1. Beschreiben Sie die Verfahren zur Herstellung von Fetten mit „maßgeschneidertem" Schmelzbereich.
2. Zählen Sie Spezialmargarinen auf, die in der Patisserie verwendet werden, und beschreiben Sie, wofür sie eingesetzt werden.
3. Erläutern Sie die allgemeinen Eigenschaften von Speisefetten und ihre Bedeutung für Patisserieprodukte.
4. Für welches Fett entscheiden Sie sich bei der Herstellung folgender Produkte? Begründen Sie Ihre Auswahl.

   Mürbteig: ______

   Blätterteig: ______

   Schokoladencreme: ______

7 Würzmittel

Würzmittel sind Geschmack gebende Stoffe. Sie verleihen Lebensmitteln, in kleinsten Mengen beigegeben, eine charakteristische Note.

Ölsamen, wie z. B. Mohn, sind für den charakteristischen Geschmack mancher Backwaren verantwortlich, gehören jedoch nicht zu den Würzmitteln.

Wussten Sie, dass ...
der Handel mit Gewürzen viele Jahrhunderte lang Reichtum und Macht bedeutet hat? Kriege, Kirchen- und Palastbauten wurden mit Gewinnen aus dem Gewürzhandel finanziert. Die Gewürzpreise waren unvorstellbar hoch.

Beim Würzen bzw. Abschmecken von Erzeugnissen ist Folgendes zu beachten:
- Die richtige Dosis und Qualität verwenden,
- abwechslungsreich, ohne den Eigengeschmack der Produkte zu überdecken.

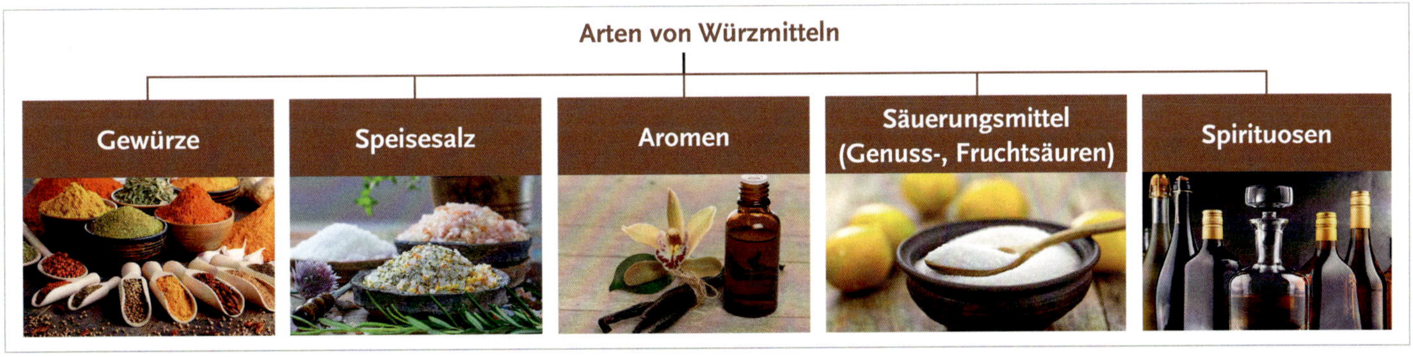

Gewürze

Das sind getrocknete Pflanzenteile, die besonders intensive Geruchs- und Geschmacksstoffe enthalten. Die meisten Gewürze stammen aus tropischen und subtropischen Ländern, weshalb sie erst durch die Seefahrer des Mittelalters in Europa bekannt wurden.

Ist im Pfefferkuchen wirklich Pfeffer enthalten? Recherchieren Sie Rezepte und überprüfen Sie Ihre Antwort.

Zusammensetzung

Die Geruchs- und Geschmacksstoffe sind im Zellgewebe der Gewürze gespeichert. Sie zählen zu den sekundären Pflanzenstoffen.

- **Ätherische Öle:** flüchtige, fettähnliche Aromastoffe, die bei unsachgemäßer Lagerung entweichen. Sie sind fettlöslich, jedoch nicht wasserlöslich. Deshalb wirkt die Beigabe von Fett häufig geschmacksverstärkend.
- **Andere sekundäre Pflanzenstoffe:** Scharf-, Bitter-, Farb- und Gerbstoffe.

Blätter werden frisch zum Garnieren verwendet.

Arten von Gewürzen

Im Folgenden werden die in der Patisserie und Konditorei verwendeten Gewürze beschrieben. Je nach dem verwendeten Pflanzenteil werden sie wie folgt klassifiziert.

Blätter
Zitronenmelisse, Oregano, Basilikum, Rosmarin, Pfefferminze ...

Früchte
Piment, Pfeffer, Vanille, Paprika, Chili ...

Blüten
Safran, Gewürznelken, Kapern ...

Samen
Muskat, Sternanis, Fenchel, Koriander ...

Rinden
Zimtrinde ...

Wurzeln
Ingwer, Kurkuma ...

Gewürznelken

Gewürznelken sind die aufbereiteten und getrockneten Blütenknospen des Gewürznelkenbaumes. Die getrockneten Blüten enthalten mindestens 10 % ätherische Öle. Gewürznelken haben einen intensiven aromatischen Geruch und einen würzigen, leicht brennenden und betäubenden Geschmack.

Verwendung

Nelkenpulver für Teige, Massen, Füllungen und Gewürzmischungen, Gewürznelken für Kompotte und Heißgetränke

Piment

Piment wird auch Neugewürz, Nelkenpfeffer oder Jamaicapfeffer genannt. Es sind beerenähnliche Steinfrüchte eines Baums aus der Familie der Myrtengewächse. Die ca. 7 mm großen Beeren haben einen nelken- bzw. pfefferähnlichen Geschmack und enthalten ca. 5 % ätherische Öle.

Verwendung

für Gewürzmischungen (Lebkuchen) und Weihnachtsbäckerei

Kardamom

Das sind die getrockneten Samenkörner aus der Fruchtkapsel der Kardamomstaude, eines Ingwergewächses. Die Samenkörner sind ca. 3 mm lang, grau bis rötlichbraun, haben einen aromatischen Geruch und würzig scharfen Geschmack.

Verwendung

für Backwaren sowie für Gewürzmischungen

Ingwer, Kurkuma

Er stammt aus den Wurzeln der schilfartigen Ingwerstaude, ebenso wie Kurkuma (= Gelbwurz). Die Ingwerwurzel ist innen hellgelb, Kurkuma orange (z. B. als natürlicher Farbstoff in Currymischungen enthalten). Die Wurzel enthält ca. 5 % ätherisches Öl und hat einen scharfen, aromatischen, exotischen Geschmack.

Verwendung

für Ingwergebäcke, Lebkuchen, Gewürzmischungen, kandiert oder dickgezogen für Rohkostmischungen

Vanille

- Die getrocknete, fermentierte Kapselfrucht (Schote) einer tropischen Orchidee beinhaltet 1,5–4,5 % natürliches Vanillin.
- Anbaugebiete: Madagaskar, Réunion, Mexico ...
- Größe und Farbe: 15–20 cm lang, dunkelbraun.
- Beste Sorten: Bourbon-Vanille, Tahiti-Vanille.

Verwendung

- Die Vanilleschote wird der Länge nach aufgeschnitten. Das Fruchtmark mit den kleinen, schwarzen Kernen wird herausgeschabt.
- Bei gekochten Erzeugnissen wird die aufgeschnittene Vanilleschote mitgekocht. Durch Einlegen der Vanilleschoten in Puderzucker erhält man Vanillezucker.
- Für Teige, Massen, Cremen (Vanillecremen) und Schokolade.

Safran

Safran sind die orangegelben, getrockneten Blütenfäden (botanisch: Griffel und Narben) des Safrankrokus. Safran ist das teuerste Gewürz der Welt – für ein Kilogramm Safran benötigt man bis zu 200 000 Blüten. Safran enthält ca. 1 % ätherische Öle, schmeckt leicht bitter und färbt gelb.

Verwendung

Safran sollte vor der Verwendung in heißer Flüssigkeit aufgelöst werden; zum Würzen von Cremen und Massen (z. B. Sandkuchen). Es reichen 4–5 Blütenfäden.

> ⚠ Zu hohe Dosen von Safran führen zu Erbrechen und inneren Blutungen, 10 Gramm gelten als tödliche Dosis.

Muskatnuss, Muskatblüte (Mazis, Macis)

Die Muskatnuss ist der innere Kern des Samens einer pfirsichähnlichen Frucht des aus Ostasien stammenden Muskatbaums. Botanisch gesehen handelt es sich aber um keine Nuss. Sie befindet sich im Inneren des hartschaligen Samens. Die Muskatblüte wird als Mazis (Macis) bezeichnet. Sie ist allerdings keine Blüte, sondern es handelt sich hierbei um die netzartige Hülle des Samens (Samenmantel), die sich zwischen Samen und Fruchtfleisch befindet.

Beide haben ein würziges, exotisches Aroma und einen Anteil an ätherischen Ölen von über zehn Prozent.

Verwendung

für Kuchen, Süßspeisen, Gewürzmischungen

Anis

Das sind tropfenförmige Spalt- oder Teilfrüchte eines Doldenblütlers mit zwei Einzelfrüchten, charakteristisch ist ihr kurzes Stielchen.

Die Früchte haben einen süßlich-aromatischen Geruch und Geschmack.

- Anis enhält 2–6 % ätherische Öle,
- Sternanis 5–9 %.

Verwendung
für Back- und Süßwaren sowie für Gewürzmischungen

Sternanis

Das ist die sternförmige, rotbraune Samenkapsel eines tropischen Baums aus der Familie der Sternanisgewächse. Ihr Geschmack ist anisähnlich, jedoch intensiver.

Verwendung
für Gebäck und Gewürzmischungen

Orangen- und Zitronenschale

Die abgeriebene Schale von unbehandelten Orangen oder Zitronen wird frisch oder konserviert (mit Zucker vermischt, als Paste oder gefriergetrocknet) verwendet. Aus der Schale wird auch Orangen- und Zitronenöl sowie -pulver gewonnen.

Verwendung
zum Aromatisieren von Teigen, Massen, Cremen u. Ä.

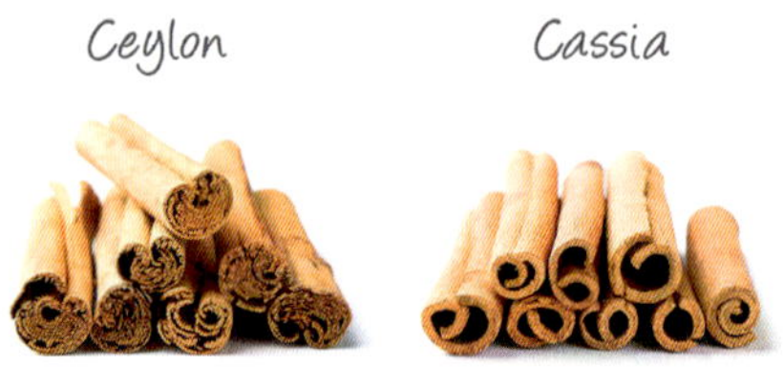

Zimt

Das ist die getrocknete, rötliche innere Rinde des Zimtlorbeerbaums. Die abgelösten Rindenstücke werden ineinandergeschoben. Sie rollen sich von beiden Seiten her ein. Der Rindenbruch wird zu Zimtpulver vermahlen. Zimt enthält ca. 5 % ätherisches Öl und hat einen milden, aromatischen Geruch und Geschmack.

Qualitäten
- Beste Qualität ist **Ceylon-Zimt.** Dies ist ein feiner Zimt mit heller Farbe, der aus Sri Lanka stammt.
- Zweite Qualität ist der aus China stammende **Cassia-Zimt.**
- Dritte Qualität ist **Malabar-Zimt,** sogenannter „Holzzimt". Er ist in Form und Geschmack sehr grob.

Verwendung
für Teige, Massen, Füllungen, Gewürzmischungen, Kompotte, Heißgetränke

Tonkabohne

- Eine Hülsenfrucht, ähnlich der Mango, ca. 10 cm groß. Die Bohne (innerer Samenkern) ist 3–6 cm lang.
- Geschmack und Geruch sind ähnlich der Vanille bzw. schmeckt sie nach Karamell.
- Sie beinhaltet 2–3 % Cumarin, das bei Verzehr in großen Mengen als krebserregender Stoff eingestuft wird.

Verwendung
fein gerieben für Cremen, Massen, Glasuren …

Cumaringehalt beachten!

Mohn

Mohn sind die kugelförmigen Samen der Mohnpflanze (Schlaf- oder Ölmohn). Er ist demnach kein Gewürz, sondern ein Ölsame. In der Mohnkapsel befinden sich bis zu 2 000 Samen, die nur reif verwendbar sind. Sie sind sehr ölhaltig und haben einen leicht süßlichen Geschmack.

Sorten
- Weißmohn ist der ölreichste Mohn. Er hat auch den höchsten Eiweißgehalt.
- Grau- oder Schwarzmohn.
- Blaumohn hat einen intensiveren, würzigeren Geschmack und wird aus optischen Gründen (z. B. zum Bestreuen) dem Graumohn vorgezogen.

Verwendung
- Im Ganzen zum Bestreuen von Brot und Gebäck
- Gemahlen als Füllung, für Kuchen und Torten

Aromen

- Natürliche Aromastoffe werden aus pflanzlichen (z. B. Früchten, Gewürzen), tierischen oder mikrobiellen Stoffen gewonnen, z. B. Menthol aus Minzeblättern, Vanille aus der Vanilleschote oder Butteraroma aus Milch und Milchprodukten. Die Gewinnung erfolgt durch Pressen, Zentrifugieren, Extrahieren und Destillieren.
- Synthetische Aromastoffe werden auf Basis chemischer Reaktionen hergestellt und können eine gleiche oder auch andere chemische Zusammensetzung als natürliche Aromastoffe aufweisen, z. B. Ethylvanillin (siehe „Zucker, Zuckerarten und Zuckerwaren", S. 201).

Aromaextrakte

Das sind keine chemisch definierten Einzelstoffe, sondern eine Mischung aus verschiedenen natürlichen Aromastoffen. Beispiele: ätherische Öle (z. B. Zitrone und Orange), alkoholische, wässrige Extrakte aus Vanilleschoten, Kakao- und Kaffeebohnen, Rosenöl u. Ä.

Suchen Sie praktische Beispiele, wo neben natürlichen Rohstoffen auch zusätzlich natürliche Aromen eingesetzt werden.

Lagerung

- Vor Wärme geschützt und dunkel lagern.
- Verschlossen aufbewahren, damit sich die Aromastoffe nicht verflüchtigen können.
- Die vom Hersteller angegebene Mindesthaltbarkeit beachten.

Säuerungsmittel (Genusssäuren, Fruchtsäuren) und Spirituosen

Genuss- oder Fruchtsäuren dienen nicht nur als Würzmittel, sondern erfüllen auch einige technologische Funktionen, z. B. zur pH-Wert-Absenkung bei der Gelbildung von Pektin. Säuerungsmittel sind lebensmittelrechtlich Zusatzstoffe. Spirituosen dienen vorwiegend als Würzmittel.

Zitronensäure

Sie kommt natürlich in Früchten vor, wird aber in einem biotechnologischen Prozess gewonnen. Melasse wird mit dem Schimmelpilz „Aspergillus niger" vergoren. Dabei werden die Zuckerstoffe in Zitronensäure umgewandelt.

Verwendung

- Als Säuerungsmittel
- Als Geschmacksstoff für Fruchtgetränke, Zuckererzeugnisse, Gelees, Konfitüren und Fruchtcremen
- Als Zusatz, um bestimmte Reaktionen zu erreichen:
  - Gelierhilfe in Pektingelee,
  - Reaktion mit Natriumhydrogencarbonat in Backpulver,
  - Verhinderung des Auskristallisierens in Zuckererzeugnissen durch Spaltung der Saccharosemoleküle in Glukose und Fruktose.

Essigsäure

Sie ist in Essig enthalten. Essig wird aus dem Alkohol von Wein und alkoholisch vergorenem Obst mithilfe von Essigsäurebakterien gewonnen, z. B. Weinessig, Apfelessig oder Himbeeressig.

Verwendung
- Als Säuerungsmittel
- Als Geschmacksstoff für Brote, Blätterteige, in der warmen und kalten Küche
- Als Zusatz, um bestimmte Reaktionen zu erreichen, z. B. unterstützt bei Blätterteig die Quellfähigkeit des Klebers (höhere Dehnbarkeit)

Milchsäure

Sie entsteht bei der Umwandlung von Zucker durch Milchsäurebakterien (Laktobazillen).

Verwendung
- Milchsäure als Säuerungsmittel, z. B. bei der Verarbeitung von Roggenteigen, bei der Herstellung von Lebkuchen zur Reaktion mit Lockerungsmitteln (z. B. Pottasche, siehe S. 230).
- Milchsäurehaltige Produkte, z. B. Joghurt oder Sauerrahm, als Geschmack gebende Zutat für viele Erzeugnisse.

Spirituosen

Als Würzmittel dienen vor allem hochprozentige Alkoholprodukte (Rum, Weinbrände, Liköre u. Ä.), da diese auch in kleinen Mengen sehr geschmacksintensiv sind.

Aufgabenstellungen – „Würzmittel und Ölsamen“

1. Erkennen Sie die nachstehenden Gewürze? Benennen Sie diese und erklären Sie, von welchem Teil der Pflanze sie stammen bzw. wozu sie in der Patisserie verwendet werden.

2. Erklären Sie die Verarbeitung echter Vanilleschoten.
3. Beschreiben Sie, wie das Abgeriebene von Zitronen- und Orangenschalen haltbar gemacht werden kann.

8 Lockerungs- und Backtriebmittel

Haben Sie schon einmal sitzengebliebenen Kuchen gekostet? Oder gar beim Backen vergessen, Backpulver zuzugeben? Dann ahnen Sie vielleicht, warum der Mensch seit jeher bestrebt ist, Backwaren luftig und locker zu gestalten. Den alten Ägyptern/Ägypterinnen dürfte ihr hartes, auf Stein gebackenes Fladenbrot auch nicht behagt haben – sie entdeckten bereits 2 000 Jahre vor Christi Geburt den Sauerteig und stellten erstmals gelockertes Brot her.

Durch den Zusatz dieser Mittel wird die Gebäckkrume gelockert. Das gelockerte Gebäck ist leichter verdaulich, das Volumen wird vergrößert und der Geschmack verbessert.

Übersicht über die Lockerungsmittel

Biologische Lockerungsmittel

- Hefe
- Backhefe
- Sauerteighefe und CO_2 bildende Milchsäurebakterien

Physikalische Lockerungsmittel

- Wasserdampf
- Luft
- Fett
- Zucker

Chemische Lockerungsmittel

- Backpulver
- Ammoniumhydrogencarbonat
- Kaliumcarbonat

Die Lockerung von verschiedenen Teigen oder Massen erfolgt oftmals durch eine Kombination der angeführten Lockerungsmittel. So werden beispielsweise Plunderteige biologisch und physikalisch oder schwere Sandmassen chemisch und physikalisch gelockert.

8.1 Biologische Lockerungsmittel

Hefe

Backhefe

Hefe ist das am meisten verwendete biologische Lockerungsmittel. Sie ist ein Pilz, ein sogenannter Sprosspilz. Hefen sind in der Natur weit verbreitet. Sie sind so klein, dass sie nur unter dem Mikroskop sichtbar werden.

Aus den natürlich vorkommenden Hefearten wurden speziell für Bäckereien geeignete ausgesucht und gezüchtet. Auch andere Bereiche, wie Patisserie, Küche und Konditorei, profitieren davon.

Backhefe wird in Österreich als Germ bezeichnet.

Inhaltsstoffe der Backhefe

- 7% Kohlenhydrate (Zucker)
- ca. 73% Wasser
- 1% Fett
- 1% Mineralstoffe
- 17% Eiweiß

Wirkungsweise – Hefelockerung

Der Alkohol und teilweise das Kohlendioxid gehen bei der Lockerung verloren (Gärverlust). Ein Teil des Kohlendioxids wird im Teig, im Weizenteig von den Eiweißstoffen, im Roggenteig von Eiweiß und den Schleimstoffen (Pentosanen) gehalten, bildet Poren und treibt das Gebäck in die Höhe.

Lebenstätigkeit der Hefe in Abhängigkeit von der Temperatur

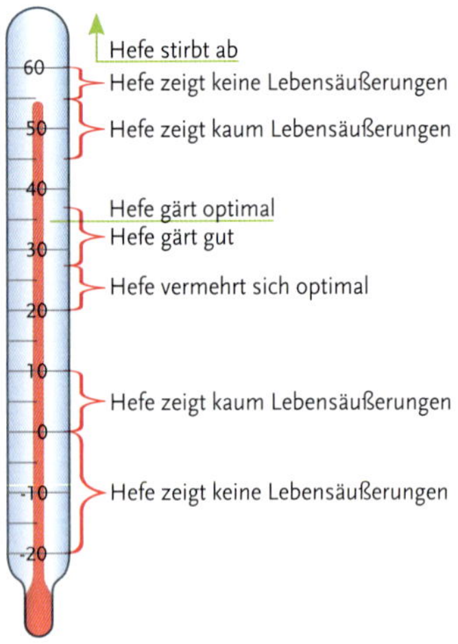

Lebensbedingungen

Hefe braucht wie alle Lebewesen zusätzlich zur Nahrung:

- **Wasser:** Hefe kann nur in Wasser gelöste Stoffe (Einfachzucker, Nährsalze) aufnehmen. Folglich hat sie in weichen Teigen bessere Lebensbedingungen, weiche Teige begünstigen eine starke Hefetätigkeit.
- **Wärme:** Die Lebenstemperaturen von Hefe liegen zwischen 0 und 55 °C. Unter 20 °C und über 40 °C verlangsamen sich die Lebensvorgänge der Hefe, über 60 °C sterben die Hefezellen ab. Die optimale Temperatur für ihre Vermehrung und die Hefeatmung liegt bei 26 °C, für die Gärung bei 35 °C.
- **Sauerstoff:** Zur Atmung benötigt die Hefe Sauerstoff. Die Gärung erfolgt ohne Sauerstoff.

Die übrigen Hefeteigzutaten haben folgende Auswirkungen auf die Lebensbedingungen der Hefe:

- **Salz:** Obwohl es nur in geringen Mengen (15–20 g/kg Mehl) zugesetzt wird, verhindert es eine zu intensive Hefetätigkeit. Der Zucker wird langsamer abgebaut. Eine ausreichende Gasbildung bei der Endgare und am Beginn des Backprozesses ist dadurch gewährleistet.
- **Zucker:** Eine Zuckerbeigabe von mehr als 50 g/kg Mehl setzt die Aktivität der Hefe herab. Der Zucker entzieht der Hefe einen Teil des Wassers. Ausgeglichen wird dies bei zuckerreichen Teigen durch die Zugabe von mehr Hefe und eine längere Gärzeit.
- **Fett:** Fettreiche Teige sind meist feste (wasserarme), kalte Teige. Dies erschwert die Gasbildung der Hefe.

Lagerung

- Trocken, gekühlt und möglichst originalverpackt lagern. Die beste Lagertemperatur liegt zwischen +4 und +6 °C. Bei hoher Luftfeuchtigkeit besteht Schimmelgefahr!
- Vor Fremdgerüchen schützen, da Hefe schnell andere Gerüche aufnimmt.
- Verschlossen aufbewahren, da bei Luftzutritt die Hefeatmung einsetzt, sich die Hefe erwärmt und in weiterer Folge verdirbt.
- Hefe bei Temperaturen von –20 °C tiefgefrieren (schockfrosten), langsam auftauen.
- Mindesthaltbarkeit beachten, da bei zu langer Lagerung die Hefe an Triebkraft verliert.

Eigenschaften frischer, gärfähiger Hefe

- Hellgraue bis hellbraune Farbe
- Frischer Geruch und Geschmack
- Glatte, etwas elastische Oberfläche
- Muschelartiger Bruch

Handelsformen

Unterschieden werden Frisch- und Trockenhefen. Zu beachten ist bei ihrer Verwendung der Flüssigkeitsanteil.

Pfundhefe
- Wird in 500-g-Packungen angeboten
- Für gewerbliche Zwecke

Haushaltshefe
- Wird in Würfeln mit 42 g angeboten
- Für den Haushalt

Trockenhefe
- Schonende Trocknung bei Temperaturen um 30 °C, die Triebkraft bleibt erhalten („Aktive Trockenhefe“)
- Zur Vorratshaltung und als Zutat für Backmischungen und Fertigmehle

Diskutieren Sie:
- Woher hat wohl die Pfundhefe ihren Namen?
- Und warum wird Haushaltshefe mit einem Gewicht von 42 g angeboten?

8.2 Physikalische Lockerungsmittel

Gase (Luft, CO_2)

Sie ändern je nach Temperatur bei gleichbleibendem Druck ihr Volumen:
- **Erwärmung:** Volumenvergrößerung, Ofentrieb
- **Abkühlung:** Volumenverminderung nach dem Ausbacken

> In der Kühlphase nach dem Ausbacken werden durch die Volumenverminderung Mehlstaub und anhaftende Schimmelsporen aus der Backstubenluft auf die Gebäckoberfläche angesaugt. Abkühlen mit gefilterter Luft verringert das Risiko von Schimmelpilzwachstum und verlängert die Haltbarkeit.

Der Lockerungsprozess von Massen
- erfolgt durch das Einbringen der Luft durch Schlagen oder Rühren,
- findet durch das Ausdehnen der Luft beim Backprozess statt bzw.
- kann durch CO_2 aus chemischen Lockerungsmitteln unterstützt werden.

Aus einem Liter Wasser entstehen bei 100 °C unglaubliche 1 700 – eintausendsiebenhundert – Liter Dampf!

Mürbteiggebäck hat eine feine Porung

Wasserdampf

Wasser in Teigen und Massen bildet unter Hitzeeinwirkung Dampf. Dampf hat ein wesentlich größeres Volumen als Wasser, wodurch die Lockerung bewirkt wird (z. B. bei Blätter- und Plunderteig).

Bei durch Dampf gelockertem Gebäck wird die Oberfläche beim Backprozess durch Schwadengabe lange feucht gehalten, um ein vorzeitiges Festwerden der Gebäckkruste und Rissbildung zu verhindern.

Fett

In fettreichen, kurz gemischten Teigen (Mürbteigen) sind feste Teilchen (Mehl, Zucker) in Fett eingebettet. Verflüssigt sich das Fett beim Backen, wird es von den flüssigkeitsbindenden Bestandteilen (vor allem Mehl) aufgenommen. Der Raum, der vom festen Fett eingenommen wurde, wird frei. Eine feine Porung entsteht.

Die festen Teilchen, vor allem Mehl, sind nach dem Backen von einem Fettfilm umgeben. Beißt man in ein Backerzeugnis aus Mürbteig, lässt dieser Fettfilm die festen Teilchen aneinander vorbeigleiten. Der dabei entstehende mürbe Eindruck wird als Mürbung bezeichnet. Es handelt sich dabei um die Lockerung der Krume, nicht um eine Volumenszunahme.

Zucker

Zwei Zuckereigenschaften sind für die Beteiligung des Zuckers an Lockerungsvorgängen verantwortlich:

- **Löslichkeit:** Flüssigkeit und Zucker bilden mehr Flüssigkeit. Daher werden Teige, Massen oder Füllungen weicher und treiben stärker.
- **Verschobene Eiweißgerinnungstemperatur:** Wegen des gelösten Zuckers gerinnt das Eiweiß später. Die Folgen sind länger weich bleibende Massen, die leichter und länger gedehnt werden können.

8.3 Chemische Lockerungsmittel, Backtriebmittel

In Teigen und Massen mit hohem Zucker- und niedrigem Wassergehalt, z. B. Lebkuchen- und Mürbteigen sowie Wiener Massen und Sandmassen, herrschen für die Hefe keine optimalen Lebensbedingungen. Diese Teige und Massen können daher durch chemische Lockerungsmittel, sogenannte Backtriebmittel, gelockert werden. Wesentlich ist es, dass die Backtriebmittel CO_2 freisetzen. Dies kann in chemischen Reaktionen schon im Teig oder in der Masse erfolgen (Vortrieb) oder erst während des Backens (Haupttrieb, Ofentrieb).

Backtriebmittel sind Stoffe oder Kombinationen aus Stoffen, die durch chemische Reaktion Gase freisetzen und dadurch das Volumen eines Teigs oder einer Masse vergrößern (im Bild die Krume einer Sandmasse).

Backpulver

Dies ist ein zusammengesetztes Backtriebmittel aus drei bis vier Komponenten:

Bestandteile	Wirkungsweise
Natriumhydrogencarbonat (E 500)	Es ist der CO_2 liefernde Bestandteil.
Säure z. B. Zitronensäure (E 330)	Sie setzt im Teig oder in der Masse CO_2 frei (Vortrieb).
Saures Dinatrium-Dihydrogen-Diphosphat (E 450)	Es entwickelt erst beim Backen im Ofen Säurecharakter und bewirkt daher den Haupttrieb.
Stärke	Stärke wird als Trägerstoff bzw. Trennmittel zugesetzt. Sie erhöht die Lagerfähigkeit von Backpulver und verhindert bei höherer Luftfeuchtigkeit eine vorzeitig einsetzende chemische Reaktion während der Lagerung.

Wirkung von Backpulver

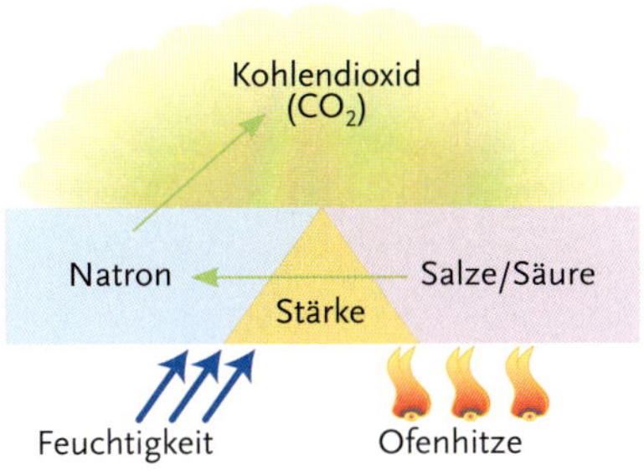

Verwendung

Backpulver wird zum Lockern von aufgeschlagenen Massen und Mürbteigen, denen Flüssigkeit beigegeben wird, verwendet.

Das Verhältnis von Vortrieb zu Haupttrieb wird vom Verhältnis Zitronensäure zu saurem Diphosphat bestimmt.

Beachtenswertes bei der Verarbeitung

- Trockenes Backpulver in der vorgegebenen Menge verarbeiten. Bei Verwendung von zu viel Backpulver gehen die Backwaren zuerst stark auf, fallen jedoch vor dem Ausbacken ein. Grund dafür ist die zu starke Gasentwicklung bei noch nicht ausgebildeter, gashaltiger Krume. Zu wenig Backpulver ergibt ein kleines Volumen und eine ungenügende Lockerung der Gebäcke.
- Das Backpulver mit dem Mehl sieben und vermischen.

Lagerung

- Trocken und verschlossen aufbewahren.
- Es ist bis zu drei Monate lagerfähig, ohne seine Triebwirkung einzubüßen. Bei zu lang gelagertem Backpulver die Reaktion prüfen. Dazu das Backpulver mit etwas Wasser verrühren, eventuell erwärmen. Schäumt es auf, hat es Triebwirkung.

Natriumhydrogencarbonat, Natron, Speisesoda

Es kann auf verschiedene Arten CO_2 freisetzen:

- **Spaltung in der Ofenhitze:** Dabei entsteht neben Kohlendioxid Soda, das Backwaren einen laugigen Geschmack verleiht.
- **Spaltung mit Säure:** Dabei entsteht kein Soda, jedoch findet die Reaktion bereits im Teig oder in der Masse statt.

Auswirkungen auf die Teigbeschaffenheit

Die im Teig oder in der Masse gelösten Natriumionen ergeben eine nachlassende, fließende Teigbeschaffenheit.

Wirkung von Ammoniumhydrogencarbonat

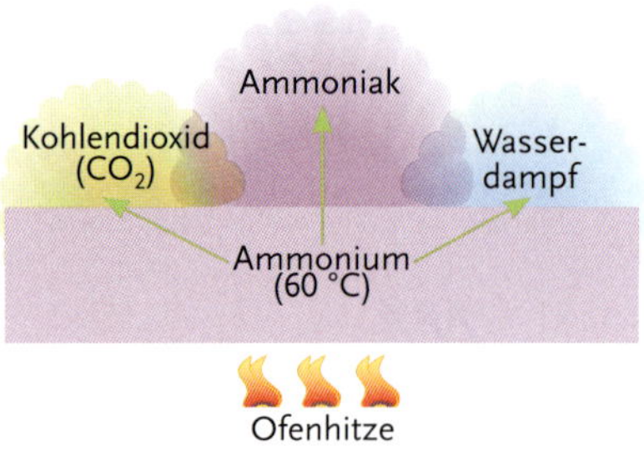

Lebkuchen

Ammoniumhydrogencarbonat, Ammoniumbicarbonat (ABC-Trieb), Ammonium, Hirschhornsalz

Ammoniumhydrogencarbonat ist ein weißes Salz mit stechendem Ammoniakgeruch, das in der Hitze des Backofens CO_2 freisetzt. **Dabei entsteht allerdings giftiges Ammoniak, das während des Backens völlig ausgetrieben werden muss.** Es wird dennoch verwendet, da es ein sehr starkes Triebmittel ist.

Auswirkungen auf die Teigbeschaffenheit

Die im Teig gelösten Ammoniumionen stärken den Stand des Teigs.

Verwendung

Ammoniumhydrogencarbonat wird nur für flache, gut ausgebackene Backerzeugnisse, wie ungefüllte Lebkuchen oder Mürbteiggebäck, verwendet, da in zu hohem, wasserreichem Gebäck **Ammoniakrückstände verbleiben würden. Diese gefährden die Gesundheit.**

Wissenschaftlichen Erkenntnissen zufolge kann es durch die Verwendung von Ammoniumhydrogencarbonat bei der Herstellung von Lebkuchen zu einer höheren Acrylamidbildung kommen. Acrylamid gilt als krebserregend. Deswegen empfiehlt es sich, anstelle von Ammoniumhydrogencarbonat Backpulver oder Natriumhydrogencarbonat als Triebmittel zu verwenden.

Beachtenswertes bei der Verarbeitung

- Ammoniumhydrogencarbonat wird vor der Teigbeigabe immer in etwas Flüssigkeit (Wasser, Milch oder Eiklar) aufgelöst, damit es sich im Teig gleichmäßig verteilen kann.
- Bei gleichzeitiger Verwendung von Kaliumcarbonat werden Ammoniumhydrogencarbonat und Kaliumcarbonat getrennt aufgelöst und auch getrennt beigegeben.

Wirkung von Kaliumcarbonat

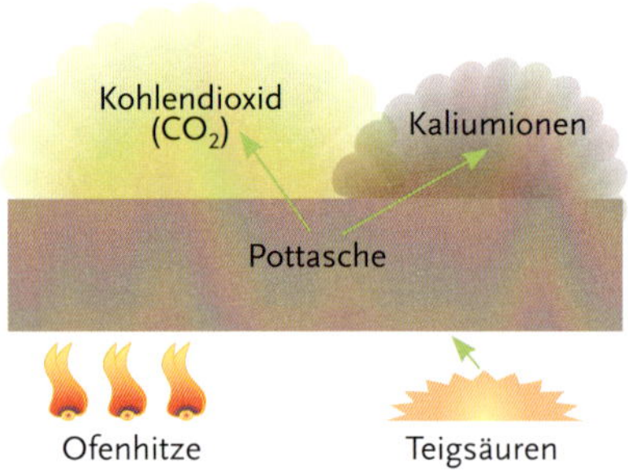

Kaliumcarbonat, Pottasche

Kaliumcarbonat ist das älteste Triebmittel und damit das traditionelle Lockerungsmittel für Lebkuchenteige. Es setzt CO_2 durch Säureeinwirkung frei. Die Säure stammt aus der Milchsäuregärung im Lagerteig (Vorteig) von Lebkuchenteig.

Verwendet man zu viel Pottasche, entsteht ein laugiger Geschmack.

Auswirkungen auf die Teigbeschaffenheit

Die im Teig oder in der Masse gelösten Kaliumionen ergeben eine nachlassende, fließende Teigbeschaffenheit (Breitlaufen).

Verwendung

- Es können nur Teige gelockert werden, die eine Eigensäure aufweisen, so z. B. Lagerteig (Lebkuchen), andernfalls werden dem Teig Säuren beigesetzt.
- Auflösen und Teigbeigabe wie bei Ammoniumhydrogencarbonat.

Aufgabenstellungen – „Lockerungs- und Backtriebmittel“

1. Beschreiben Sie die verschiedenen Wege des Hefestoffwechsels.
2. Interpretieren Sie die Wirkung von Salz, Zucker und Fett auf die Hefe.
3. Zählen Sie die physikalischen Lockerungsmittel auf und beschreiben Sie ihre Wirkung.
4. Erklären Sie Zusammensetzung und Wirkungsweise von Backpulver.
5. Beschreiben Sie die Wirkungsweise und Anwendung von Ammonium und Pottasche.

9 Gelier- und Verdickungsmittel

Das wohl bekannteste Mittel zur Herstellung von Gelees ist Gelatine. Wir kennen sie von Gelees auf Feinbackwaren, auf Speisen in der kalten Küche und als Bindemittel von Schlagobers (Sahnestandmittel). In lebensmittelrechtlichem Sinn ist Gelatine aber kein Geliermittel, also kein Zusatzstoff, sondern ein Lebensmittel tierischer Herkunft. Das ist der Grund für die ablehnende Haltung von Verbraucherkreisen mit vegetarischer oder veganer Ernährung. Doch welche pflanzlichen Alternativen gibt es?

Besprechen Sie, welche Geliermittel Sie in Ihrer Schule bzw. zuhause vorrätig haben und wofür diese verwendet werden.

Gelier- und Verdickungsmittel sind pflanzliche oder tierische Stoffe, die Flüssigkeiten binden. Diese Gelierfähigkeit beruht auf ihrer hohen Quellfähigkeit.

- **Geliermittel** geben Lebensmitteln durch Gelbildung eine festere Form.
- **Verdickungsmittel** erhöhen die Viskosität eines Lebensmittels – sie entscheidet, ob das Produkt cremig oder schnittfest wird.

Viskosität = Zähigkeit von Flüssigkeiten und Gasen.

Begriffsbestimmungen

Lebensmittel
mit gelierender oder verdickender Wirkung

Gelatine
- Tierisches Eiweiß

Wie Gelatine verarbeitet wird, lesen Sie auf S. 100.

Stärke
Auch physikalisch oder enzymatisch behandelte Stärke (z. B. Quellstärke) und Dextrine

Zusatzstoffe
Gelier- und Verdickungsmittel

Rechtlich geregelt
Verwendung und Spezifikationen (mit Herkunft und Herstellung) sind in EU-Verordnungen geregelt

Einteilung
- Pflanzliche: z. B. Guarkernmehl, Pektine
- Bakterielle: z. B. Xanthan
- Chemisch veränderte: z. B. Zellulosederivate, modifizierte Stärken

Arten

	Bezeichnung	Herkunft	Eigenschaften	Verwendung
Lebensmittel	**Gelatine**	Gewinnung durch Auskochen von Knochen, Sehnen und Gewebe frisch geschlachteter Tiere	■ Quillt in kaltem Wasser ■ Löst sich ab ca. 50 °C ■ Bindet beim Erkalten ■ Bildet thermoreversible Gele ■ Abbau der Gelierfähigkeit über 80 °C	8–15 g/l ■ Schlagobers ■ Dessertcremen 30 g/l ■ Gelees
Lebensmittel	**Stärke**	Mais, Weizen, Kartoffeln, tropische Pflanzen (Sagopalme, Tapioka, Maniok), Reis	■ Quillt ab 40 °C ■ Verkleistert zwischen 50 und 80 °C ■ Über 100 °C Abbau zu Dextrinen	Ca. 30 g/l ■ Saucen Ca. 100 g/l ■ Cremen ■ Puddings
Zusatzstoffe	**Agar-Agar E 406**	Rotalgenart; Gewinnung durch Heißwasserextraktion und Trocknung; als Fäden und pulverisiert im Handel	■ Quillt im Wasser ■ Löst sich bei ca. 95 °C ■ Gelbildung beim Abkühlen auf ca. 45 °C ■ Bildet thermoreversible Gele ■ Gelierkraft ca. viermal so stark wie jene von Gelatine	1–5 g/l ■ Speiseeis ■ Cremen 5–10 g/l ■ Gelees
Zusatzstoffe	**Carrageen E 407**	Rotalgenart; Gewinnung durch Heißwasserextraktion und Trocknung	■ Sammelbegriff für Carrageene mit verschiedenen Eigenschaften ■ Einige sind kaltlöslich, andere müssen erhitzt werden	1–5 g/l ■ Speiseeis ■ Cremen 5–10 g/l ■ Gelees
Zusatzstoffe	**Carboxy-Methyl-Cellulose (CMC) E 466**	Pflanzlich, chemisch modifiziert	■ Höhere Wasserbindung in Teigen ■ Verlängerung der Frischhaltung in Brot und Gebäck	1–10 g/kg Mahlprodukte
Zusatzstoffe	**Guarkernmehl E 412**	Die Samen der Guarkernpflanze werden getrocknet und vermahlen	■ Quillt im Wasser ■ Löst sich beim Erhitzen ■ Bindet in kaltem Wasser sofort ■ Höhere Wasserbindung in Teigen ■ Verlängerung der Frischhaltung in Brot und Gebäck	20–40 g/l ■ Tortengelees ■ Speiseeis
Zusatzstoffe	**Johannisbrotkernmehl E 410**	Die Samen des Johannisbrotbaums werden getrocknet und vermahlen	■ Siehe Guarkernmehl	
Zusatzstoffe	**Pektin E 440(i) und E 440(ii)**	Extraktion von Apfeltrestern, Quitten, Schalen von Zitrusfrüchten; auch chemisch modifiziert	■ Löslich in kaltem und heißem Wasser ■ Geliert bei Säure- und Zuckerzugabe (Kaltgelee); irreversibel. ■ Chemisch modifiziertes Pektin (E 440ii) bildet thermoreversible Gele	10–50 g/l ■ Gelees ■ Kaltgelees ■ Konfitüren
Zusatzstoffe	**Stärke, modifiziert E 1 404 bis E 1 452**	Pflanzlich, chemisch modifiziert	■ Große Gruppe physikalisch, enzymatisch oder chemisch behandelter Stärken ■ Je nach Modifikation säurestabil, hitzestabil, gefrier-/auftaustabil, scherstabil (stabil bei mechanischer Einwirkung, z. B. Rühren)	Laut Angabe des Herstellers

Zusatzstoffe	**Gummiarabikum (E 414)**	Aus der gummiartigen Absonderung der Rinde des afrikanischen Akazienbaums gewonnen	■ Quillt in Wasser ■ Löst sich beim Erwärmen ■ Bindet und trocknet beim Erkalten	Ca. 150 g/l ■ Zum Abglänzen von Makronen und Lebkuchen
	Xanthan E 415	Fermentation mit der Bakterienart Xanthomonas	■ Höhere Wasserbindung in Teigen ■ Zusammen mit Johannisbrotkernmehl bildet es thermoreversible Gele	■ 0,5–4 g/kg Mahlprodukte bzw. ■ 0,5 g–4 g/l Milchprodukte

Aufgabenstellungen

1. Die Gelierung ist thermoreversibel oder irreversibel. Finden Sie heraus, was diese Begriffe bedeuten.
2. Erläutern Sie, warum sich Gelatine nicht zum Gelieren von Früchten wie Ananas, Kiwis, Feigen, Mangos und Papayas eignet.

Pektine weisen unterschiedliche Viskositäten auf:
- **Braunbandpektin:** geliert rasch, besonders für Konfitüren geeignet.
- **Gelbbandpektin:** geliert langsam, besonders für Geleebonbons geeignet.

Lagerung

- Trocken und verschlossen lagern.
- Die vom Hersteller angegebene Mindesthaltbarkeit beachten, da die Gelierfähigkeit nachlassen kann.

Aufgabenstellungen – „Gelier- und Verdickungsmittel“

1. Nennen Sie fünf Gelier- und Verdickungsmittel und beschreiben Sie Herkunft, Eigenschaften und Verwendung.
2. Suchen Sie die richtigen Bezeichnungen:

3. Erklären Sie, welche Auswirkung das Enzym Bromelin bei der Gelierung von frischem Ananasmus mit Gelatine auslöst.
4. Analysieren Sie, was die Zugabe von Zitronensaft oder -säure bei Gelees bewirkt.
5. Beschreiben Sie die unterschiedliche Anwendung von Blattgelatine und Pulvergelatine.
6. Gelatine geliert sehr „bissig bzw. kompakt“, Pektin bindet eher „cremig“. Machen Sie Vorschläge, für welches Produkt Sie sich wann entscheiden, und begründen Sie Ihre Wahl.

10 Farbstoffe

Können Sie sich Süßspeisen ohne Farbe vorstellen? Das wäre doch fade und langweilig. Bei welchen Produkten ist der Farbeinsatz Ihrer Meinung nach gerechtfertigt und bei welchen könnte darauf verzichtet werden? Nehmen Sie dazu Stellung und diskutieren Sie mit Ihren Klassenkameraden bzw. Klassenkameradinnen.

Weniger ist mehr. Beim Färben gilt: Nur so viel wie nötig und so wenig wie möglich nehmen.

Färben von Lebensmitteln

Lebensmittel dürfen nur gefärbt werden, um bestimmte Zwecke zu erreichen. Durch das Färben

- soll das Lebensmittel eine auf die Konsumentin/den Konsumenten ansprechende Wirkung erzielen (Appetit anregen, Aussehen verbessern),
- kann eine unerwünschte Verfärbung, die ein Lebensmittel durch ein Herstellungs- oder Bearbeitungsverfahren erlitten hat, wettgemacht werden,
- darf eine geringere Qualität des Lebensmittels nicht überdeckt werden bzw.
- darf keineswegs die Verbraucherin/der Verbraucher getäuscht werden („gute Herstellungspraxis“).

Farbstoffarten

Natürliche Farbstoffe

Hierbei kommen die lebensmitteleigenen Farbstoffe zur Anwendung (z. B. aus Früchten, Eigelb, Kakao- und Schokoladenprodukten, Gewürzen).

Künstliche Farbstoffe

Lebensmittelfarbstoffe – bei ihrer Verwendung ist zu beachten,

- welche Farbstoffe erlaubt sind und
- welche Lebensmittel gefärbt werden dürfen.

Natürliche Farbstoffe

Es kann mit Eigelb, Safran, Kakao, Schokoladen- und Kakaomasse, dunkler Kuvertüre, Kaffee, Zuckercouleur und diversen Früchten gefärbt werden.

Weitere natürlich färbende Bestandteile von Lebensmitteln sind u. a.:

- **Karotin:** Vorstufe zu Vitamin A, rotgelber Farbstoff (Karotten, Tomaten ...); Karotin wird z. B. zum Färben von Margarine und Käse verwendet.
- **Chlorophyll:** grüner Pflanzenfarbstoff im Blattgrün.
- **Karamell:** brauner Zuckerfarbstoff, entsteht beim Schmelzen von Zucker.
- **Anthocyan:** roter Farbstoff (Weintraubenschale, Beerenfrüchte ...).
- **Pflanzenkohle:** durch Verkohlung gebundene Mineralstoffe; färbt schwarz.
- **Crocin:** intensiver Gelbton, aus Safranfäden (Krokusart) gewonnen.

Diese werden aus den Pflanzen durch unterschiedliche Verfahren gewonnen und bevorzugt in der Lebensmittel- (z. B. Getränkeerzeugung), Pharma- und Kosmetikindustrie eingesetzt. Ihre Farbkraft ist sehr unterschiedlich.

Künstliche Farbstoffe (Lebensmittelfarbstoffe)

Es gibt sie in verschiedenen Formen:

- **Flüssige Farben:** sind gebrauchsfertig oder werden gemischt. Sie eignen sich besonders gut zur Arbeit mit der Airbrush-Pistole (z. B. zum Schminken von Marzipan, Zuckermodelliermassen u. Ä.). Weiters werden sie beim Herstellen von Zuckerschaustücken verwendet.
- **Pulverisierte Farben:** müssen in kochendem Wasser oder in Alkohol gelöst werden (Farbkraft, Haltbarkeit). Metallicpulver zum Pinseln kann auch direkt verarbeitet werden.
- **Sprühfarben:** Meist handelt es sich um lebensmittelechte Metallicfarben. Sie sind mit Alkohol versetzt und werden mithilfe von Sprühdosen oder Pumpfläschchen aufgetragen.
- **Pastenförmige Farben:** sind auf Pektinbasis hergestellt und in verschiedenen Farbtönen erhältlich.
- **Filzstifte:** sind gebrauchsfertig; sie werden mit feinen und/oder breiten Spitzen angeboten. Für Details (z. B. zum Zeichnen von Gesichtern) und zum Schreiben.
- **Glukosefarben:** sind sirupartig und werden beim Zuckerkochen für Zuckerarbeiten (Zuckerziehen, -blasen) verwendet.
- **Fettlösliche Farben:** wasserfreie, flüssige oder pulverisierte Farben. Sie werden zum Färben und Schminken von weißer Kuvertüre oder Kakaobutter verwendet. Es kommen auch färbende Kakaobuttersprays zum Einsatz.

Seidenzuckerblume

Schokoladenblume

Verwendung für

- Speiseeis (mengen- und sortenmäßige Einschränkungen beachten!),
- Marzipan und Persipan in Fantasieformen,
- Zuckermodelliermassen (Tragant-, Gelatinezucker, Massa Ticino ...),
- Zuckerüberzüge und Zuckerglasuren,
- weiße Schokoladen, weiße Glasurmassen oder Kakaobutter,
- Dickzuckerfrüchte (Ausnahme: Zitronat und Orangeat),
- Windbäckerei (z. B. Schaumfiguren, Christbaumbehang), Russisch Brot, Macarons,
- Tortengelees, Nappagen usw.,
- Sirupeinlassarbeiten und -malereien,
- Quittenkäse etc.

Marzipanelefant

Beachtenswertes bei der Verwendung von Farbstoffen

- Generell sollen nur dann Farbstoffe verwendet werden, wenn die Eigenfarbe des Lebensmittels nicht ausreicht und dies erlaubt ist.
- Die große Anzahl von natürlich färbenden Materialien sollte vorrangig genützt werden.
- Bei Verwendung von Farbstoffen soll die Farbe mit dem Geschmack des Produkts harmonieren.

Einfluss der Farbe

Das Farbempfinden ist bei jedem Menschen unterschiedlich. Generell sollen Konditorwaren, Patisserieprodukte und Desserts einen Eindruck von Frische, Appetitlichkeit und Natürlichkeit vermitteln. Zarte, natürlich wirkende Farben werden im Allgemeinen als „ästhetisch“ empfunden.

Ästhetisch = angenehm, fein, elegant, edel, geschmackvoll.

Aussehen	Einfluss/Empfindungen
Backfarbe	■ Gebäcktypische Farbe wirkt positiv. Sie wird als schön empfunden, wirkt einladend und regt den Appetit an. ■ Ist sie gebäckuntypisch (zu blass, zu dunkel), wirkt sie abstoßend und weckt Bedenken.
Krumenfarbe	■ Ist sie gebäcktypisch, so weckt sie positive Empfindungen, die auch qualitätsmäßige Einschätzungen einschließen (z. B. gelbe Krume = viele Eier).
Konditorwaren, die gefärbt werden dürfen (Cremen, Speiseeis ...)	■ Unnatürlich wirkende Waren erzeugen Vorbehalte. ■ Wirken sie natürlich, so lösen sie bestimmte Geschmacks- und Qualitätserwartungen aus.
Dekorbereich (Marzipanfiguren, Blumen ...)	■ Wenn möglich, ist das Färben der Dekoroberfläche zu bevorzugen (z. B. mit Airbrush)! ■ Durchfärben nur, wenn der gewünschte Effekt sonst nicht erreicht werden kann.

Aufgabenstellungen – „Farbstoffe“

1. Nennen Sie Beispiele, zu welchem Zweck Lebensmittel gefärbt werden dürfen.
2. Erarbeiten Sie natürlich färbende Bestandteile von Lebensmitteln und zeigen Sie ihre Bedeutung auf.
3. Zählen Sie Arten von künstlichen Lebensmittelfarbstoffen auf. Beschreiben Sie deren Verwendungsmöglichkeite

Ziele erreicht? – „Roh- bzw. Hilfsstoffe und Halbfabrikate“

KOMPETENZ-ERWERB

1. Nennen Sie die für die Patisserie relevanten Zuckerarten und Süßungsmittel.
2. Zählen Sie die Eigenschaften von Weizenmehl auf und beschreiben Sie die Bedeutung für den Backprozess.
3. Beschreiben Sie die Eigenschaften von Stärke und ihren Einfluss auf das Backergebnis.
4. Stellen Sie dar, in welchen Bereichen der Produktion der Einsatz von Frischeiern und in welchen der Einsatz von Eiprodukten gerechtfertigt ist. Begründen Sie Ihre Darstellung.
5. Führen Sie jene Milchprodukte und ihre Eigenschaften an, mit denen Sie in der Praxis arbeiten.
6. Führen Sie jene Speisefette und ihre Eigenschaften an, mit denen Sie in der Praxis arbeiten.
7. Nennen Sie Gewürze, die Sie bei der Herstellung von Patisserieprodukten verwenden.
8. Erläutern Sie die Begriffe Aromen, Genusssäuren und Spirituosen.
9. Begründen Sie die Verwendung von Lockerungsmitteln.
10. Erklären Sie die optimalen Lebensbedingungen der Hefe für eine gute Lockerung von Hefeteigen.
11. Beschreiben Sie die Möglichkeiten der physikalischen Lockerung.
12. Geben Sie einen Überblick über die chemischen Lockerungsmittel (Backtriebmittel).
13. Nennen Sie Arten von Gelier- und Verdickungsmitteln und ihre Verwendung.
14. Teilen Sie die Arten von Farbstoffen ein und nennen Sie Beispiele für ihre Verwendung.
15. Reflektieren Sie den Einsatz von Farbstoffen auf die Ästhetik von Patisserieprodukten.

Fachausdrücke

Diese Fachausdrücke beziehen sich speziell auf die Patisserie. Weitere kennen Sie bereits aus Küchenmanagement bzw. -organisation – diese können Sie dort nachschlagen.

A	
abflämmen	Desserts mit Schaummassen, Gebäck und Dekorteile aus Marzipan oder Makronenmasse im heißen Ofen bei Oberhitze (240 °C) oder mit Heißluftpistole oder Gaskartusche oder unter einem Salamander oberflächlich bräunen.
abglänzen	■ Früchte, Cremen oder Gebäckstücke dünn mit Gelee, Marmelade oder Gummiarabikum bestreichen. ■ Im Dekorbereich die Oberflächen aus Marzipan oder Makronenmasse mit Gummiarabikum oder Marzipanlack besprühen bzw. bestreichen.
ablöschen	■ Karamell mit Obers oder Milch auflösen. ■ Bratrückstand mit Flüssigkeit auflösen.
abbrennen	Brandteig; die Masse so lange über einer Hitzequelle im Topf bearbeiten, bis sie sich vom Geschirr löst.
abrösten	Makronenmassen (u. a. im Wasserbad), Brand- oder Brühmassen bzw. Röstmassen im Kessel auf offenem Feuer bearbeiten.
abschäumen	Den Schaum, der sich beim Kochen von Zucker oder auf anderen Flüssigkeiten bildet, mit einem Haarsieb oder Schaumlöffel entfernen (Gelee, Fruchtspiegel).
abschmecken	Cremen, Speiseeis, Fondant, geschlagenes Obers usw. mit Geschmacksträgern verfeinern.
abschrecken	Geschirr mit gekochten Lösungen kurz in kaltes Wasser (Eiswasser) stellen, um ein Nachhitzen zu verhindern.
absetzen	Pralinen, Teegebäck u. Ä. bis zu einer bestimmten Höhe in temperierte Kuvertüre tauchen.
absteifen lassen	Cremen oder Pralinenmassen durch Erkaltenlassen oder durch Einrühren eines Geliermittels zum Erstarren bringen.
absterben	Zuckermasse oder Karamell wird beim Bearbeiten grießig (kristallisiert) und wird langsam fest.
abstocken lassen	Absteifen lassen.
abstreichen	■ Überschüssige Creme oder Masse nach dem Einfüllen in die Formen entfernen (mit einer Spachtel, Teigkarte oder Palette). ■ Gebäck mit Glasur, Läuterzucker u. Ä. bestreichen.
Abtrieb	Butter mit Zutaten (Eiern, Zucker, Salz, Geschmacksbeigaben u. Ä.) schaumig rühren.
abtrocknen lassen	Glasierte Gebäcke, Dickzuckerfrüchte usw. bei mäßiger Wärme im Ofen oder im Gärschrank trocknen lassen, bis sich eine grifffeste Haut bildet.
abziehen	■ Mandeln in kochendem Wasser überbrühen und schälen. ■ Creme- oder Speiseeismischung aus Milch, Zucker und Eigelb und eventuell etwas Stärkemehl unter ständigem Rühren so lange erhitzen (mindestens 70 °C, maximal 85 °C), bis sie eine dickliche Konsistenz aufweist.
al dente	Bissfest; außen nicht zu weich, innen gerade gar.
All-in-Verfahren	Alle Zutaten gleichzeitig verarbeiten.
Agar-Agar	Gelierstoff aus Rotalgen; Verwendung für Tortenguss und als Bindemittel für Eis.
Amylopektin **Amylose**	Bestandteil der Stärke.
anbacken	Teige, z. B. Mürbteig, vor der Weiterverarbeitung (z. B. Aufstreichen einer Masse u. Ä.) kurze Zeit backen, um ein Durchbacken zu gewährleisten bzw. ein Durchweichen zu verhindern.
andicken	Binden.
anschlagen	Herstellung von Massen durch Einschlagen von Luft.

aprikotieren	Die Gebäckoberfläche mit heißer, passierter Marillenmarmelade bestreichen, damit beim anschließenden Glasieren oder Abglänzen die Glasur nicht abstirbt, aufgestreute Mandeln u. Ä. besser haften, Obsttorten schön glänzen.
Ausgleich von Massen	Eigelbmasse und Eischnee miteinander verrühren.
ausrollen	Teige oder Marzipan mit einem Rollholz oder einer Ausrollmaschine auf die gewünschte Stärke rollen.

B	
Backpulver	Chemisches Backtriebmittel für schwere Massen und fettreiche Teige (Mürbteige).
Backverlust	Gewichtsverlust während des Backprozesses.
Baiser	Gebäck aus Schaummasse, das z. B. auf feuchten Baiserhölzern gebacken wird, die man vorher in Wasser gelegt hat.
beeisen	Lebkuchen mit Spritzglasur dekorieren.
beizen	Früchte mit Alkohol (verdünnten Aromaten) übergießen und längere Zeit ziehen lassen.
benetzen	Bespritzen, besprühen, z. B. mit dem Backpinsel mit Wasser besprengen.
besprühen	■ Dekorelemente aus Marzipan mit temperierter Kakaobutter oder Marzipanlack besprühen, damit sie einen schönen Glanz bekommen und nicht austrocknen. ■ Aufsätze, Schaustücke und Sonderartikel aus Schokolade zu Dekorzwecken mit Kuvertüre, die mit Kakaobutter verdünnt wurde, besprühen. ■ Teiglinge vor dem Backen mit Ei oder Milch besprühen. ■ Backwaren nach dem Backen mit Gelee besprühen.
binden	Mit Bindemittel eindicken.
blanchieren	Vorbereitendes Garverfahren; Gargut (Früchte, Gemüse, Mandeln ...) für eine bestimmte (kurze) Zeitdauer in kochendes Wasser eintauchen, überkochen (überbrühen) und danach kalt abschrecken; z. B. Früchte zum Dickziehen vorbereiten (Aufschließen der Fruchtzellen) oder Mandeln zum Schälen.
blind backen	Ohne Füllung backen (vor allem bei Mürbteigen), mit Hülsenfrüchten (z. B. getrockneten Erbsen) oder Backperlen beschweren, damit das Backgut nicht zu stark aufgeht.
böhmische Teigführung	Direkte kalte Teigführung.
Bordüre	Einfassung, Randverzierung.
brandig	Durch zu langes Kneten oder zu weiches Fett verlieren Mürbteige ihre Bindung, das Fett tritt aus.
Brioche	Feines, geformtes Gebäck aus dotterreichem Hefeteig, dekoriert mit Hagelzucker.

C	
Canache	Creme aus Obers und Kuvertüre, eventuell mit Butter, Nougat, Mandeln, Nüssen und Spirituosen.
chemisieren	Auskleiden; Eisformen mit Speiseeis ausstreichen; Form dünn mit Aspikgelee auskleiden.
Confiserie	Französische Bezeichnung für Konditorei.
Convenience-produkte	Halbfertigfabrikate für die rationelle Herstellung von Backwaren.
Cornet	■ Spritztüte zum Garnieren mit Spritzglasur, Spritzschokolade, Kuvertüre, Marmelade u. Ä. ■ Aus Hippenmasse hergestellte spitze Tüte.
Crêpes	Kleine, dünn gebackene Palatschinken.

D	
Dampfl	Vorteig aus Hefe, Flüssigkeit und Mehl (eventuell Zucker); zur Entfaltung von gepressten Hefezellen und zur Herstellung besserer Arbeitsbedingungen (Feuchtigkeit, Wärme, Luft und Nahrung) für die Hefe (Hefeansatz).

Dauerbackwaren, Dauergebäck	Gebäck bzw. Backwaren, die längere Zeit haltbar sind, ohne Geschmack und Aussehen zu verlieren, z. B. Lebkuchen, Teegebäck, Biskotten, Hohlhippen, Zwieback usw.
dekorieren	Garnieren.
direkte Teigführung	Die Zutaten eines Hefeteigs im All-in-Verfahren zu einem Teig verarbeiten.
dörren	Trocknen von Früchten.
doublieren	Zusammensetzen von zwei Gebäckstücken.
Dreiviertelgare	Aufgehen eines Hefeteigs bis zu drei Viertel seines maximalen Volumens.
dressieren	Cremen oder Massen mit einem Dressiersack in bestimmte Formen spritzen.

E	
Eclair	Längliches, gefülltes Gebäck aus Brandmasse.
eindecken	Torten und Gebäckstücke mit Marzipan oder Modelliermasse einkleiden.
einkochen	Flüssigkeiten (Säfte, Saucen u. Ä.) so lange erhitzen, bis ein Teil der Flüssigkeit verdampft ist; verringert die Menge (Änderung der Konsistenz) und verstärkt den Geschmack.
einstreichen	Torten, Schnitten, Desserts außen mit Creme, geschlagenem Obers, Marmelade u. Ä. bestreichen.
einstreuen	Süßspeisen mit geriebenen Nüssen, Schokolade usw. bestreuen.
Eistreiche	Gemisch von Eigelb oder ganzen Eiern mit Milch zum Bestreichen des geformten Teigs vor dem Backen, der dadurch einen schönen Glanz und eine schönere Krustenfarbe erhält.
entspannen lassen	■ Teiglinge ruhen lassen. ■ Ausgerollte Teige ruhen lassen, damit sie nicht schnurren.

F	
färben	Verschiedene Glasuren, Marzipan, Massen, Speiseeis usw. mit natürlichen oder künstlichen Lebensmittelfarbstoffen (sie müssen durch die Lebensmittelfarbstoffverordnung zugelassen sein) farblich gestalten.
filetieren	Darunter versteht man im Süßspeisenbereich das Herausschneiden von Fruchtsegmenten ohne Trennwände aus Zitrusfrüchten.
fillieren	Mit einer Spritztüte die Oberfläche von Gebäck, Pralinen, Torten usw. mit feinen Kuvertüre- oder Fondantstrichen versehen.
flämmen	Abflämmen.
Fleurons	Kleine Halbmonde oder andere Dekorteile aus Blätterteig.
Folienstreifen	■ Kunststofffolie zum Auslegen von Tortenringen und Dessertformen; um ein Festkleben an den Formen zu verhindern. ■ Zu Dekorzwecken bedruckte Folienstreifen mit temperierter Kuvertüre bestreichen, um den Tortenrand legen oder den Innenrand des Tortenrings damit auslegen. ■ Zur Herstellung von Schokoladenmaschen, -tropfen, -herzen u. Ä.
Fondant	Zuckerglasur.
Fuß	■ Erwünschte Fußbildung bei Anisscheiben, Schokoladenwindbiskotten oder Patiencen und Macarons; durch das Trocknen vor dem Backprozess reißt das Gebäck beim Backen an der schwächsten Stelle (wo es die Unterlage berührt) und hebt sich vom Boden ab. ■ Unerwünschte Fußbildung beim Tunken von Pralinen; Schokolade läuft am Boden breit.

G	
Ganache	Siehe Canache.
Gare	Lockerung von Teigen durch Gärgase; Aufgehen eines Hefeteigs bei Feuchtigkeit und warmer Temperatur.
garnieren	Speisen, Gebäck, Torten, Eis usw. ausschmücken, verzieren.

gelieren	■ Flüssigkeiten mithilfe von Geliermitteln (Agar-Agar, Gelatine usw.) eindicken. ■ Oder Oberflächen (Gebäck, Torten usw.) mit Agar-Agar, Kaltgelee oder Gelee überziehen oder abglänzen.
Gelierprobe	Einige Tropfen Einkochgut auf einen Teller geben; erstarrt es schnell und ohne Wasserrand, ist es fertig.
gerinnen	Eiweiß geht vom flüssigen in den festen Zustand über.
Glace royale	Französische Bezeichnung für Spritzglasur.
glasieren	Torten, Desserts, Früchte usw. mit Überzügen, z. B. aus Fondant, Schokolade, Gelee versehen.
grellieren	Abtrennen des Fetts beim Abtrieb durch zu viel oder zu kalte Flüssigkeitszugabe (Wasser, Milch, Eier usw.).
Guss	Gemisch aus Milch, Eiern und weiteren Zutaten zum Übergießen von Kuchen und Strudeln (Royale).

H	
Hagelzucker	Grobkörnige, backfeste Zuckersorte.
Hefemürbteig	Teigmischung aus Hefe- und Mürbteig (1 : 1).
homogenisieren	■ Milch wird mit hohem Druck durch feine Düsen gepresst, damit sich die Fettkügelchen gleichmäßig in der Flüssigkeit verteilen. ■ Mit einem Stab- oder Vakuummixer mixen; ermöglicht durch die homogene (innige) Verbindung verschiedener Zutaten eine Produktverbesserung, z. B. bei Canachen, Saucen, Eismassen usw.

I	
indirekte Teigführung	Vor der eigentlichen Teigbereitung wird ein Vorteig (Dampfl) gemischt.

K	
kalt schlagen	Warm geschlagene Massen schlagen, bis sie auf Raumtemperatur abgekühlt sind.
kämmen	Strukturieren von Florentinern, Kuvertüren und Cremen, z. B. mit dem Florentinerkamm.
kandieren	Überziehen mit feinen Zuckerkristallen.
Karamell, brauner	Braun geschmolzener Zucker.
Karamell, heller	Zucker, der bis zum Bruch gekocht und zum Gießen von Aufsätzen, zum Ziehen von Blumen, zum Spinnen usw. verwendet wird.
karamellisieren	■ Zucker schmelzen lassen und bräunen. ■ Nahrungsmittel mit Karamell überziehen, darin tunken, damit bestreichen oder mischen, z. B. Nüsse oder Mandeln.
kneten	Vermengen aller Zutaten und Teigausbildung mithilfe von Knetenergie.
Krume	Das weiche Innere von Backwaren.
Kruste	Das Äußere (Oberfläche) von Backwaren.
Konserveschokolade	Zucker mit Schokolade bis zum Faden gekocht und tabliert.
Kuvertüre	Tunkmasse; feine Schokolade zum Überziehen von Backwaren und Bonbons, die eine besondere Verarbeitung benötigt (= Rekristallisierung).

L	
Läuterzucker	Durch Aufkochen und Abschäumen gereinigte, zuckerhaltige Flüssigkeit.
Lappenprobe	Zur Überprüfung der Gelierfähigkeit; die Masse (Marmelade, Gelee) läuft vom Kochlöffel dicklich, lappenförmig herunter.

M	
Maillardreaktion	Bräunungsvorgang durch Zucker und Aminosäuren beim Erhitzen.
Masse	Gerührte oder aufgeschlagene Eier- oder Buttermasse für Torten oder Kuchen.
Massenausgleich	Eigelbmasse und Eischnee miteinander verrühren.

mazerieren	Französisch: macérer, Früchte, Biskuits usw. mit aromatischer Flüssigkeit, Läuterzucker bzw. Likör tränken oder befeuchten, ziehen lassen.
melangieren	Verschiedene Rohstoffe zwischen Walzen fein quetschen (reiben).
melieren, mischen	Zwei oder mehrere Komponenten mit unterschiedlicher Konsistenz vorsichtig mischen; beim Melieren von Massen muss darauf geachtet werden, die Schaumstruktur so wenig wie möglich zu strapazieren, da sonst das Volumen und der Stand verloren gehen.

N

Nadelprobe	■ Ausbackprobe von Massen (z. B. Gugelhupf u. Ä.); es darf an der Nadel nichts haften bleiben. ■ Garprobe von Gemüse oder Früchten; sie sollen beim Anstechen kernig weich sein und leicht von der Nadel rutschen.
nappieren	Früchte, Eisspeisen usw. mit Schokoladen- oder Fruchtsauce u. Ä. übergießen, abdecken.
Nonpareille	Harte, bunte Drageekügelchen aus Zucker; in verschiedenen Farben erhältlich; zum Bestreuen von Gebäck (z. B. von Windringerln), Schokolade usw.

O

Ofentrieb	Volumenzunahme der Teiglinge im Ofen am Beginn des Backprozesses.

P

parfümieren	Speisen mit Aromen oder Spirituosen versetzen, um einen besonderen Geruch oder Geschmack zu erreichen.
passieren	Früchte, Topfen oder Cremen durch ein engmaschiges Sieb oder Passiertuch drücken.
Patisserie	Süßspeisenküche.
Patissière, Patissier	Französisch: Pastetenbäckerin/Pastetenbäcker, Süßspeisenköchin/Süßspeisenkoch.
Petit Four	Kleine Dessertbäckerei, Konfektgebäck, meist gefülltes, glasiertes Gebäck mit Dekor.
pochieren	Garziehen, zwischen 90 und 95 °C ziehen lassen, in mehr oder weniger Flüssigkeit oder in Formen bzw. Gefäßen im Wasserbad unter dem Siedepunkt garen, z. B. Fruchtknödel.
Poren, Porung	Durch Gase entstehende Hohlräume in Teigen und Massen.
Powidl	Böhmische Bezeichnung für einen Brei aus eingekochter Pulpe oder Mark von frischen Pflaumen oder Zwetschken mit wenig Zucker und Zitronensäure; für Gebäckfüllungen usw.
pürieren	Aus rohen oder gekochten Produkten mit dem Mixer eine breiige Masse herstellen.

Q

quellen	Aufnahme von Flüssigkeit; Blattgelatine, Gelatinepulver oder getrocknete Lebensmittel nehmen mehr oder weniger Flüssigkeit auf, dehnen sich aus, gehen auf und werden größer.

R

Royale	Mischung aus Obers oder Milch mit Zucker und Eiern; hauptsächlich als Überguss für überbackene Topfenpalatschinken, gebackene Obstkuchen; stockt beim Erhitzen (Guss).
rund wirken	Größeren Teiglingen mit Druck und kreisender Bewegung Spannung geben; glatte Oberfläche.

S

schleifen	Kleine Teiglinge rund formen.
schnurren	Das Sich-Zusammenziehen von Teigen, z. B. Blätter- und Plunderteigen.
Schwaden	Entstehender oder erzeugter Wasserdampf im Backofen oder Gärschrank.
Siedegebäck	Fettgebackenes.
Spekulatius	Gewürztes, dünn ausgerolltes Dauergebäck, das vor dem Backen in Holzformen mit Figurenmuster gepresst wird.
Stanitzel	Spitztüte (Cornet).
stauben	Mit wenig Mehl besieben.

stupfen	Mit einem Teigstupfer oder einer Gabel Löcher in ausgerollte Teige (z. B. Mürb- und Blätterteige) stechen, damit sich beim Backen keine groben Blasen bilden.
Süße Brösel	Getrocknete, zerbröselte Abschnitte bzw. Reste von gebackenen Kuchen, Torten usw. ohne Füllung, Dekorationen u. Ä. Für helle Massen nur helle süße Brösel verwenden.

T	
tablieren	Abkühlen bzw. Bearbeiten von Massen durch mehrmaliges Aufstreichen und Wiederzusammennehmen auf einer kühlen Tisch- bzw. Marmorplatte, z. B. Makronenmassen, Fondant, Kuvertüre.
Teiglinge	Geformte, noch ungebackene Teigprodukte.
Teigruhe	Zeitraum zwischen Knetende und Aufarbeitung.
temperieren	Französisch: tempérer, auf das richtige Maß bringen; z. B. geschmolzene Kuvertüre auf die richtige Verarbeitungstemperatur bringen.
tourieren	Arbeitsvorgang bei der Herstellung von Blätter- und Plunderteig, um dem Teig Schichten zu geben.
Tragantzucker	Zuckermodelliermasse.
tränken	Benetzen, Anfeuchten oder Durchtränken von Backerzeugnissen mit aromatisiertem Zuckersirup, Spirituosen u. Ä.
Typenzahl	Gibt an, wie viele Milligramm Mineralstoffe in 100 g getrocknetem Mehl enthalten sind.

V	
vanillieren	Massen, Glasuren, Cremen usw. mit Vanille aromatisieren.
Vorteig	Dampfl.

W	
warm schlagen	Schaum- oder Eiermassen im warmen Wasserbad aufschlagen, anschließend kalt schlagen.
Wasserbad	Wasser in einer Kasserolle erhitzen und Massen, Cremen u. Ä. in einer Schüssel darin aufschlagen, abrösten, abziehen u. Ä.
wegsetzen	Gebäck zur weiteren Bearbeitung auf eine andere Unterlage geben, z. B. Blech, Backtrennpapier.
Weizenpuder	Stärke.
wirken	Einen Teig bearbeiten.

Z	
Zuckercouleur	Dunkelbraun geschmolzener Zucker, mit Wasser gelöscht.
Zuckersirup	Läuterzucker.
Zug, geschlossener	Backen mit Dampf; die zum Entweichen von Dampf vorgesehene Öffnung des Backrohrs geschlossen halten, damit die entstehende Feuchtigkeit im Backrohr bleibt.
Zug, offener	Backen ohne Dampf durch Öffnen der dazu vorgesehenen Vorrichtung des Backrohrs.
Zur Rose abziehen	Masse (aus Eigelb, Zucker, Flüssigkeit) wird im Wasserbad unter ständigem Rühren auf 85 °C erhitzt; Keime werden abgetötet, leichte Bindung wird erreicht. (Wenn man einen Kochlöffel in die Masse taucht und dann darauf bläst, bildet sich ein rosenähnliches Muster.)

Stichwortverzeichnis

1-1-2-Teig 65
1-2-3-Teig 63, 64

A

ABC-Trieb 230
Abkürzungen 25
Absterben 185
Abstreifbehälter 17
Agar-Agar 232
Airbrush 23
Airbrushtechnik 176
– Schminken 177
Albumin 214
All-in-Verfahren 36
Alte Teige 39
Ammoniumbicarbonat 230
Ammoniumhydrogencarbonat 230
Anis 222
Anrichten 146
–, Saucen 164
–, warme Süßspeisen 157
Anrichtetechnik 146
Anrichtetechniken 142
Arbeitsbehelfe 8
Arbeitsfeld 7
Arbeitskleidung 9
Arbeitsplatz 9
Aromaextrakte 223
Aromen 223
Ästhetisch 235
Aufläufe 155
Auflaufform 20
Ausbund 40
Ausfertigung, Desserts 145
Ausstecher 18
Ausstechmatte 19
Auswurfformen 22

B

Backen, Blätterteig 59
–, Brandmassen 92
–, Hippenmassen 88
–, Mürbteig 64
–, Plunderteig 53
Backformen 20
Backhefe 225
–, Inhaltsstoffe 226
Backmischungen , 207
Backprozess, Hefeteige 42
Backpulver 229
–, Lagerung 229
Backrahmen 21
Backreliefmatte 19
Backteig 155, 156
Backtemperaturen, Hefeteige 43
Backtriebmittel 225, 228
Backverlust, Massen 71
Backzeiten, Hefeteige 43
Baiserholz 22
Baisermasse 81
Basishygiene 10
Bayerische Creme 98
Bé 25, 161, 184
Beicreme 96
Beimasse 96
Betriebshygiene 10, 11
Biologische Lockerungsmittel 225
Biskotten 73
Biskuit, Dekorelemente aus 179
Biskuitform 21
Biskuitmassen 69
–, Herstellung 70
–, Rezeptbeispiele 72
Blasenzucker 187
Blätterteig 44
–, backen 59
–, deutscher 56, 57
–, französischer 56
–, Gebäckfehler 61
–, holländischer 56, 58
–, Rezeptbeispiele 59
–, Strudel 60
Blätterteigarten 56
Blätterteige 55
Blattstempel 18
Blitzblätterteig 56, 58
Blumen, Marzipan 196
Böden 9
Böhmische Teigführung 36
Bomben 105
Brandig 62
Brandiger Mürbteig 63
Brandmassearten 90
Brandmassen 90
–, backen 92
–, Gebäckfehler 94
–, Rezeptbeispiele 93
Brauner Karamell 188
Braunzucker 200
Brioches 47
Brösel, süße 43
Brownies 163
Brühmassen 90
Buchteln 47
Bunsenbrenner 18
Butter 216
–, Eigenschaften 216
Butterbrösel 157
Buttercremen, Herstellungsarten 97
Buttercremetorten 104
Butterteig 56

C

Canache 131
Canacheglasuren 102
Canachepralinen 131
Carboxy-Methyl-Cellulose 232
Carrageen 232
Charlotten 105
Chemische Lockerungsmittel 225, 228
CO_2 227
Codex Alimentarius Austriacus 33
Codex, Schnitten 107
–, Torten 105
Convenienceprodukte 206
Convenienceprodukte für Dekor 210
– für Füllungen 208
– für Glasuren und Überzugsmassen 208
– für Obers und Cremen 208
– für Pralinen 209
– zur Herstellung von Spezialmassen 207
–, obsthaltige 208
Cornetholz 22
Crème d'Or 99
Creme, Bayerische 98
–, Pariser 99
Cremen, Convenienceprodukte 209
–, Dessert- 157
–, erhitzte 97
–, gekochte 97
–, gerührte 96
–, geschlagene 99
–, Rezeptbeispiele 100
Cremeringe 93
Cremeschnitten 60
Crêpes 147
Croissants 54
Cups 26

D

Darioleform 20
Dauercremen 97
Dekor 167, 177, 178
–, Convenienceprodukte 210
–, Magic 177
Dekorabstreichkamm 19
Dekorelemente aus Biskuit 179
– aus Schokolade 180
– aus Zucker 183
Dekortüllen 18
Dekorzucker 200
Dessertcremen 157
Desserts, Ausfertigung 145
–, Gestaltung 143
–, kalte 144, 157

–, Saucen, Übersicht 145
–, warme 144, 147
Dessertwanne 21
Deutscher Blätterteig 56, 57
Dextrinbildung 204
Digitalthermometer 18
Direkte Teigführung 36
Dobostorte 105
Doppelte Tour 57, 58
Doublieren 64
Doublieren 85
Dressiersack 18

E

Eclairs 93
Eier 210
–, pasteurisierte 213
Eiermasse 96
Eigelb 212
Eigenschaften von Speisefetten 218
–, Hefe 227
–, technologische, von Eiklar und Eigelb 210
Eigewichte 27
Eiklar 211
–, Eigenschaften 211
Eimaße 26
Eindicken von Kuvertüre 180
Einfache Tour 57, 58
Einfluss von Eigelb 211
Einfluss von Eiklar 211
Einkesselmethode 75, 76
Einteilung der Massen 68
Eiportionierer 17
Eiprodukte 210, 212
Eisbombenform 22
Eiscrêpes 161
Eispalatschinken 161
Emailletechnik 181
Emulgiermethode 75
Endgare
Erhitzte Cremen 97
Ersatzprodukte, vegane 110
Essigsäure 223
Esterházymasse 82
Esterházytorte 105
Ethylvanillin 201

F

Fachausdrücke 237
Fachrechnen 25
Fachzeichnen 168
Fadenzucker 187
Färben von Lebensmitteln 234
– von Marzipan 189
Farbenlehre 169
Farbgestaltung 170
Farbstoffarten 234
Farbstoffe 234
–, künstliche 235
–, natürliche 234
Feiner Hefeteig 50
Felsenzucker 187
Fermentation 115
Fertige Gebäcke 209
Fertigmehle 206, 207
Fertigteige 209
Festfettanteile in Margarinesorten 218
Fett 228
Fette mit „maßgeschneidertem“ Schmelzbereich 217
Fettglasuren, kakaohaltige 120
Fettglasurmasse 103
Fettreif 120, 125
Fettziegel 51, 57
Figuren, Marzipan 193, 195
Fillieren 49
Flächenmaßberechnung 29
Flächenmaße 27
Florentinerkamm 16
Flotte Lotte 18
Flugzucker für Schaumrollen 187
Flüssigeiprodukte 213
Fondant 101, 187
Formen 20
Formenbleche 22
Fraktionierung 217
Französischer Blätterteig 56
Frischkäse 216
Früchte, Marzipan- 192
Fruchtfüllungen 44
Fruchtknödel 149
Fruchtmark 165
Fruchtragout 165
Fruchtsäuren 223
Füllcremen 95
Füllungen 43
–, Convenienceprodukte 208

G

Ganache 131
Gare 40, 41
Garnierung 145
Gärraum 40
Gärreife 40
Gärstand 40
Gase 227
Gastronorm 15
Gebäcke, fertige 209
Gebackene Teile 209
Gebäckfehler, Blätterteig 61
–, Brandmassen 94
–, Hefeteige 49
–, Hippenmassen 89
–, leichte Massen 74
–, Mürbteig 67
–, Plunderteig 54
–, Sandmassen 80
–, Schaummassen 85
–, schwere Massen 80
–, Hefeteige 42
Gefahr 10
Gefrorene Getränke 161
Geknetete Hefeteige 38
Gekochte Cremen 97
Gelatine 231, 232
–, Vorbereitung der 101
Gelbzucker 200
Gelees 103
Geliermittel 231
–, Lagerung 233
Gelierzucker 201
Gemüsemesser 16
Genueser Massen 71
Genusssäuren 223
Geräte 22
Gerechtigkeit, soziale 13
Germ 225
Gerührte Cremen 96
Gerührte Hefeteige 38
Gerührter Mürbteig 62, 63
Geschlagene Cremen 99
Geschlossener Zug 42
Geschmolzener Zucker, Erzeugnisse 188
Gestalten 167
Gestaltung von Torten 177
Getränke, gefrorene 161
Gewichte 25
Gewichtseinheiten 25
Gewichtsmaße 26
Gewirkter Mürbteig 62, 63
Gewürze 220
Gewürznelken 221
Gießen, Zucker zum 186, 187
Gießtrichter 19
Gitter 89
Gitterschneider 17
Glasieren 126
Glasuren 101
–, Convenienceprodukte 208
Gleichschwermasse 77
Glukosesirup 202
Granités 161
Grillage 130, 188
Grundformen, Modellieren 191
Grundteig 57
Guarkernmehl 232
Gugelhupfform 21
Gummiarabikum 233

H

Hackmesser 16
Hagelzucker 200
Halbfabrikate 198
Halbgefrorenes 159
Handelsformen, Hefe 227
–, Milch 215

Hartkrokant 188
Hauptteig, Herstellung 37
Haushaltshefe 227
Hefe 35, 225
–, Eigenschaften 227
–, Handelsformen 227
–, Lagerung 226
–, Lebensbedingungen 226
–, Wirkungsweise 226
Hefelockerung 226
Hefeteig, feiner 50
–, leichter, Rezeptbeispiele 45
–, mittelschwerer, Rezeptbeispiele 47
Hefeteigarten 34
Hefeteige 33
–, Backprozess 42
–, Backtemperaturen 43
–, Backzeiten 43
–, Gebäckfehler 42, 49
–, geknetete 38
–, gerührte 38
–, leichte 34
–, mittelschwere 34
–, Rezepte 45
–, schwere 34
Heißluftpistole 19
Heller Karamell 185
Herstellung einer Spritztüte 178
Herstellung, schwere Massen 75
–, Biskuitmassen 70
Herstellungsarten, Buttercreme 97
Herstellungsmethoden, Schaummassen 82
Hilfsstoffe 198
Hippenmassen 86
–, backen 88
–, Gebäckfehler 89
–, Rezeptbeispiele 88
Hohlkugeln 129
Holländischer Blätterteig 56, 58
Homogenisator 23
Hydrierung 217
Hygiene 10
Hygienehaus 10
Hygienische Verhaltensregeln 12

I

Impfmethode 124
Indianermasse 109
Indirekte Teigführung 36, 37
Induktionsherd 24
Ingwer 221
Inventar 15
Invertieren 202
Invertzuckersirup 201
Isolierhandschuhe 9
Isomalt 186, 187

J

Japonaismasse 82
Johannisbrotkernmehl 232
Junge Teige 39

K

Kakao 114, 115
Kakaobutter 116
Kakaoerzeugnisse 114, 115
–, Lagerung 120
Kakaohaltige Fettglasuren 120
Kakaomalerei 169
Kakaopulver 116
Kaliumcarbonat 230
Kalte Desserts 144, 157
Kandierzucker 187
Kapselrahmen 21
Karamell für Felsenzucker 187
Karamell, brauner 188
–, heller 185
Karamellpralinen 135
Kardamom 221
Kasein 214
Kasserolle 20
Kastenform 21
Kessel 20
Knetmaschine 22
Knödel 149
Kochen von Zucker, Faustregeln 187
Kocher 24
Kochlöffel 17
Kokottenform 20
Kombiformen 22
Konfekt, Herstellung 126
Konfitüren 103
Konserveschokolade 187
Konservezucker 185
Kontamination 10
Kopfbedeckung 9
Körperpflege 12
Kranzform 21
Krapfen 48, 49
Kristallzucker 200
Krokant 188
Krumenbildung 42
Krustenbildung 42
Kuchen, vegane 95, 110
Küchenmaschine 23
Kuchenzange 16
Künstliche Farbstoffe 235
Kurkuma 221
Kuvertüre 118, 123
–, Eindicken von 180

L

Lagerung, Backpulver 229
–, Geliermittel 233
–, Hefe 226
–, Kakoerzeugnisse 120
–, Marzipan 140
–, Nougatmassen 123
–, Pralinen 136
–, Schokoladenerzeugnisse 120
–, Topfen 217
–, Verdickungsmittel 233
–, Würzmittel 223
Längenmaße 27
Läuterzucker 184, 185, 187
Lebensbedingungen, Hefe 226
Lebensmittelbuch, Österreichisches 33
Lebensmittelfarben, Malen mit 169
Lebensmittelfarbstoffe 235
Lebensmittelhygiene 11
Lebkuchen 67, 230
Leichte Hefeteige 34
Leichte Massen 68
–, Gebäckfehler 74
Leichte Sandmassen 69, 71
Leichter Hefeteig, Rezeptbeispiele 45
Linzer Augen 64
Linzer Masse 63, 66
Linzer Massen 62
Linzer Teig 65
Linzer Teige 62
Linzer Torte 66
Litergewicht 96
Litermaße 26
Lochbleche 22
Lockerung, Plunderteig 53
Lockerungsmittel 225
–, biologische 225
–, chemische 225, 228
–, physikalische 225, 227
Luftfeuchtigkeit 40

M

Macarons 82, 85
Macis 221
Magic Dekor 177
Mailänder Teig 65
Maillardreaktion 199
Malakofftorte 105
Malen mit Lebensmittelfarben 169
Malen, Motive 169
Maltodextrin 203
Mandelbaiser 82, 85
Mandelbogenform 22
Margarinesorten 218
Marzipan 137, 138, 189
–, Blumen 196
–, Färben von 189
–, Figuren 193, 195
–, Lagerung 140
–, Modellier- 189
–, Rosen 196
–, Tiere 193
Marzipanfrüchte 192

Marzipanrohmasse 137
Maschinen 22
Maße 25
Masse, Indianer- 109
Maßeinheiten 25
–, Umrechnung 26
Massen 68
–, Biskuit- 69
–, Biskuit-, Rezeptbeispiele 72
–, Brand- 90
–, Brand-, Gebäckfehler 94
–, Brüh- 90
–, Einteilung 68
–, Genueser 71
–, Hippen- 86
–, leichte 68, 69
–, leichte, Gebäckfehler 74
–, leichte Sand- 69, 71
–, Sand- 74
–, Sand-, Gebäckfehler 80
–, Sand-, Rezeptbeispiele 77
–, Schaum- 81
–, Schaum-, Gebäckfehler 85
Massen, schwere 68, 74
–, schwere, Gebäckfehler 80
–, schwere, Herstellung 75
–, Spezial- 81
–, spezielle 68, 81
–, Teige, Merkmale 68
–, Wiener 69, 71
–, Wiener, Rezeptbeispiele 73
Mazis 221
Mehl 203
Mehlsieb 18
Mehlwischer 17
Melangieren 122
Melieren 70
Melierspatel 17
Meringuemasse 81
Merkmale von Teigen und Massen 68
Mignons, Ornamente 175
Milch 214
–, Eigenschaften 214
–, Handelsformen 215
Milcheiweiß 214
Milchfett 214
Milchprodukte 214
Milchsäure 224
Milchzucker 214
Mirror Glaze 103
Mittelschwere Hefeteige 34
Mittelschwerer Hefeteig, Rezeptbeispiele 47
Modellieren mit der Hand 191
Modellieren 189
–, Grundformen 191
Modelliermarzipan 139, 189
Modelliermassen 189
–, Schokoladen- 190
–, Zucker- 190
Modellierstäbe 18
Modelliertechniken 191
Modifizierte Stärke 97, 232
Mohn 222
Motivbackformen 21
Motivbackrahmen 21
Motive 176
–, Malen 169
Mousses 158
Mürbteig 61
–, backen 64
–, brandig 63
–, Gebäckfehler 67
–, gerührter 62, 63
–, gewirkter 62, 63
–, Rezeptbeispiele 64
Mürbteigarten 62
Mürbteige 61
Muskatblüte 221
Muskatnuss 221

N

Nachhaltigkeit 13
Natriumhydrogencarbonat 229
Natron 229
Natürliche Farbstoffe 234
Noisetteausstecher 16
Nonpareille 203
Nougat 122
Nougat Montélimar 184
Nougatmassen 121
–, Lagerung 123
Nougatpralinen 130

O

Oberbekleidung 9
Obers 215
–, Convenienceprodukte 209
–, Verarbeitung 215
Oberscanachen 131
Oberscremen 99
Oberscremetorten 104
Oberseis 159
Oberstorten 104
Obsthaltige Convenienceprodukte 208
Ofentrieb 42
Offener Zug 42
Ökologie 13
Ökologische Grundlagen 13
Ökonomie 13
Ökonomische Grundlagen 13
Ölsamen 219
Orangenschale 222
Ornamente 175
Österreichisches Lebensmittelbuch 33

P

Palatschinken 147
Palette 16
Panna cotta 162
Parfaits 159
Pariser Creme 99
Parisienneausstecher 16
Passiersieb 17
Pastamasse 81, 85
Pasteurisierte Eier 213
Patiencemasse 82
Patisseriezange 16
Persipan 139, 189
Persipanrohmasse 139
Personalhygiene 10, 11
Petits Fours 93, 95, 109
–, Ornamente 175
Petits-Fours-Förmchen 20
Pfundhefe 227
Physikalische Lockerungsmittel 225, 227
Piment 221
Pinsel 17
Planetenrührmaschine 22
Plat russe 20
Plunderteig 50
–, backen 53
–, Gebäckfehler 54
–, Lockerung 53
–, Schichten 52
–, Touren 52
–, Tourieren 52
Plunderteige 50
–, Rezeptbeispiel 54
Potitzen 46
Pottasche 230
Pralinen 114
–, Convenienceprodukte 209
–, Herstellung 126
–, Lagerung 136
–, Ornamente 175
–, Rezeptbeispiele 129
–, Rohstoffe 128
Pralinenausstecher 19
Produkthygiene 10
Profiterolen 93
Prozentrechnungen 30
Puddings, warme 152
Puderschnee 200
Puderzucker 200
Putzmesser 16

R

Randverzierungen 171
–, Vorlagen 172
Rechaud 24
Refraktometer 183
Rehrücken 79
Rehrückenform 21

Reinigung der Hände und Unterarme 12
Relieftechnik 192
Rezeptbeispiel, Plunderteig 54
Rezeptbeispiele, Biskuitmassen 72
–, Blätterteig 59
–, Brandmassen 93
–, Cremen 100
–, Hefeteige 45
–, Hippenmassen 88
–, Mürbteig 64
–, Pralinen 129
–, Sandmassen 77
–, Schaummassen 84
–, vegane Kuchen und Torten 111
–, Wiener Massen 73
Rindhohl 49
Roggeneiweiß 205
Roggenmehl 205
Rohkostpralinen 136
Rohmarzipan 137
Rohrohrzucker 201
Rohstoffe 198
Rohzucker 200
Rollholz 17
Rollmesser 17
Rosen, Marzipan 196
Rouladen 95, 107
Rührmaschine 22
Rührspatel 17
Rüstmesser 16

S

Sachertorte 79, 106
Safran 221
Sägemesser 16
Salzburger Nockerl 154
Sandkuchen 78
Sandmasse 77
Sandmassen 74
–, Gebäckfehler 80
– leichte 69, 71
–, Rezeptbeispiele 77
Saucen zum Anrichten 164
Saucen, Übersicht 145
Säuerungsmittel 223
Säure 229
Savarinform 21
Schaber 16
Schablonen 19
Schätzen 27
Schaummasse 96
Schaummassen 81
–, Gebäckfehler 85
–, Herstellungsmethoden 82
–, Rezeptbeispiele 84
Schaumrollen 59
Schaumrollenform 21
Schichten, Plunderteig 52
Schiffchen 20
Schlagmaschine 22
Schlosserbuben 156
Schlussrechnungen 30
Schmarren 147
Schmelzbereich von Fetten 219
Schmelzbereich, Fette mit „maßgeschneidertem“ 217
Schmelzen 123
Schminken mit Airbrushtechnik 177
Schnee, süßer 200
Schneebesen 17
Schneidewalze 19
Schnellblätterteig 56
Schnitten 95, 106
–, Codex 107
Schokolade 123
–, Dekorelemente aus 180
Schokoladen 117
Schokoladenblättchen 182
Schokoladenerzeugnisse 114, 117
–, Lagerung 120
Schokoladenfächer 181
Schokoladengießform 21
Schokoladenhohlkörper 180
Schokoladenkuvertüre 118
Schokoladenmalerei 169
Schokoladenmaschen 182
Schokoladenmodelliermassen 190
Schokoladenröllchen 181
Schokoladenüberzugsmasse 118
Schokoladenverarbeitung 114, 123
Schriften 173
–, Anfertigen von 181
Schriftzüge, Vorlagen 173–175
Schuhwerk 9
Schürzen 9
Schüsserl 89
Schwadentechnik 42
Schwarzwälder Kirschtorte 106
Schwere Hefeteige 34
Schwere Massen 68, 74
–, Gebäckfehler 80
–, Herstellung 75
Seidenzucker 186, 187
Silikonkautschukform 21
Silpatmatte 19
Sorbets 161
Soufflés 153
Soziale Gerechtigkeit 13
Speisefette, Eigenschaften 218
Speisesoda 229
Speisetopfen 216
Spezialfette 217
Spezialmargarinen 217, 218
Spezialmassen 81
–, Convenienceprodukte zur Herstellung von 207
Spezielle Massen 68, 81
Spirituosen 223, 224
Spitzbuben 64
Spitzentechnik 177
Spitzmesser 16
Spitzsieb 18
Spooms 162
Spritzglasuren 101
Spritzmürbteig 63
Spritzpistole 19
Spritzschokolade 180
Spritztüte, Herstellung 178
Sprühflasche 17
Stabmixer 23
Stahlspachtel 16
Stanitzel 89
Stanitzelholz 22
Stärke 203, 204, 229, 231, 232
–, modifiziert 232
–, modifizierte 97
Stärkesirup 202
Stauben 37
Staubzucker 200
Sternanis 222
Stielschaber 16
Stilisierungen 176
Streusel 67
Strudel 150
–, Blätterteig 60
Strudelteig 150
Stückberechnung 29
Stückdesserts 95, 108
–, Ornamente 175
Stückgare 40
Süße Brösel 43
Süßer Schnee 200
Süßkraft 201
Süßrahm 215
Süßungsmittel 199

T

TA 214
Tabliermethode 124
Tafelbesen 17
Tartes 163
Tascherl 149
Teigausbeute 214
Teigbereitung 38
Teigbeschaffenheit 229, 230
Teige 33
–, alte 39
–, junge 39
–, Massen, Merkmale 68
Teigführung 36
–, direkte 36
–, indirekte 37
Teigführungsarten 36
Teigkarte 16
Teiglinge 209
Teigrad 17
Teigruhe 38, 39
Teigschneider 17
Teile, gebackene 209
Temperieren 123–126

Temperiermethoden 124
Tiefkühleiprodukte 213
Tiere, Marzipan 193
Timbaleform 20
Tonkabohne 222
Topfen 216
–, Eigenschaften 216
–, Handelsformen 217
–, Lagerung 217
–, Zusammensetzung 216
Topfenoberstorte 105
Topfenteig 149
Tortelettformen 20
Torten 95, 104
–, Codex 105
–, Gestaltung 177
–, vegane 95, 110
Tortenbänder 182
Torteneinteiler 16
Tortenentwürfe 177
Tortengitter 19
Tortenmesser 16
Tortenring 21
Tortensägeapparat 16
Tortenschaufel 16
Tour, doppelte 57, 58
–, einfache 57, 58
Touren, Plunderteig 52
Tourieren 52, 57
Tragantzucker 190
Tranchiermesser 16
Tränken 79
Trempierapparat 23
Trempiergabeln 18
Trockeneiprodukte 212
Trockenhefe 227
Trockenmasse 216
Trockenstärkesirup 203
Trüffelmassen 132
Trüffelpralinen 131
Tunken 126
Tunkgabeln 18

U

Übergare 40
Überzugsgitter 19
Überzugsmassen 101
–, Convenienceprodukte 208
Umesterung 217
Umrechnung 26
Umrechnungen 28
Unfallursachen 8
Unfallverhütung 8
Untergare 40

V

Vanille 221
Vanillecreme 96, 97
Vanillezucker 201
Vanillinzucker 201
Vegane Ersatzprodukte 110
Vegane Kuchen und Torten 95, 110, 111
Verdickungsmittel 231
–, Lagerung 233
Verkleisterung 204
Verpackungseinheiten 27
Viskosität 231
Vollzucker 201
Vorbereitung der Gelatine 101
Vorlagen, Ornamente 175
–, Randverzierungen 172
–, Schriftzüge 173–175
Vorlänger 17
Vorteig, Herstellung 37
Vorteigführung 37
Vorteigreife 37

W

Waffeleisen 23
Warme Desserts 144, 147
Warme Puddings 152
Warme Süßspeisen, anrichten 157
Wasserdampf 228
Weizenmehl 203
Weizenpuder 81
Werkzeuge 8, 15
Wiener Massen 69, 71
–, Rezeptbeispiele 73
Windbeutel 93
Winkelpalette 16
Wirtschaftlichkeit 14
Würzmittel 219
–, Arten 219
–, Lagerung 223

X

Xanthan 233

Z

Zahlen 173
Zeichengeräte 168
Zeichenmaterialien 168
Zeichnen, Übungen 168
Zestenschneider 16
Ziehfett 51, 58
Zimt 222
Zimtzucker 49
Zitronensäure 223
Zitronenschale 222
Zucker 35, 228, 199
–, Dekorelemente 183
–, Eigenschaften 199
Zucker, Tragant- 190
– zum Gießen 186, 187
Zuckerarten 199, 201
Zuckerkochen 183
–, Faustregeln 187
Zuckerkochtabelle 183, 184
Zuckerlampe 19
Zuckermodelliermassen 190
Zuckerreif 120
Zuckerschmelzen 188
Zuckerstempel 18
Zuckerteig 65
Zuckerthermometer 18, 183
Zuckerwaage 183
Zuckerwaage mit Behälter 18
Zuckerwaren 199
–, Beispiele 203
Zug 42
–, geschlossener 42
–, offener 42
Zusatzstoffe, Gelier- und Verdickungsmittel 231
Zutatenwaage 23
Zweikesselmethode 75, 76, 79
Zwetschkenröster 165

Rezeptverzeichnis

1-1-2-Teig 65
1-2-3-Teig 62

A

Agar-Agar-Gelee 103
Ananasspoom 162
Apfelfüllung 44
Apfelspalten, gebackene 156
Apfelstrudel 151
Ausgestochene Krapfen 48

B

Backteig, Früchte in 156
Bauernkrapfen 49
Bayerische Creme 98
Bayerische Kücherl 49
Béchamelomeletten 148
Biskotten 72
Biskuit, Dekor- 179
–, Omeletten 72
–, Rouladen 72, 73
–, Schnitten 72, 73
–, Tortenboden 72, 73
Biskuitböden 72
Biskuitmasse 72
–, kompakt 69
–, locker 69
–, Mandel- 72
–, normal 69
–, Nuss- 72
Blätterkrokant 135
Blätterteig 56
–, Strudel 60
Blumen, Marzipan 196
Blutorangensorbet 162
Bojars 49
Brandmasse zum Backen im Rohr 90
Brandteig, Petits Fours 93
Brauner Karamell 188
Brioches 47
Brownie, Schokoladen-, mit Schokoladenmus und Himbeersorbet 163
Buchteln 47
Butterbrösel, geröstete 157
Buttercreme, deutsche 96
–, französische 96
–, italienische 96
Butterteig 56

C

Canachecreme 99
Canacheglasur, dunkle 102
–, weiße 103
Canachepralinen 131
Crème bavaroise 98
Cremen, Dessert- 157
Cremeringe 93
Cremeschnitten 60
Crêpes 147
–, Eis- 161
Croissants 54

D

Dekorbiskuit 179
Dessertcremen 157
Deutsche Buttercreme 96
Dobosblätter 73
Dressierte Linzer Bäckerei 66
Dunkle Canacheglasur 102
Dunkle Schokoladenmodelliermasse 190

E

Echte Hippenmasse 88
Eclairs 93
Eiscrêpes 161
Eispalatschinken 161
Eiweißspritzglasur 101
Erdbeer-Joghurt-Oberscreme 100
Erdbeer-Rosmarin-Sauce 160
Erdbeersauce 164
Esterházymasse 84

F

Fadenzucker 187
Falsche Hippenmasse 89
Färbige Schokoladenmodelliermasse 190
Faschingskrapfen 48
Felsenzucker 187
–, Karamell für 187
Figuren, Marzipan 195
Flugzucker für Schaumrollen 187
Fondant 101, 187
–, Schokoladen- 102
Französische Buttercreme 96
Fruchtcreme 98
Früchte in Backteig 156
Früchte, Marzipan- 192
Fruchtknödel, Topfenteig 149
Fruchtmark 165
Fruchtparfait 161
Fruchtragout 165
Fruchtspiegel 103

G

Gebackene Apfelspalten 156
Gebundene Weichselfüllung 44
Gekochte Mohnfüllung 44
Gekochte Nussfüllung 44
Geröstete Butterbrösel 157
Gerührter Mürbteig 62
Gesulzte Creme 98
Gewirkter Mürbteig 62
Glace royale 101
Gleichschwermasse 77
Grand Marnier-Trüffeln 134
Granités 161
Grillage 188
Gugelhupf, Sandmasse 77

H

Hartkrokant 188
Hefeteig, leichter 34
–, mittelschwerer 34
–, schwerer 34
Heller Karamell 185
Himbeerkrapfen 49
Himbeersauce 165
Himbeersorbet 163
Himbeersoufflé 153
Hippenmasse, echte 88
–, falsche 89

I

Italienische Buttercreme 96

K

Kaiserschmarren 148
Karamell für Felsenzucker 187
–, brauner 188
–, heller 185
Karamellcreme 158
Karamellsauce 165
Knödel, Frucht- 149
–, Topfen- 150
Konditorcreme 97
Konserveschokolade 187
Konservezucker 185
Krapfen, ausgestochene 48
–, Bauern- 49
–, Himbeer- 49
–, Powidl- 49
–, Schokoladen- 49
–, Vanille- 49
–, zusammengesetzte 48
Krokant, Blätter- 135
–, Hart- 188
Krokantparfait 159

L

Läuterzucker 185, 187
Lebkuchen 67
Leichte Sandmasse 73
–, kompakt 69
–, locker 69
Leichter Hefeteig 34
Linzer Augen 64
Linzer Bäckerei, dressierte 66
Linzer Kipferl 66
Linzer Masse 66
Linzer Teig 65, 66

M

Macarons 85
Mailänder Teig 65
Mandelbaiser 85
Mandelbiskuitmasse 72
Mandelnougatpralinen 130
Marillenfleck 46
Marillen-Mandel-Törtchen, vegane 111
Marmorkuchen, Sandmasse 77
Marzipan, Blumen 196
–, Figuren 195
–, Orangen- 129
–, Pistazien- 130
–, Rosen 196
–, Tiere 193
Marzipanfrüchte 192
Marzipanhippenmasse 88
Milchschokoladenmodelliermasse 190
Mittelschwerer Hefeteig 34
Modelliermasse, Milchschokoladen- 190
–, Schokoladen-, dunkle 190
–, weiße oder färbige Schokoladen- 190
–, Zucker- 190
Mohnfüllung, gekochte 44
Mohnkuchen 80
Mohnschnecken 45
Mohnstrudel 46
Mohnzopf 46
Mokkacanachepralinen 133
Mousse au Chocolat 158
Mürbteig, gerührter 62
–, gewirkter 62

N

Nougatparfait in Erdbeer-Rosmarin-Sauce 160
Nougatschichtpralinen 130
Nussbiskuitmasse 72
Nussfüllung, gekochte 44
–, Streufüllung 43
Nussschnecken 45
Nussstrudel 46
Nusszopf 46
Nusszwieback 145

O

Oberscreme, Erdbeer-Joghurt- 100
–, Schokoladen- 100
–, Topfen-Joghurt- 100
Obstkuchen, Sandmasse 77
Omeletten, Béchamel- 148
–, Biskuit 72
Orangencanachepralinen 133
Orangenmarzipan 129
Orangensauce 165

P

Palatschinken, Eis- 161
–, überbackene Topfen- 147
Panna cotta 162
Parfait, Frucht- 161
–, Krokant- 159
–, Nougat-, in Erdbeer-Rosmarin-Sauce 160
–, Schokoladen- 159
–, Vanille 160
Parfaitgrundmasse 159
Pastamasse 85
Patisseriecreme 97
Petits Fours, Brandteig 93
Pistazienmarzipan 130
Plunderteig 51
Potizen 46
Powidlkrapfen 49
Pralinen, Canache- 131
–, Mandelnougat 130
–, Mokkacanache- 133
–, Nougatschicht- 130
–, Orangencanache- 133
–, Rohkost- 136
–, Trüffel- 131
–, Vanillecanache- 132
Profiterolen 93
Pudding, Topfen- 152
Puddings, warme 152
Punschfüllung 45

R

Rehrücken 79
Reisauflauf 155
Rohkostpralinen 136
Rosen, Marzipan 196
Rouladen, Biskuit 72, 73
Royal Icing 101

S

Sacherglasur 102
Sachertorte 79
Salzburger Nockerl 154
Sandkuchen 78
Sandmasse 77
Sandmasse mit Kakao 78
– mit Mandeln oder Nüssen 78
–, leichte 73
–, leichte, kompakt 69
–, leichte, locker 69
Sandmassen, schwere Massen 75
Sauce, Erdbeer- 164
–, Erdbeer-Rosmarin- 160
–, Himbeer- 165
–, Karamell- 165
–, Orangen- 165
–, Schokoladen-, heiß serviert 164
–, Schokoladen-, kalt serviert 164
–, Vanille- 164
Schaumrollen 59
Schaumrollenfüllung 84
Schlosserbuben 156
Schlotfeger 88
Schmarren 147
Schnecken 45
Schnitten, Biskuit 72, 73
Schokoerde 144
Schoko-Himbeer-Torte, vegane 113
Schokoküchlein 152
Schokolade, Konserve- 187
Schokoladen-Brownie mit Schokoladenmus und Himbeersorbet 163
Schokoladenfondant 102
Schokoladenkonservglasur 102
Schokoladenkrapfen 49
Schokoladenmodelliermasse, dunkle oder Milch- 190
Schokoladenmodelliermasse, weiße oder färbige 190
Schokoladenmousse 158
Schokoladenmus 163
Schokoladen-Oberscreme 100
Schokoladen-Orangen-Tarte 163
Schokoladenparfait 159
Schokoladensauce, heiß serviert 164
–, kalt serviert 164
Schwere Masse, Sandmasse, kompakt 75
–, locker 75
Schwerer Hefeteig 34
Seidenzucker aus Isomalt 187
Sorbet, Blutorangen- 162
–, Himbeer- 163
Sorbets 161
Soufflé, Himbeer- 153
Soufflés 153
Spitzbuben 64
Spoom, Ananas- 162
Spritzglasur, Eiweiß- 101
Spritzkrapfen 94
Spritzstrauben 94
Streufüllung 43
Streusel 67

Strudel, Apfel- 151
–, Blätterteig 60
–, Mohn- 46
–, Nuss- 46
–, Topfen- 151
Strudelteig 150

T

Tarte, Schokoladen-Orangen- 163
Tiere, Marzipan 193
Topfenfüllung 45
Topfen-Joghurt-Oberscreme 100
Topfenknödel 150
Topfenpalatschinken, überbackene 147
Topfenpudding 152
Topfenstrudel 151
Topfenteig für Fruchtknödel 149
Tortenboden, Biskuit 72, 73
Tragantzucker 190
Trüffelkugeln 134
Trüffeln, Grand Marnier- 134
–, weiße 134
Trüffelpralinen 131

U

Überbackene Topfenpalatschinken 147

V

Vanillecanachepralinen 132
Vanillecreme 97
Vanillecreme mit Obers 98
Vanillekaramellen 135
Vanillekipferl 65
Vanillekrapfen 49
Vanilleoberscreme 98
Vanilleparfait 160
Vanillesauce 164
Vegane Marillen-Mandel-Törtchen 111
Vegane Schoko-Himbeer-Torte 113
Vegane Zitronen-Mohn-Heidelbeer-Torte 112
Volleihippenmasse 89

W

Warme Puddings 152
Wasserglasur 101
Weichselfüllung, gebundene 44
Weiße Canacheglasur 103
Weiße Schokoladenmodelliermasse 190
Weiße Trüffeln 134
Wiener Masse 73
– mit Kakao 73
– mit Kerngut 73
Wiener Massen 69
Windbeutel 93
Windmasse zum Abflämmen 84

Z

Zimtzucker 49
Zitronenglasur 101
Zitronen-Mohn-Heidelbeer-Torte, vegane 112
Zopf, Mohn- 46
–, Nuss- 46
Zucker zum Gießen 186, 187
–, Faden- 187
–, Felsen- 187
–, Felsen-, Karamell für 187
–, Flug-, für Schaumrollen 187
–, Konserve- 185
–, Läuter- 185, 187
–, Seiden-, aus Isomalt 187
–, Tragant- 190
Zuckermodelliermasse 190
Zuckerteig 65
Zusammengesetzte Krapfen 48
Zwetschkenfleck 46
Zwetschkenröster 165

Literaturverzeichnis

Kaltenbacher u. a. (2021): Konditorei in Theorie und Praxis. Lebensmittelkunde, Konditoreitechnologie, Fachkunde. SB-Nr.: 190.787, TRAUNER Verlag, Linz, 2. Auflage.

Bildnachweis

Rechteinhaber unbekannt
S. 9 (Arbeitsplatz, Oberbekleidung, Kopfbedeckung, Schuhwerk, Isolierhandschuhe); S. 49 (Powidlkrapfen); S. 98 (Malakofftorte); S. 106 (Schwarzwälder Kirschtorte); S. 115 (Kakaosamen, Fermentierung); S. 117 (Geschichte der Schokolade); S. 125 (Temperiermaschine); S. 127 (Herkunft Praline); S. 139 (Fließband); S. 202 (Invertzuckercreme); S. 208 (Marmeladendose); S. 212 (Eiprodukte); S. 213 (Flüssigeigelb); S. 215 (Sahnebläser)

SR Dipl.-Päd. Hannes Payer, SR Dipl.-Päd. Johann Sandbichler, Innsbruck: S. 9 (Böden, Schürzen); S. 25 (Abwiegen); S. 26 (Wasser wiegen); S. 34 (Hefezöpfe); S. 37 (Vorteig); S. 41 (Gare); S. 44 (Potitze); S. 47 (Briocheformen); S. 54 (Formen von Croissants); S. 58 (Blätterteigformen); S. 59 (Blätterteiggebäck und Schaumrollen); S. 63 (Zutaten Mürbteig); S. 353 (Vanillecreme); S. 204 (Brot, Dextrine); S. 225 (physikalische und chemische Lockerungsmittel); S. 228 (Mürbteiggebäck)

BÄKO-Österreich e. Gen.; Kolb GesmbH; MIWE Michael Wenz GmbH, Fritsch GmbH, Wachtel GmbH; DIOSNA GmbH; Carsan Kältetechnik GmbH; Fritz GmbH & Co KG: S. 16–24 (Inventar)

BOL Dipl.-Päd. Helga Pürcher, Klagenfurt: S. 38 (Savarin); S. 55 (Blätterteigrosen); S. 66 (Linzer Kipferl); S. 88 (Dekor); S. 128 (Pralinen); S. 150 (Topfenknödel); S. 152 (Schokoküchlein); S. 154 (Salzburger Nockerl, fertig, 4 Arbeitsschritte); S. 157 (Fruchtmark, Schokoladensauce); S. 165 (Fruchtmark); S. 168 (Zeichenübungen); S. 169 (Licht-Schattenspiel; Motive Lebensmittelfarbe; Kakaomalerei); S. 173 (Airbrush-Schrift auf Torte); S. 175 (Modellierschrift); S. 176 (Einlasstechnik); S. 177 (Airbrushtechnik); S. 180 (Pralinen); S. 183 (Zuckerblume); S. 184 (Zuckerverarbeitung); S. 186 (Lollies, Pinguin, Delfine); S. 204 (Lebkuchenhäuser)

Dipl.-Päd. Christian Kaltenbacher, Innsbruck: S. 42 (Backprozess); S. 62 (Gebäck aus Mürbteig); S. 68 (Masse rühren, spezielle Massen); 72 (Biskotten); S. 82 (Schaummassen); S. 89 (Hippen); (Porung, Brandmassearten 2, Cremekrapferl); S. 92–94 (Brandmassegebäcke); S. 108 (Stückdesserts); S. 109, 110 (Petits Fours); S. 125 (Wasserbad); S. 126 (Temperaturangaben); S. 127 (Pralinenarten); S. 133 (Mokkacanachepralinen); S. 158 (Karamellcreme); S. 175 (Ornament); S. 187 (Languste); S. 188 (Krokantschaustück); S. 190 (Schokoladenmodelliermassen); S. 191 (Grundformen); S. 192 (Schokoladenhase, Marzipanfrüchte); S. 193 (Marzipanfrüchte); S. 194 (Marzipantiere, Mitte, Körperhaltungen); S. 195 (Marzipangesichter, Marzipanpirat); S. 196 (gelbe Marzipanrosen); S. 202 (Glukosesirup Entnahme); S. 235 (Seidenzuckerblume, Schokoladenblume, Marzipanelefant)

WACHTEL GmbH, Hilden, Deutschland: S. 43 (Backprozess)

Backmittelinstitut: S. 49 (Gebäckfehler); S. 61 (speckige Krume); S. 74 (festes, kleinporiges Gebäck)

Jürgen Eheim (Cafè Konditorei Pupp OHG, Brixen, Italien): S. 67 (Streuselkuchen)

FOL Dipl.-Päd. Norbert Renger, Wien: S. 98 (Bayerische Creme); S. 152 (Topfenpudding); 153 (Soufflé)

YMZK-Photo / Shutterstock.com: S. 102 (Sachertorte)

Christine Egger BEd, Wien: S. 111 (vegane Marillen-Mandel-Törtchen); S. 112 (vegane Zitronen-Mohn-Heidelbeer-Torte); S. 113 (vegane Schoko-Himbeer-Torte); S. 143 (Himbeerparfait, Angerichtetes Dessert mit Hippe); S. 144 (Parfait, Schokoerde); S. 145 (Nusszwieback, Nougatparfait); S. 146 (Schokomus-Himbeer-Brownie); S. 159 (Erdbeer- und Himbeerparfait); S. 160 (Vanilleparfait, Nougatparfait); S. 161 (Sorbet); S. 163 (Schokoladen-Orangen-Tarte; Schokoladen-Brownie)

BOL Dipl.-Päd. Wolfgang Nimmervoll, Linz: S. 123 (Schokoblume); S. 167 (Skizze und Ausführung Osterhase); S. 168 (Skizze Kokosdrink); S. 173 (Muttertagsdekor, Weihnachtsdekor); S. 175 (Torte); S. 178 (Skizze und Torte); S. 186 (Fische, Bullauge); S. 189 (Modellierfiguren); S. 193 (Marzipanmaus, Marzipanpferd); S. 194 (Marzipankuh); S. 196 (Marzipanblumen, Marzipanblätter)

Alle weiteren Bilder und Grafiken sind Eigentum der TRAUNER Verlag + Buchservice GmbH (Fotos: Wolfgang Kraml, Bernhard Bergmann, Grafiken: Getrud Šimec, Heidi Hinterkörner) oder wurden von Bildagenturen (Shutterstock, iStock, Stock.Adobe.com) zugekauft.